VDE-Schriftenreihe **105**

Zum Autor

Obering. Dipl.-Ing. **Karl-Heinz Krefter**, Jahrgang 1937, begann nach dem Studium der Elektrotechnik seine berufliche Tätigkeit bei den Vereinigten Elektrizitätswerken Westfalen AG in Dortmund. Im Bereich Elektrotechnische Verteilungsnetze arbeitete er im Netzbetrieb und im Anlagenbau und war verantwortlich in der elektrotechnischen Planung tätig. Er leitete die Hauptabteilung Anlagentechnik und Beleuchtung und war Geschäftsführer der VEW EUROtest, Gesellschaft für Technologietransfer, Energiedienstleistungen, Systemzertifizierung und Technische Planung mbH. Im Rahmen der Vereinigung Deutscher Elektrizitätswerke VDEW und der DKE Deutsche Kommission Elektrotechnik Elektronik Informationstechnik e. V. arbeitete er in Ausschüssen und Komitees mit, u. a. war er seit 1977 Mitglied des DKE-Komitees K 221 „Errichten von Starkstromanlagen bis 1000 V“. K.-H. Krefter hat eine Reihe von Fachaufsätzen und Fachbüchern veröffentlicht, u. a. das „Lexikon der Installationstechnik“ in der VDE-Schriftenreihe. Er leitete sicherheitstechnische Seminare des VDE Verband der Elektrotechnik Elektronik Informationstechnik e. V. und war Lehrbeauftragter an der Fachhochschule Dortmund für Schutzmaßnahmen und Arbeitssicherheit in der Elektrotechnik.

VDE-Schriftenreihe Normen verständlich **105**

DIN VDE 0100

Daten und Fakten für das Errichten von Niederspannungsanlagen

Dipl.-Ing. Karl-Heinz Krefter

2. Auflage 2006

VDE VERLAG GMBH • Berlin • Offenbach

Auszüge aus DIN-Normen mit VDE-Klassifikation sind für die angemeldete limitierte Auflage wiedergegeben mit Genehmigung 322.005 des DIN Deutsches Institut für Normung e. V. und des VDE Verband der Elektrotechnik Elektronik Informationstechnik e. V. Für weitere Wiedergaben oder Auflagen ist eine gesonderte Genehmigung erforderlich.

Die zusätzlichen Erläuterungen geben die Auffassung des Autors wieder. Maßgebend für das Anwenden der Normen sind deren Fassungen mit dem neuesten Ausgabedatum, die bei der VDE VERLAG GMBH, Bismarckstraße 33, 10625 Berlin und der Beuth Verlag GmbH, Burggrafenstraße 6, 10787 Berlin erhältlich sind.

Bibliografische Information Der Deutschen Bibliothek
Die Deutsche Bibliothek verzeichnet diese Publikation in der Deutschen Nationalbibliografie; detaillierte bibliografische Daten sind im Internet über http://dnb.ddb.de abrufbar

ISSN 0506-6719

ISBN 978-3-8007-2846-6
ISBN 3-8007-2846-X

Satz: KOMAG Druck- und Verlagsanstalt, Berlin – Brandenburg
Druck: Gallus Druckerei KG, Berlin 2006-01

Vorwort

Die Normenreihe DIN VDE 0100 „Errichten von Niederspannungsanlagen" zählt für den Elektroinstallateur zu den wichtigsten technischen Regeln. Zu beachten sind mehr als 40 gültige Schriftstücke[1] und mit Einschränkung zahlreiche Entwürfe[2], die nahezu vollständig mit den europäischen Harmonisierungsdokumenten der CENELEC bzw. den internationalen IEC-Publikationen übereinstimmen. Die jahrzehntelangen Bemühungen um eine Harmonisierung der unterschiedlichen nationalen Bestimmungen in Europa und weltweit führten zwangsweise auch in den deutschen Normen zu inhaltlichen und sprachlichen Änderungen bei ungewohnter Struktur und Gliederung.

Die Vielzahl der einzelnen Schriftstücke erschwert möglicherweise den Überblick und lässt Zusammenhänge nicht immer deutlich werden. Auch zahlreiche Querverweise tragen nicht immer zum besseren Verständnis der Normen bei, wenn sie sich auf CENELEC- oder IEC-Dokumente beziehen, die in den meisten Fällen dem Praktiker nicht zur Verfügung stehen. Abgesehen davon, dass zu viele Querverweise die schnelle Information behindern können.

Diese und andere Kritikpunkte haben dazu geführt, über eine Normenzusammenfassung nachzudenken, die in Anlehnung an die „alte VDE 0100" aus dem Jahre 1973 als zusammenhängende Schrift erstellt wurde. Sie enthält in verständlicher Sprache dargestellt die wichtigsten Daten und Fakten der aktuellen Normenreihe DIN VDE 0100 für das Errichten von Niederspannungsanlagen. Die inhaltliche Gliederung und das Sachregister ermöglichen eine schnelle und umfassende Information. Die in eckigen Klammern hinter den Titeln angegebenen Zahlen nennen den jeweiligen Teil der Normenreihe DIN VDE 0100, der zur Zeit der Herausgabe dieses Buchs als gültige Norm und, soweit vorhanden, als Normentwurf vorlag. Wenn zur Zeit der Herausgabe dieses Buchs ein Normentwurf vorlag, ist dieser Teil hinter der Teilenummer in eckigen Klammern mit „E" gekennzeichnet. Es gilt dann der übliche Vorbehalt (Warnvermerk) bei der Anwendung der Norm. Auch alle anderen genannten Normen beziehen sich jeweils auf die aktuellen Ausgaben zum Zeitpunkt der Herausgabe dieses Buchs.

Die Kennzeichnung und der Titel der Normenreihe DIN VDE 0100 haben sich im Laufe der Jahre immer mal wieder geändert. In diesem Buch wird der heute verwendete Titel „Errichten von Niederspannungsanlagen" auch für ältere Teile der Norm

---

[1] Zur Zeit der Herausgabe dieses Buchs gültige DIN-VDE-Normen.

[2] Zur Zeit der Herausgabe dieses Buchs vorliegende DIN-VDE-Normentwürfe, die mit CENELEC- bzw. IEC-Texten übereinstimmen.

verwendet. Die aktuelle Kennzeichnung – dargestellt am Beispiel für das Errichten von Niederspannungsanlagen für „Medizinisch genutzte Bereiche“ – lautet:

DIN VDE 0100-710 (VDE 0100-710).

Auf den Klammerausdruck wird im laufenden Text dieses Buchs verzichtet.

Neue Normenentwürfe werden nicht mehr auf farbigem, sondern auf weißem Papier gedruckt, allerdings deutlich auf ihrer Titelseite als Entwürfe gekennzeichnet.

Die Darstellungen in diesem Buch sprechen sowohl den erfahrenen Fachmann an, der gelegentlich sein Handeln bestätigt wissen möchte, als auch den weniger geübten Anwender der Normen, der sich nur am Rande mit dem Errichten elektrischer Anlagen beschäftigt oder sich in der Ausbildung mit den Regeln auseinander setzen muss.

Auf eine Kommentierung oder Erläuterung wurde in dieser Schrift weitgehend verzichtet. Entsprechende Literatur steht in der VDE-Schriftenreihe zu fast allen Abschnitten der Errichtungsnormen zur Verfügung. An dieser Stelle wird auf zwei Fachbücher des VDE VERLAGs hingewiesen:

- Gerhard Kiefer
  „VDE 0100 und die Praxis“
  Wegweiser für Anfänger und Profis
  11. Auflage, 2003, VDE VERLAG, Berlin und Offenbach
- Cichowski, Krefter
  „Lexikon der Installationstechnik“
  Wegweiser für Anfänger und Profis
  2. Auflage, 1999, VDE VERLAG, Berlin und Offenbach

Es wird ausdrücklich darauf aufmerksam gemacht, dass das Buch die VDE-Normen nicht ersetzt, sondern ihr Verständnis erleichtern und das gezielte Nachschlagen vor Ort, z. B. in der Baubesprechung, an der Baustelle oder in der Ausbildung, ermöglichen soll. Bei Auseinandersetzungen vor allem rechtlicher Art, für Gutachten und verbindliche Stellungnahmen mit Hinweis auf die anerkannten Regeln der Technik sind die einschlägigen VDE-Normen in ihrer jeweils gültigen Fassung heranzuziehen.

Der Verfasser dankt allen Kolleginnen und Kollegen, die durch Anregungen und Unterstützung zum Gelingen des Fachbuchs beigetragen haben, insbesondere Frau Birgit Szypula und Herrn Dipl.-Ing. (Univ.) Roland Werner für die redaktionelle Bearbeitung des Manuskripts.

Dortmund, im Januar 2006

Inhalt

1 Gliederung der Normenreihe DIN VDE 0100 Errichten von Niederspannungsanlagen

Die Normenreihe DIN VDE 0100 „Errichten von Niederspannungsanlagen“ ist nahezu identisch mit den europäischen Harmonisierungsdokumenten HD 384, die wiederum die internationale Normenreihe IEC 60364 mit gemeinsamen Abänderungen von CENELEC enthalten.

Die Gliederung der Normenreihe DIN VDE 0100 ist in **Tabelle 1.1** dargestellt.

Gruppe	Titel
100	Allgemeine Grundsätze
200	Begriffe
300	Bestimmungen allgemeiner Merkmale
400	Schutzmaßnahmen
500	Auswahl und Errichtung elektrischer Betriebsmittel
600	Prüfungen
700	Anforderungen für Betriebsstätten, Räume und Anlagen besonderer Art

Tabelle 1.1 Gliederung der Normenreihe DIN VDE 0100

Nachfolgend sind alle Teile der Normenreihe DIN VDE 0100 aufgelistet, die entweder als gültige VDE-Normen oder als Entwürfe veröffentlicht wurden oder die als Normvorlagen zurzeit bearbeitet werden:

- Beiblatt 1 zu VDE 0100
  Entwicklungsgang der Errichtungsbestimmungen
- Beiblatt 2 zu VDE 0100
  Verzeichnis der einschlägigen Normen und Übergangsfestlegungen
- Beiblatt 3 zu VDE 0100
  Struktur der Normenreihe
- Beiblatt 5 zu VDE 0100
  Zulässige Längen von Kabeln und Leitungen unter Berücksichtigung des Schutzes bei indirektem Berühren, des Schutzes bei Kurzschluss und des Spannungsfalls

- Gruppe 100 Allgemeine Grundsätze
  - DIN VDE 0100-100
    Anwendungsbereich, Bestimmungen allgemeiner Merkmale, Begriffe
- Gruppe 200 Begriffe
  - DIN VDE 0100-200
    Begriffe
  - Beiblatt 1 zu VDE 0100-200
    Zusammenfassung der deutschsprachigen Begriffe
- Gruppe 300 Bestimmungen allgemeiner Merkmale
  - DIN VDE 0100-300
    Bestimmungen allgemeiner Merkmale, allgemeine Angaben zur Planung elektrischer Anlagen
- Gruppe 400 Schutzmaßnahmen
  - DIN VDE 0100-410
    Schutz gegen elektrischen Schlag
  - DIN VDE 0100-420
    Schutz gegen thermische Einflüsse
  - DIN VDE 0100-430
    Schutz von Kabeln und Leitungen bei Überstrom
  - DIN VDE 0100-442
    Schutz von Niederspannungsanlagen gegen vorübergehende Überspannung und bei Erdschlüssen in Netzen mit höherer Spannung
  - DIN VDE 0100-443
    Schutz gegen Überspannungen infolge atmosphärischer Einflüsse oder von Schaltvorgängen
  - DIN VDE 0100-444
    Schutz gegen Überspannungen, Schutz gegen elektromagnetische Einflüsse
  - DIN VDE 0100-450
    Schutz gegen Unterspannungen
  - DIN VDE 0100-460
    Trennen und Schalten
  - DIN VDE 0100-470
    Anwendung der Schutzmaßnahmen
  - DIN VDE 0100-482
    Brandschutz bei besonderen Risiken und Gefahren
- Gruppe 500 Auswahl und Errichtung elektrischer Betriebsmittel
  - DIN VDE 0100-510
    Auswahl und Errichtung elektrischer Betriebsmittel, Allgemeine Bestimmungen

- Beiblatt 1 zu DIN VDE 0100-510
  Informationen zur Anwendung der Anforderungen von DIN VDE 0100-510
- DIN VDE 0100-520
  Kabel- und Leitungsanlagen
- Beiblatt 1 zu DIN VDE 0100-520
  Begrenzung des Temperaturanstiegs bei Schnittstellenanschlüssen
- Beiblatt 2 zu DIN VDE 0100-520
  Maximal zulässige Kabel- und Leitungslängen zur Einhaltung des zulässigen Spannungsfalls und der Abschaltbedingungen
- DIN VDE 0100-530
  Schalt- und Steuergeräte
- DIN VDE 0100-534
  Überspannungsschutzeinrichtungen
- DIN VDE 0100-537
  Geräte zum Trennen und Schalten
- DIN VDE 0100-540
  Erdung, Schutzleiter, Potentialausgleichsleiter
- DIN VDE 0100-550
  Steckvorrichtungen, Schalter und Installationsgeräte
- DIN VDE 0100-551
  Niederspannungs-Stromerzeugungsanlagen
- DIN VDE 0100-559
  Leuchten und Beleuchtungsanlagen
- DIN VDE 0100-560
  Sicherheitseinrichtungen

- Gruppe 600 Prüfungen
  - DIN VDE 0100-600
    Prüfungen
  - DIN VDE 0100-610
    Erstprüfungen
- Gruppe 700 Anforderungen für Betriebsstätten, Orte/Räume und Anlagen besonderer Art
  - DIN VDE 0100-701
    Räume mit Badewanne oder Dusche
  - DIN VDE 0100-702
    Becken von Schwimmbädern und andere Becken
  - DIN VDE 0100-703
    Räume mit elektrischen Sauna-Heizgeräten

- DIN VDE 0100-704
  Baustellen
- DIN VDE 0100-705
  Landwirtschaftliche und gartenbauliche Betriebsstätten
- DIN VDE 0100-706
  Leitfähige Bereiche mit begrenzter Bewegungsfreiheit
- DIN VDE 0100-707
  Anforderungen für die Erdung von Einrichtungen der Informationstechnik
- DIN VDE 0100-708
  Elektrische Anlagen auf Campingplätzen
- DIN VDE 0100-709
  Elektrische Anlagen für Marinas und ähnliche Bereiche
- DIN VDE 0100-710
  Medizinisch genutzte Bereiche (früher DIN VDE 0107)
- Beiblatt 1 zu DIN VDE 0100-710
  Informationen zur Anwendung der DIN VDE 0100-710
- DIN VDE 0100-711
  Ausstellungen, Shows und Stände
- DIN VDE 0100-712
  Photovoltaik-Versorgungssysteme
- DIN VDE 0100-714
  Beleuchtungsanlagen im Freien
- DIN VDE 0100-715
  Kleinspannungs-Beleuchtungsanlagen
- DIN VDE 0100-717
  Elektrische Anlagen auf Fahrzeugen oder in transportablen Baueinheiten
- DIN VDE 0100-718
  Bauliche Anlagen für Menschenansammlungen (früher DIN VDE 0108)
- DIN VDE 0100-720
  Plätze für Wohnwagen, Caravans, Campingplätze, Marinas und ähnliche Bereiche
- DIN VDE 0100-721
  Elektrische Anlagen von Caravans und Motorcaravans
- DIN VDE 0100-722
  Fliegende Bauten, Wagen und Wohnwagen nach Schaustellerart
- DIN VDE 0100-723
  Unterrichtsräume mit Experimentierständen
- DIN VDE 0100-724
  Elektrische Anlagen in Möbeln und ähnlichen Einrichtungsgegenständen

- DIN VDE 0100-725
  Hilfsstromkreise
- DIN VDE 0100-729
  Bedienungsgänge und Wartungsgänge
- DIN VDE 0100-731
  Elektrische Betriebsstätten und abgeschlossene elektrische Betriebsstätten
- DIN VDE 0100-732
  Hausanschlüsse in öffentlichen Kabelnetzen
- DIN VDE 0100-736
  Niederspannungsstromkreise in Hochspannungsschaltfeldern
- DIN VDE 0100-737
  Feuchte und nasse Bereiche und Räume und Anlagen im Freien
- DIN VDE 0100-739
  Zusätzlicher Schutz bei direktem Berühren in Wohnungen durch Schutzeinrichtungen mit $I_{\Delta N} \leq 30$ mA in TN- und TT-Systemen
- DIN VDE 0100-740
  Vorübergehend errichtete Anlagen für Bauwerke, Vergnügungseinrichtungen und Buden auf Kirmesplätzen, Vergnügungsparks und Zirkusse
- DIN VDE 0100-753
  Fußboden- und Decken-Flächenheizungen
- DIN VDE 0100-754
  Caravans und Motorcaravans

2 Allgemeine Grundsätze [100, 100 E]

2.1 Anwendungsbereich

Die Normenreihe DIN VDE 0100 ist anzuwenden für elektrische Anlagen mit Nennspannungen bis 1000 V Wechselspannung (AC) und 1500 V Gleichspannung (DC).

Beispiele:

- Wohnungsgebäude und deren Anwesen
- Geschäftsgebäude und deren Anwesen
- öffentliche Gebäude und deren Anwesen
- industrielle und gewerbliche Anwesen
- landwirtschaftliche und gärtnerische Anwesen
- vorgefertigte Gebäude (Fertighäuser)
- Baustellen, Ausstellungen, Messen, Jahrmärkte
- Festplätze und andere vorübergehende Einrichtungen
- Caravans und Campingplätze und ähnliche Einrichtungen
- Marinas, Wassersportfahrzeuge
- Verbraucheranlagen außerhalb von Gebäuden
- Feste Kabel- und Leitungsanlagen für die Fernmelde-, Mess-, Steuer- und Regelungstechnik
- Erweiterung und Änderung von den zuvor beschriebenen Anlagen und von Anlagen, die durch solche Erweiterungen und Änderungen beeinflusst werden.

In Deutschland wird die Normenreihe DIN VDE 0100 auch für öffentliche Verteilungsnetze angewendet.

Die Normenreihe gilt nicht für elektrische Einrichtungen von Transportmitteln, Kraftfahrzeugen, an Bord von Schiffen, von Flugzeugen, im Bergbau, zur Funk-Entstörung, von Elektrozäunen und des Blitzschutzes von Gebäuden.

Elektrische Betriebsmittel werden nach den jeweils für sie geltenden VDE-Normen hergestellt und geprüft. DIN VDE 0100 regelt lediglich die Auswahl und Anwendung der Betriebsmittel, soweit sie einzeln oder in Kombination in den Anlagen eingesetzt werden.

Abweichungen von den Regeln sind für elektrotechnische Anlagen und für Anlagen zur Versorgung spezieller Verbrauchsmittel mit Nennströmen über 1000 A je Einheit

(z. B. Stromrichteranlage) zulässig, wenn für die notwendige Sicherheit auf andere Weise gesorgt wird.

Die Normenreihe DIN VDE 0100 enthält Regeln für die Planung, Errichtung und Prüfung elektrischer Anlagen, um:

- Sicherheit für Personen, Nutztiere und Sachwerte zu erreichen und
- die für den Betrieb erforderliche Zuverlässigkeit (zufrieden stellende Funktion für den beabsichtigten Gebrauch) sicherzustellen.

2.2 Allgemeine Grundsätze

- Schutz zum Erreichen der Sicherheit

  siehe Kapitel 5 bis 14
- Planung elektrischer Anlagen

  Elektrische Anlagen sind so zu planen, dass sie den Schutz von Personen, Nutztieren und Sachwerten sicherstellen. Dabei sind zu beachten:
  - Art und Anzahl der Leiter (Außenleiter, Neutralleiter, Schutzleiter)
  - Werte und Toleranzen für Spannung, Frequenz, höchstzulässiger Strom, Kurzschlussstrom
  - Leistungsbedarf, Gleichzeitigkeitsfaktor
  - Art der Stromquelle, Stromversorgungseinrichtungen für Sicherheitszwecke
  - Umgebungsbedingungen
  - Leiterquerschnitte
  - Betriebsmittel für den Schutz, Notfallsteuerung
  - Abschalteinrichtungen
  - Vermeidung gegenseitiger Beeinflussung zwischen elektrischen Betriebsmitteln und elektrischen und nicht elektrischen Betriebsmitteln, elektromagnetische Verträglichkeit
  - Anforderungen für Steuerungen, Meldungen, Informations- und Kommunikationstechnik
  - Zugänglichkeit und Platzbedarf elektrischer Betriebsmittel
- Auswahl und Errichten elektrischer Betriebsmittel

  siehe Kapitel 15 bis 24
- Prüfen elektrischer Anlagen

  siehe Kapitel 25

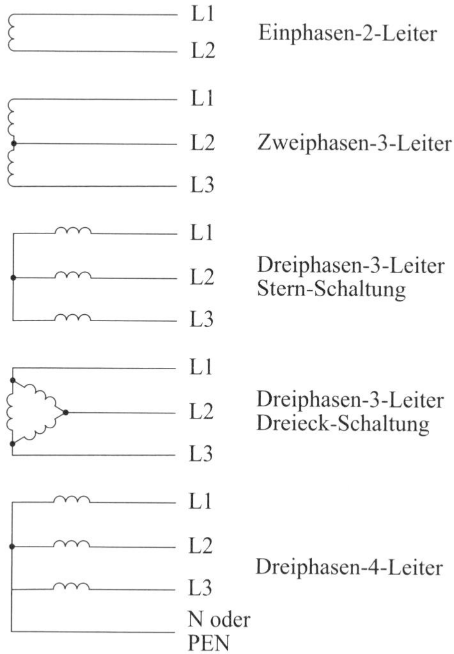

Bild 2.1

- Leiteranordnung

  In der Praxis übliche Anordnung Strom führender Leiter (**Bild 2.1**)
- Systeme nach Art der Erdverbindung

  Siehe Kapitel 7
- Instandhaltung

Als Instandhaltung gelten regelmäßige Besichtigung, Prüfung, Wartung und Instandsetzung während der vorgesehenen Lebensdauer der elektrischen Anlage. Sie ist so zu errichten, dass diese Arbeiten bequem und sicher ausgeführt werden können.

Zu überprüfen ist die Wirksamkeit der Schutzmaßnahmen, um die Sicherheit der Anlage während ihrer Lebensdauer zu gewährleisten. Ferner ist durch die regelmäßige Instandhaltung die Zuverlässigkeit der Betriebsmittel in Hinblick auf den ordnungsgemäßen Betrieb der Anlage sicherzustellen.

3 Begriffe [200, 200 E]

- **Abdeckung**

  Teile, durch die der vollständige Schutz gegen direktes Berühren sichergestellt wird. In der Norm nicht mehr verwendeter Begriff, siehe „elektrische Umhüllung".

- **Abgeschlossene elektrische Betriebsstätte**

  Räume und Orte, die ausschließlich zum Betrieb elektrischer Anlagen dienen und verschlossen sind. Zutritt nur durch Elektrofachkräfte oder elektrotechnisch unterwiesene Personen.

- **Ableitstrom**

  Strom, der in einem fehlerfreien Stromkreis zur Erde oder zu Teilen fließt, die mit Erde verbunden sind, also in einem unerwünschten Strompfad.

- **Aktives Teil**

  Leiter oder leitfähige Teile, die bei ungestörtem Betrieb unter Spannung stehen, einschließlich des Neutralleiters, aber vereinbarungsgemäß nicht der PEN-Leiter.

- **Anlage**

  Siehe Starkstromanlage, elektrische Anlagen.

- **Anlagen im Freien**

  Elektrische Anlagen außerhalb von Gebäuden, z. B. auf Straßen, Bauplätzen, Dächern, in Gärten, an Außenwänden, an Kranen (ungeschützt), geschützte Anlagen wie z. B. an überdachten Tankstellen, Toreinfahrten.

- **Anschluss, fester**

  Feste Verbindung einer Leitung mit einem elektrischen Betriebsmittel, z. B. durch Schrauben, Pressen, Klemmen, Löten.

- **Ansprechstrom**

  Vereinbarter Wert des Stroms, der die Schutzeinrichtung innerhalb einer festgelegten Zeit (konventionelle Zeit) zum Ansprechen bringt.

- **Ausbreitungswiderstand**

  Widerstand der Erde zwischen dem Erder und der Bezugserde (vgl. Impedanz gegen Bezugserde, Wirkwiderstand gegen Bezugserde).

- **Ausschalten für mechanische Instandhaltung**

  Betätigung zum Abschalten einzelner oder mehrerer Betriebsmittel, um andere Gefahren als solche durch elektrischen Schlag oder Lichtbogen während nicht elektrischer Arbeiten an diesen Betriebsmitteln zu verhüten.

- **Außenleiter**

  Leiter zur Übertragung oder Verteilung elektrischer Energie, die die Stromquelle mit den Verbrauchsmitteln verbinden, aber nicht vom Mittel- oder Sternpunkt ausgehen, also kein Neutral- oder Mittelleiter.

- **Außenleiterspannung (Spannung Außenleiter–Außenleiter)**

  Spannung zwischen zwei Außenleitern an einem Punkt eines elektrischen Stromkreises.

- **Automatische Abschaltung/Ausschaltung der Stromversorgung**

  Unterbrechung eines oder mehrerer Außenleiter durch selbsttätiges Ansprechen einer Schutzeinrichtung im Falle eines Fehlers.

- **Basisisolierung**

  Isolierung aktiver Teile als Schutz gegen direktes Berühren (Basisschutz).

- **Basisschutz**

  Siehe Basisisolierung.

- **Baulicher Hohlraum**

  Zwischenraum in Gebäudeteilen, der nur an bestimmten Stellen zugänglich ist, z. B. Trennwände, abgehängte Decken, aufgestelzter Fußboden, Formleisten, Kabelkanäle.

- **Baustelle**

  Orte zur Durchführung von zeitlich begrenzten Arbeiten im Hoch- und Tiefbau, bei Metallbaumontagen für Um- und Ausbau, Erweiterung, Abbruch, Instandhaltung (vgl. DIN VDE 0100-704).

- **Bedienungsgänge**

  Räume oder Orte, die zum betriebsmäßigen Bedienen elektrischer Einrichtungen (Schalten, Einstellen, Steuern, Beobachten) betreten werden müssen.

- **Bemessungsstrom eines Stromkreises**

  Strom, den ein Stromkreis im üblichen Betrieb führen kann.

- **Berührungsspannung**

  Spannung zwischen zwei leitfähigen Teilen während eines Isolationsfehlers, wenn diese von einem Menschen oder einem Tier gleichzeitig berührt werden.

  - **Zu erwartende Berührungsspannung**

    Höchste Berührungsspannung, die in einer Anlage auftreten kann.

– **Unbeeinflusste Berührungsspannung**

  Spannung zwischen gleichzeitig berührbaren leitfähigen Teilen, wenn diese von einem Menschen oder einem Tier nicht berührt werden.

– **Vereinbarte Grenze der Berührungsspannung**

  Höchstwert der Berührungsspannung, der zeitlich unbegrenzt bestehen bleiben darf (z. B. AC 50 V, DC 120 V).

- **Betriebserdung des Netzes**

  Siehe „Netzbetriebserdung“.

- **Berührungsstrom**

  Elektrischer Strom durch den Körper eines Menschen oder Tiers beim Berühren eines Teils oder mehrerer Teile einer Anlage oder eines Betriebsmittels, wenn diese unter Spannung stehen.

- **Betriebsmäßiges Schalten**

  Betätigung zum Ein- und Ausschalten der Stromversorgung im normalen Betrieb.

- **Betriebsspannung**

  Örtlich vorhandene Spannung an einem Betriebsmittel.

- **Betriebsstrom**

  Siehe Bemessungsstrom.

- **Bewegliche Leitung**

  Eine an den Enden beliebig angeschlossene Leitung, die zwischen den Anschlussstellen bewegt werden kann.

- **Bezugserde**

  Leitfähige Erde, dessen elektrisches Potential an jedem Punkt gleich null gesetzt wird. Dies setzt vereinbarungsgemäß den stromlosen Zustand der Erde voraus, was im Bereich von Erdern nicht immer erwartet werden kann.

- **Dauerstrombelastbarkeit**

  Maximaler Strom, den ein Leiter unter festgelegten Bedingungen führen kann, ohne seine Beharrungstemperatur zu überschreiten.

- **Differenzstrom**

  Summe der Momentanwerte von Strömen, die an einer Stelle der elektrischen Anlagen durch alle aktiven Leiter eines Stromkreises fließen. Es handelt sich um die vektorielle Summe (Betrag und Phasenlage) der Ströme, die auch als Fehlerstrom bezeichnet wird.

- **Direktes Berühren**

  Berühren aktiver Teile durch Menschen oder Tiere.

- **Doppelte Isolierung**

  Isolierung, die aus der Basisisolierung und einer zusätzlichen Isolierung besteht.

- **Einfache Trennung**

  Trennung zwischen Stromkreisen oder zwischen einem Stromkreis und Erde durch Basisisolierung.

- **Eingeschränkter Zugangsbereich**

  Bereich, der nur Elektrofachkräften bzw. elektrotechnisch unterwiesenen Personen, jeweils mit entsprechender Berechtigung, zugänglich ist.

- **Elektrische Anlagen**

  Zusammenfassung einander zugeordneter elektrischer Betriebsmittel für einen bestimmten Zweck und mit aufeinander abgestimmten Kenngrößen.

- **Elektrische Betriebsmittel**

  Gegenstände zum Zweck der Erzeugung, Übertragung, Verteilung, Umwandlung und Anwendung von elektrischer Energie, z. B. Maschinen, Transformatoren, Schaltgeräte, Schutzeinrichtungen, Kabel, Leitungen, Verbrauchsgeräte.

- **Elektrische Betriebsstätten**

  Räume und Orte, die im Wesentlichen zum Betrieb elektrischer Anlagen dienen und in der Regel nur von Elektrofachkräften oder elektrotechnisch unterwiesenen Personen betreten werden, z. B. Schaltwarten, Laboratorien, Maschinenräume.

- **Elektrische Schutzabdeckung**

  Schutz gegen direktes Berühren aus allen üblichen Zugriffrichtungen.

- **Elektrische Schutzschirmung**

  Trennung von Stromkreisen bzw. Leitern von anderen aktiven Teilen durch einen elektrischen Schutzschirm, der mit der Schutzpotentialausgleichsanlage verbunden ist und für den Schutz gegen elektrischen Schlag vorgesehen ist.

- **Elektrische Schutzumhüllung**

  Umhüllung der inneren Teile eines Betriebsmittels, die den Zugang oder Zugriff auf aktive Teile aus jeder Richtung verhindert, siehe „Abdeckung“.

- **Elektrische Umhüllung**

  Schutz durch Umhüllung gegen vorhersehbare Gefahren durch Elektrizität.

- **Elektrischer Laie**

  Siehe „Laie“.

- **Elektrischer Schlag**

  Pathophysiologische Wirkung, die durch einen elektrischen Strom ausgelöst wird, der den Körper des Menschen oder Tiers durchfließt.

- **Elektrischer Schutzschirm**

  Leitfähiger Schirm zur Trennung von Stromkreisen bzw. Leitern von anderen gefährlichen aktiven Teilen.

- **Elektrisches Schutzhindernis**

  Teil zum Schutz vor unbeabsichtigtem direkten Berühren, aber kein Schutz durch absichtliche Handlungen.

- **Elektrisch unabhängiger Erder**

  Erder mit ausreichend großem Abstand, sodass der höchste Strom, der durch einen Erder fließt, das Potential der anderen Erde nicht beeinflusst.

- **Elektrofachkraft**

  Eine Person, die aufgrund ihrer fachlichen Ausbildung, Kenntnisse und Erfahrung sowie Kenntnisse der einschlägigen Normen die ihr übertragenen Arbeiten beurteilen und mögliche Gefahren durch die elektrische Energie oder andere Einflüsse erkennen kann.

- **Elektrotechnisch unterwiesene Person**

  Eine Person, die durch eine Elektrofachkraft über die ihr übertragenen Aufgaben und die möglichen Gefahren bei unsachgemäßem Verhalten unterrichtet, angelernt und über die notwendigen Schutzeinrichtungen belehrt wurde.

- **Endstromkreis**

  Stromkreis, an dem unmittelbar Verbrauchsmittel und Steckdosen angeschlossen sind.

- **Erde (örtlich)**

  Bezeichnung für die Erde als Ort als auch für die Erde als Stoff, z. B. Bodenarten Humus, Lehm, Kies, Sand, Gestein. Die örtliche Erde ist der Teil der Erde, der sich im elektrischen Kontakt mit dem Erder befindet und dessen elektrisches Potential nicht notwendigerweise null ist.

- **Erden**

  Erden bedeutet, einen elektrisch leitfähigen Teil einer elektrischen Anlage oder eines elektrischen Betriebsmittels über eine Erdungsanlage mit dem örtlichen Erder zu verbinden. Die Verbindung kann unbeabsichtigt (zufällig) oder auch dauerhaft sein. Ein Netz kann auch an mehreren Punkten geerdet werden.

- **Erder**

  Leitfähige Teile, die in Erde eingebettet sind und mit ihr in leitender Verbindung stehen, oder ein Leiter, der in Beton eingebettet ist, der mit der Erde großflächig in Berührung steht (z. B. Fundamenterder).

- **Erdernetz**

  Teil einer Erdungsanlage, der die Erder und ihre Verbindungen untereinander umfasst.

- **Erdoberflächenspannung**

  Spannung zwischen einem festgelegten Punkt auf der Erdoberfläche und der Bezugserde.

- **Erdrückleitung**

  Strompfad zwischen Erdungsanlagen, der durch die Erde selbst gebildet wird.

- **Erdschluss**

  Leitende Verbindung eines Außenleiters mit Erde oder mit geerdeten Teilen, verursacht durch einen Fehler oder Lichtbogen.

- **Erdschlusssicher**

  Erdschlusssicher sind Betriebsmittel oder Strombahnen, bei denen durch geeignete Maßnahmen oder Mittel unter bestimmungsgemäßen Betriebsbedingungen kein Erdschluss zu erwarten ist.

- **Erdung**

  Gesamtheit aller Mittel und Maßnahmen zum Erden (vgl. „Offene Erdung“).

  Die Erdung wird als offen bezeichnet, wenn Überspannungs-Schutzeinrichtungen in die Erdungsleitung eingebaut sind.

- **Erdungsanlage**

  Örtlich abgegrenzte Gesamtheit miteinander leitend verbundener Erder oder in gleicher Weise wirkender Metallteile (z. B. Mastfüße, Bewehrungen, Konstruktionsteile), die zum Erden eines Netzes, einer Anlage oder eines Betriebsmittels mit den elektrischen Verbindungen und Einrichtungen verwendet werden.

- **Erdungsleiter**

  Verbindung zwischen Erder und Haupterdungsklemme oder -schiene (z. B. im Netz, in einer Anlage oder in einem Betriebsmittel).

- **Ersatzstromversorgungsanlage, Ersatzstromquelle**

  Anlage zur Aufrechterhaltung der Stromversorgung, wenn die normale Versorgung unterbrochen wird, zur Aufrechterhaltung von Sicherheit und Gesundheit von Personen und, wenn dies durch Verordnung gefordert wird, zur Vermeidung von schweren Umweltschäden und Schäden an anderen Betriebsmitteln und Einrichtungen.

- **Fehler gegen Erde**

  Zufälliges Auftreten eines Strompfads (fehlerhafte Isolierung, Aufbauten wie Gerüste, Leitern oder auch Bäume) zwischen aktiven Leitern und Erde. Der Strompfad kann eine erhebliche Impedanz aufweisen.

- **Fehlerschutz**

  Schutz gegen elektrischen Schlag beim einfachen Fehler.

- **Fehlerspannung**

  Spannung zwischen der Fehlerstelle und der Referenzerde bei einem Isolationsfehler.

- **Fehlerstrom**

  Strom, der durch einen Isolationsfehler zum Fließen kommt (vgl. „Differenzstrom“).

- **Fest angebrachte Betriebsmittel**

  Betriebsmittel, die an einer bestimmten Stelle, z. B. auf einer Haltevorrichtung oder auf andere Weise, fest montiert sind.

- **Fester Anschluss**

  Siehe „Anschluss“.

- **Feuchte und nasse Räume**

  Räume und Orte, in oder an denen Feuchtigkeit, Kondenswasser, chemische oder ähnliche Einflüsse, die elektrischen Betriebsmittel beeinträchtigen können, zu erwarten sind, z. B. Großküchen, Kühlräume, Waschräume, Milchkammern, Backstuben. Vergleiche DIN VDE 0100-737 und Kapitel 47.

- **Feuergefährdete Betriebsstätten**

  Räume, Orte, Stellen, bei denen die Gefahr besteht, dass sich leicht entzündliche Stoffe in gefahrdrohender Menge den elektrischen Betriebsmitteln nähern und bei höheren Temperaturen oder Lichtbögen Brände entstehen können, z. B. Heu-, Stroh-, Jute- und Flachslager, Papier-, Textil- oder Holzverarbeitungsbetriebe. Vergleiche DIN VDE 0100-482 und Kapitel 9.

- **Fliegende Bauten**

  Bauliche Anlagen, die geeignet und dazu bestimmt sind, wiederholt aufgestellt und zerlegt zu werden, wie z. B. Karusselle, Luftschaukeln, Tribünen, Buden, Zelte, Bauten für Wanderausstellungen, Wagen nach Schaustellerart. Vergleiche DIN VDE 0100-722 und Kapitel 35.

- **Freileitung**

  Oberirdisch errichtete Anlagen zur Fortleitung der elektrischen Energie, bestehend aus Stützpunkten (Maste, deren Fundamente, Dachständer, Konsolen), Leitern mit Zubehör, Isolatoren und Erdungen.

- **Fremdes leitfähiges Teil**

  Leitfähiges Teil, das nicht zur elektrischen Anlage gehört, das aber elektrische Potentiale einschließlich des Erdpotentials (Potential einer örtlichen Erde) übertragen kann.

- **Fundamenterder**

  Leiter, der in Beton eingebettet ist, wobei der Beton mit der Erde großflächig in Berührung steht (siehe „Erder"). Vorzugsweise als geschlossener Ring, um dadurch eine große Fläche in Berührung mit Erde zu erreichen.

- **Funktionserdung**

  Erdung eines oder mehrerer Punkte in einem Netz, in einer Anlage oder in einem Betriebsmittel zu Zwecken, die nicht der elektrischen Sicherheit dienen.

- **Funktionserdungsleiter**

  Erdungsleiter zum Zweck der Funktionserdung.

- **Funktionspotentialausgleichsanlage**

  Abgekürzt EBS (equipotential bonding system), Gesamtheit der leitenden Verbindungen für den Potentialausgleich.

- **Funktionspotentialausgleichsleiter**

  Leiter zum Zweck des Funktionspotentialausgleichs.

- **Gleichzeitig berührbare Teile**

  Leiter und leitfähige Teile, die von einer Person oder auch von Haus- oder Nutztieren gleichzeitig berührt werden können.

  Solche Teile können sein: aktive Teile, Körper elektrischer Betriebsmittel, fremde leitfähige Teile, Schutzleiter, Erder.

- **Handbereich**

  Bereich, dessen äußere Grenzen eine Person, die auf einer Standfläche steht, mit der Hand in allen Richtungen ohne Hilfsmittel erreichen kann (**Bild 3.1**).

- **Handgeräte**

  Ortsveränderliche Betriebsmittel, die während des üblichen Gebrauchs in der Hand gehalten werden.

- **Haupterdungsklemme/Haupterdungsschiene**

  Klemme oder Schiene, die Schutzleiter, Potentialausgleichsleiter, ggf. Leiter für die Funktionserdung mit der Erdungsanlage verbindet.

- **Hauptleitung**

  Verbindung zwischen der Übergabestelle des Elektrizitätsversorgungsunternehmens und der Zähleranlage. Sie führt nicht gemessene Energie.

- **Hausanschluss**

  Der Hausanschluss umfasst die Anschlussstelle am Netz, das Hausanschlusskabel oder die Hausanschlussfreileitung, das Einführungskabel oder die Einführungsleitung und den Hausanschlusskasten mit den Überstrom-Schutzeinrich-

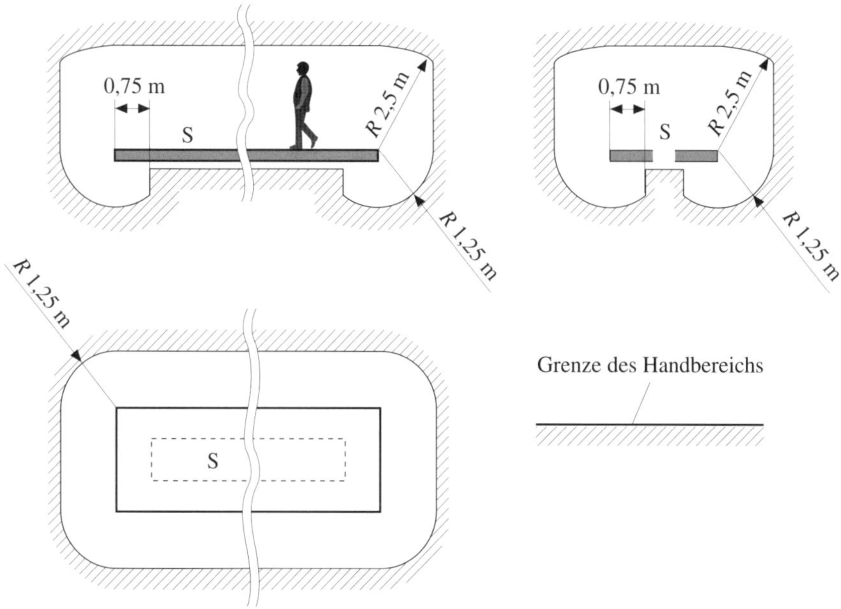

Bild 3.1 Maße des Handbereichs
(Bild aus DIN VDE 0100-410:1997-01, Bild 41c)

tungen oder andere Einrichtungen zum Trennen und Schalten. Vergleiche DIN VDE 0100-732 und Kapitel 45.

- **Hausanschlusskasten**

  Übergabestelle vom Verteilungsnetz zur Verbraucheranlage. Vergleiche DIN VDE 0100-732 und Kapitel 45.

- **Hausinstallationen**

  Elektrische Anlagen mit Nennspannungen bis 250 V gegen Erde für Wohnungen oder ähnliche Anwendungen.

- **Hilfsstromkreise**

  Stromkreise für zusätzliche Funktionen, z. B. Steuerstromkreise, Befehlsgabe, Verriegelung, Melde- und Messstromkreise. Vergleiche DIN VDE 0100-725 und Kapitel 40.

- **Hindernis (elektrisches Schutzhindernis)**

  Teile, die ein unbeabsichtigtes direktes Berühren verhindern, nicht aber eine absichtliche Handlung.
  Hindernisse sind ein Schutz gegen zufälliges Berühren.

- **Impedanz einer Fehlerschleife**

  Summe der Impedanzen in einer Stromschleife, bestehend aus der Impedanz der Stromquelle des Außenleiters bis zur Fehlerstelle und der Rückleitung (z. B. Schutzleiter, Erder, Erde) bis zum anderen Pol der Stromquelle.

- **Impedanz gegen Bezugserde**

  Impedanz zwischen einem Punkt in einem Netz, in einer Anlage oder in einem Betriebsmittel und der Bezugserde.

- **Indirektes Berühren**

  Berühren von Körpern elektrischer Betriebsmittel, die infolge eines Fehlers unter Spannung stehen (durch Menschen oder Tiere).

- **Isolationsfehler**

  Ein fehlerhafter Zustand der Isolation.

- **Kabel- und Leitungsanlagen**

  Anlage, bestehend aus Kabeln, Leitungen, Stromschienen, deren Befestigungs- und Isoliermaterial und ggf. deren mechanischer Schutz.

- **Kleinspannung (ELV)**

  Jede Spannung, die die in IEC 61201 festgelegten Spannungsgrenzen (maximal AC 50 V oder DC 120 V) nicht überschreitet.

- **Körper**

  Berührbares leitfähiges Teil elektrischer Betriebsmittel, das normalerweise nicht unter Spannung steht, das jedoch im Fehlerfall Spannung annehmen kann.

- **Körperschluss**

  Durch einen Fehler entstandene Verbindung zwischen Körper und aktiven Teilen elektrischer Betriebsmittel.

- **Kombinierte Potentialausgleichsanlage (Abgekürzt CBN [common bonding network])**

  Potentialausgleichsanlage, die sowohl Schutzpotentialausgleich als auch Funktionspotentialausgleich herstellt.

- **Kurzschluss**

  Durch einen Fehler entstandene leitende Verbindung zwischen betriebsmäßig gegeneinander unter Spannung stehenden aktiven Teilen, wenn im Fehlerstromkreis kein Nutzwiderstand liegt. Dabei fallen die elektrischen Potentiale zwischen den leitfähigen Teilen auf einen Wert gleich null oder nahezu null ab (**Bild 3.2**).

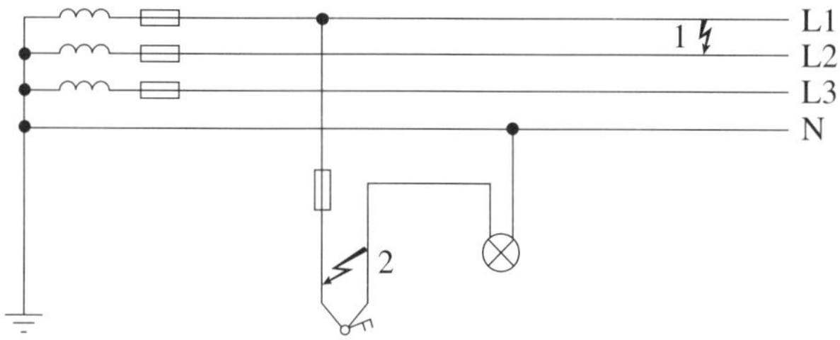

Bild 3.2 Kurzschluss (1) und Leiterschluss (2)

- **Kurzschlussfest**

  Kurzschlussfest ist ein Betriebsmittel, das den thermischen und dynamischen Wirkungen des an seinem Einbauort zu erwartenden Kurzschlussstroms ohne Beeinträchtigung seiner Funktionsfähigkeit standhält.

- **Kurzschlusssicher**

  Kurzschlusssicher sind Betriebsmittel oder Strombahnen, bei denen durch geeignete Maßnahmen oder Mittel unter bestimmungsgemäßen Betriebsbedingungen kein Kurzschluss zu erwarten ist.

- **Kurzschlussstrom**

  Überstrom, der durch einen Fehler (Kurzschlussfall) zwischen aktiven Leitern verursacht wird, die im ungestörten Betrieb unterschiedliches Potential haben.

- **Kurzschluss zwischen Außenleitern**

  Kurzschluss zwischen zwei oder mehr Außenleitern, der mit einem Erdschluss kombiniert sein kann.

- **Kurzschluss zwischen Außenleiter und Erde**

  Kurzschluss zwischen einem Außenleiter und Erde in einem Netz mit direkter Neutralpunkterdung oder mit Neutralpunkt-Impedanzerdung.

- **Laie**

  Person, die weder Elektrofachkraft noch elektrotechnisch unterwiesene Person ist.

- **Leiterschluss**

  Durch einen Fehler entstandene leitende Verbindung zwischen betriebsmäßig gegeneinander unter Spannung stehenden Leitern (aktiven Teilen), wenn im Fehlerstromkreis ein Nutzwiderstand (z. B. eine Glühlampe) liegt (Bild 3.2).

- **Leitfähiges Teil, Leiter**

  Teil, das elektrischen Strom führen kann.

- **Mittelleiter**

  Leiter, der mit dem Mittelpunkt elektrisch verbunden und in der Lage ist, zur Verteilung elektrischer Energie beizutragen.

- **Mittelpunkt**

  Gemeinsamer Punkt zwischen zwei symmetrischen Stromkreiselementen, deren andere Enden mit zwei verschiedenen Außenleitern elektrisch verbunden sind.

- **Nasse Räume**

  Siehe „Feuchte und nasse Räume“.

- **Natürlicher Erder**

  Ein mit Erde oder über Beton mit Erde in Verbindung stehendes Metallteil, dessen ursprünglicher Zweck nicht die Erdung ist, das aber als Erder wirkt, z. B. Rohrleitungen, Spundwände, Stahlteile von Gebäuden.

- **Nennspannung**

  Spannung, durch die eine Anlage gekennzeichnet ist.

- **Nennwert von Größen**

  Kennzeichnung der Betriebsmittel und Anlagen durch Nennspannung, Nennstrom, Nennleistung, Nennfrequenz.

- **Netz**

  Siehe „Verteilungsnetz“.

- **Netzbetriebserdung**

  Schutz- und Funktionserdung eines oder mehrerer Punkte eines Elektrizitätsversorgungsnetzes.

- **Neutralleiter**

  Mit dem Sternpunkt des Netzes verbundener Leiter (aktives Teil), der zur Verteilung elektrischer Energie beitragen kann.

- **Neutralpunkt**

  Geerdeter Mittelpunkt eines Einphasensystems oder gemeinsamer Punkt eines in Stern geschalteten Mehrphasensystems, der auch als Sternpunkt bezeichnet wird.

- **Nicht leitende Umgebung**

  Schutz gegen gefährliche Spannung durch isolierende Umgebung (z. B. isolierende Wände, Fußböden) und durch das Fehlen geerdeter leitfähiger Teile.

- **Not-Aus-Schaltung**

  Betätigung zur schnellen Ausschaltung von Betriebsmitteln, wenn unerwartet Gefahren auftreten können.

- **Not-Halt**

  Not-Ausschaltung zum Anhalten einer Bewegung, die gefährlich geworden ist.

- **Örtliche Erde**

  Siehe „Erde“.

- **Offene Erdung**

  Die Erdung wird als offen bezeichnet, wenn Überspannungs-Schutzeinrichtungen in die Erdungsleitung eingebaut sind (siehe „Erdung“).

- **Ortsfeste Betriebsmittel**

  Fest angebrachte Betriebsmittel oder Betriebsmittel, deren Masse so groß ist, dass sie nicht leicht bewegt werden können (z. B. Geräte für den Hausgebrauch mit mehr als 18 kg).

- **Ortsfeste Leitung**

  Leitung auf einer festen Unterlage so angebracht, dass sie ihre Lage nicht ändern kann.

- **Ortsveränderliche Betriebsmittel**

  An einem Versorgungsstromkreis angeschlossene Betriebsmittel, die während des Betriebs bewegt oder an unterschiedlichen Plätzen eingesetzt werden können.

- **PELV-System**

  Elektrisches System, bei dem die Spannung ELV nicht überschritten wird unter üblichen Bedingungen und unter Einfehlerbedingungen, ausgenommen bei Erdschlüssen in anderen Stromkreisen.

- **PEN-Leiter**

  Geerdeter Leiter, der zugleich die Funktionen des Schutzleiters und des Neutralleiters bzw. eines Schutzerdungsleiters und eines Mittelleiters erfüllt. PE + N = PEN.

- **Potentialausgleich**

  Elektrische Verbindung, die Körper elektrischer Betriebsmittel und fremde leitfähige Teile auf gleiches oder annähernd gleiches Potential bringt.

- **Potentialausgleichsanlage**

  Gesamtheit der Verbindungen zwischen leitfähigen Teilen zur Herstellung des Potentialausgleichs.

- **Potentialausgleichsleiter**

  Leiter zum Sicherstellen des Potentialausgleichs.

- **Potentialausgleichsschiene**

  Verbindungsschiene zum Zusammenführen der Schutzleiter, Potentialausgleichsleiter und ggf. der Leiter der Funktionserdung mit der Erdungsanlage (vgl. „Haupterdungsklemme“).

- **Potentialsteuerung**

  Beeinflussung des Erdoberflächenpotentials durch Erder.

- **Schalt- und Steuergeräte**

  Betriebsmittel, die in einem Stromkreis eingesetzt werden, um eine oder mehrere der folgenden Funktionen zu erfüllen: Schützen, Steuern, Trennen, Schalten.

- **Schleifenimpedanz**

  Siehe „Impedanz einer Fehlerschleife“.

- **Schutz bei indirektem Berühren**

  Schutz von Personen und Nutztieren vor Gefahren, die sich im Fehlerfall aus einer Berührung mit Körpern oder fremden leitfähigen Teilen ergeben können. Der Schutz bei indirektem Berühren wird auch als „Schutz gegen elektrischen Schlag unter Fehlerbedingungen“ oder einfach als „Fehlerschutz“ bezeichnet.

- **Schutzerdung**

  Erdung eines oder mehrere Punkte in einem Netz, in einer Anlage oder in einem Betriebsmittel zum Zweck der elektrischen Sicherheit.

- **Schutz gegen direktes Berühren**

  Maßnahmen zum Schutz von Personen und Nutztieren vor Gefahren, die sich aus einer Berührung mit aktiven Teilen elektrischer Betriebsmittel ergeben. Es kann sich hierbei um einen vollständigen Schutz (für Laien erforderlich) oder um einen teilweisen Schutz (zugelassen für Elektrofachkräfte und elektrotechnisch unterwiesene Personen) handeln.

- **Schutz gegen elektrischen Schlag**

  Maßnahmen, die das Risiko eines elektrischen Schlags verringern (vergleiche „Schutz bei indirektem Berühren“ und „Schutz gegen direktes Berühren“).

- **Schutzimpedanz**

  Impedanz von Bauteilen (oder auch deren Ausführung), die sicherstellt, dass Beharrungsberührungsstrom und Ladung auf ungefährliche Werte begrenzt werden.

- **Schutzleiter (PE)**

  Leiter zum Schutz gegen elektrischen Schlag, der für Schutzleiter-Schutzmaßnahmen gegen gefährliche Berührungsströme erforderlich ist, um die elektrische Verbindung zu einem der nachfolgenden Teile herzustellen:

- Körper der elektrischen Betriebsmittel
- Fremde leitfähige Teile
- Haupterdungsklemme
- Erder
- Geerdeter Punkt der Stromquelle oder künstlicher Sternpunkt

- **Schutzleiterstrom**

  Elektrischer Strom, der im Schutzleiter unter üblichen Betriebsbedingungen fließt.

- **Schutzpotentialausgleich**

  Siehe „Potentialausgleich".

- **Schutzpotentialausgleichsanlage**

  Siehe „Potentialausgleichsanlage".

- **Schutzpotentialausgleichsleiter**

  Siehe „Potentialausgleichsleiter".

- **Schutztrennung**

  Schutzmaßnahme, bei der ein Stromkreis gegenüber allen anderen Stromkreisen und Teilen, gegen Erde und gegen Berührung isoliert ist.

- **SELV-System**

  Elektrisches System, bei dem die Spannung ELV nicht überschritten wird unter üblichen Bedingungen und unter Einzelfehlerbedingungen, einschließlich Erdschlüssen in anderen Stromkreisen.

- **Spannung Außenleiter–Erde**

  Spannung zwischen einem Außenleiter und Bezugserde an einem gegebenen Punkt eines Stromkreises.

- **Spannung Außenleiter–Neutralleiter**

  Spannung zwischen einem Außenleiter und dem Neutralleiter an einem gegebenen Punkt des Stromkreises.

- **Speisepunkt**

  Punkt, an dem elektrische Energie in eine Anlage eingespeist wird (Anfang einer elektrischen Anlage).

- **Spezifischer Erdwiderstand (ρ_E)**

  Der spezifische elektrische Widerstand der Erde. Er wird in $\Omega\ m^2/m = \Omega\ m$ angegeben und stellt dann den Widerstand eines Erdwürfels von 1 m Kantenlänge zwischen zwei gegenüberliegenden Würfelflächen dar.

- **Starkstromanlagen**

  Elektrische Anlagen und Betriebsmittel zum Erzeugen, Umwandeln, Speichern, Fortleiten, Verteilen und Verbrauchen elektrischer Energie mit dem Zweck des Verrichtens von Arbeit, z. B. in Form von mechanischer Arbeit, zur Wärme- und Lichterzeugung oder bei elektrochemischen Vorgängen.

- **Steuererder**

  Erder, der nach Form und Anordnung mehr zur Steuerung des Erdoberflächenpotentials dient als zur Einhaltung eines bestimmten Ausbreitungswiderstands.

- **Steuergerät**

  Siehe „Schalt- und Steuergerät".

- **Strombelastbarkeit (I_Z)**

  Die zulässige Dauerstrombelastbarkeit eines Leiters ist der höchste Strom, der von einem Leiter unter festgelegten Bedingungen dauernd geführt werden kann, ohne dass dessen Beharrungstemperatur einen festgelegten Wert überschreitet.

- **Stromkreis**

  Gesamtheit der elektrischen Betriebsmittel einer Anlage, die von demselben Speisepunkt versorgt und durch dieselbe Überstromschutzeinrichtung geschützt wird.

  Beispiele für Stromkreise:

  - Außenleiter L1, L2 oder L3 und Neutralleiter N
  - zwei oder drei Außenleiter mit und ohne Neutralleiter
  - L1 und N, L2 und N, L3 und N mit je zweipoligen Verbrauchsmitteln und getrennten Absicherungen gelten als drei Stromkreise
  - Verteilungsstromkreis
    Stromkreis, der eine Verteilung versorgt
  - Endstromkreis
    Stromkreis, an den unmittelbar Verbrauchsmittel und Steckdosen angeschlossen sind

- **Stromquelle für Sicherheitszwecke**

  Siehe „Ersatzstromversorgungsanlage".

- **Stromquelle mit begrenztem Strom**

  Stromquelle mit einem Beharrungsstrom und einer elektrischen Ladung, die auf ungefährliche Werte begrenzt sind und mit einer sicheren Trennung zwischen dem Ausgang der Stromquelle und gefährlichen aktiven Teilen.

- **Stromversorgungseinrichtung für Sicherheitszwecke**

  Siehe „Ersatzstromversorgungsanlage".

- **Trennen**

  Trennen bedeutet, die Stromversorgung (alle Stromquellen) von der Anlage oder von Anlageteilen aus Sicherheitsgründen zu unterbrechen.

- **Trockene Räume**

  Räume oder Orte, in der Regel ohne Kondenswasser oder ohne mit Luftfeuchtigkeit gesättigter Luft, z. B. Wohnungen, Büros, Geschäfts- und Verkaufsräume, Treppenhäuser, belüftete Kellerräume. Auch Baderäume in Wohnungen und Hotels gelten in Bezug auf die Installation als trockene Räume.

- **Überlaststrom**

  Überstrom, der in einem fehlerfreien Stromkreis auftritt.

- **Überstrom**

  Strom, der den Bemessungswert überschreitet. Für Leiter ist der Bemessungswert die zulässige Strombelastbarkeit.

- **Überstromschutzeinrichtung**

  Einrichtung zum Schutz der Leiter oder anderer Betriebsmittel eines Stromkreises gegen zu hohe Erwärmung, wenn vorher festgelegte Stromwerte für eine bestimmte Zeit überschritten werden.

- **Umgebungstemperatur**

  Temperatur der umgebenden Luft oder anderer Medien, in dem das Betriebsmittel verwendet wird.

- **Umhüllung (Gehäuse)**

  Teile, die ein Betriebsmittel gegen bestimmte äußere Einflüsse schützen und durch die Schutz entsprechend der vorgesehenen Schutzart gewährt werden.

- **Unabhängiger Erder**

  Erder, der sich in einem solchen Abstand von anderen Erdern befindet, dass sein elektrisches Potential nicht nennenswert von Strömen zwischen Erde und anderen Erdern beeinflusst wird.

- **Unbeeinflusste Berührungsspannung**

  Spannung zwischen gleichzeitig berührbaren Teilen, wenn diese nicht von einem Menschen oder einem Tier berührt werden.

- **Verbraucher-Anlage**

  Elektrische Anlage hinter dem Hausanschlusskasten (**Bild 3.3**)

- **Verbrauchsmittel**

  Elektrische Betriebsmittel zur Umwandlung der elektrischen Energie in andere Formen der Energie, z. B. in Licht, Wärme oder mechanische Energie.

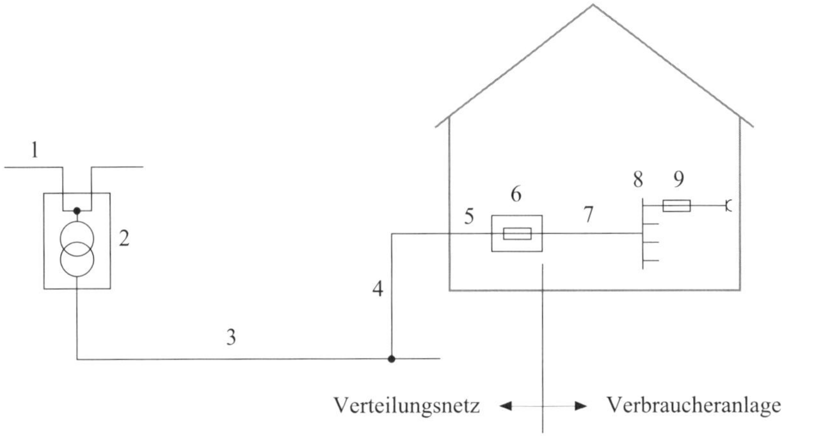

<table>
<tr><td>1 Mittelspannnungsnetz</td><td></td><td></td><td rowspan="6">↗ Verteilungs-
netz</td></tr>
<tr><td>2 Ortsnetzstation</td><td></td><td></td></tr>
<tr><td>3 Niederspannungsnetz</td><td></td><td></td></tr>
<tr><td>4 Hausanschlussleitung
Verbindung vom Niederspannungsnetz
zur Hauseinführung</td><td></td><td rowspan="3">↗ Haus-
anschluss</td></tr>
<tr><td>5 Hauseinführungsleitung
Verbindung vom Eintritt ins Gebäude
bis zum Hausanschlusskasten</td><td rowspan="2">↗ Hausein-
führung</td></tr>
<tr><td>6 Hausanschlusskasten – HAK –
Hausanschlusssicherung und Grenze
zwischen Verteilungsnetz und Ver-
braucheranlage (↗ Speisepunkt)</td></tr>
<tr><td>7 Hauptstromversorgungssystem
Hauptleitungen und Betriebsmittel nach der
Übergabestelle, die nicht gemessene Energie führen</td><td></td><td></td><td rowspan="3">↗ Verbraucher-
anlage</td></tr>
<tr><td>8 Hausverteilung
Zählerplatz, Stromkreisverteiler</td><td></td><td></td></tr>
<tr><td>9 Stromkreis
Strombahn zwischen Schutzeinrichtung (Speisepunkt)
und Verbrauchsmittel</td><td></td><td></td></tr>
</table>

Bild 3.3 Verteilungsnetz und Verbraucheranlage

- **Vereinbarte Grenze der Berührungsspannung**

  Siehe „Berührungsspannung".

- **Vereinbarter Auslösestrom**

  Siehe „Ansprechstrom".

- **Versorgungseinrichtung für Sicherheitszwecke**

  Stromversorgungsanlage, die dazu bestimmt ist, die Funktion von Betriebsmitteln, die für die Sicherheit von Personen und Einrichtungen unerlässlich sind, aufrechtzuerhalten.

- **Verstärkte Isolierung**

  Isolierung von aktiven Teilen, die einen gleichwertigen Schutz gegen elektrischen Schlag gewährt wie die doppelte Isolierung mit dem Unterschied, dass die Basisisolierung und die zusätzliche Isolierung aus mehreren Schichten bestehen, die nicht einzeln geprüft werden können.

- **Verteilungsnetz**

  Gesamtheit aller Kabel, Leitungen und Anlagen vom Stromerzeuger bis zur Verbraucheranlage, Bild 3.3.

- **Verteilungsstromkreis**

  Siehe „Stromkreis".

- **Vollkommener Körper-, Kurz- und Erdschluss**

  Ein vollkommener Körper-, Kurz- und Erdschluss liegt vor, wenn die leitende Verbindung an der Fehlerstelle nahezu widerstandslos ist.

- **Wartungsgang**

  Räume oder Orte innerhalb elektrischer Betriebsstätten, die vorwiegend zum Warten der elektrischen Betriebsmittel betreten werden.

- **Wirkwiderstand gegen Bezugserde**

  Ohm'scher Anteil der Impedanz gegen Bezugserde.

- **Zu erwartende Berührungsspannung**

  Siehe „Berührungsspannung".

- **Zulässige Strombelastbarkeit**

  Siehe „Strombelastbarkeit".

- **Zusätzliche Isolierung**

  Zusätzlich zur Basisisolierung aufgebrachte unabhängige Isolierung, um den Schutz gegen elektrischen Schlag im Fall eines Versagens der Basisisolierung sicherzustellen.

4 Charakteristische Merkmale [300, 300 E]

Für die Planung und Errichtung der elektrischen Anlage sind ihre charakteristischen Merkmale zu bestimmen:

- **Verwendungszweck**

  Art und Umfang der mit elektrischer Energie zu versorgenden Einrichtungen.

- **Leistungsbedarf und Gleichzeitigkeitsfaktor**
- **Äußere Einflüsse**

  die auf die Anlage einwirken und die bei der Auswahl der Betriebsmittel und Schutzmaßnahmen zu beachten sind.

- **Stromversorgung**

  Stromart, Frequenz, Nennspannungen, maximaler Leistungsbedarf, Kurzschlussstrom am Speisepunkt der Anlage, evtl. Versorgungseinrichtungen für Sicherheitszwecke.

- **Art des Verteilungssystems**

  Art und Zahl der aktiven Leiter, Systeme nach Art der Erdverbindungen (TN-, TT-, IT-System, vergleiche Abschnitt 7.1), Aufteilung der Stromkreise nach Gesichtspunkten der Sicherheit und Zuverlässigkeit.

- **Verträglichkeit**

  Einrichtungen und Betriebsmittel sind aufeinander abzustimmen hinsichtlich Überspannungen, Wechseln der Lasten, Einschaltströme, Oberschwingungen, Ableitströme, EMV-Verträglichkeit, zusätzlicher Erdverbindungen.

- **Instandhaltung**

  Art und Umfang im Verhältnis zur Wirksamkeit der Schutzmaßnahmen und zur Lebensdauer der Anlagen.

5 Schutz gegen elektrischen Schlag [410, 410 E]

Der Schutz gegen elektrischen Schlag von Personen und Nutztieren ist durch geeignete Maßnahmen sowohl unter normalen Betriebsbedingungen als auch im Einfehlerfall sicherzustellen. Dies wird erreicht durch den

- Basisschutz (Schutz gegen direktes Berühren)
  durch Isolierung, Abdeckung, Umhüllung, Hindernisse, Abstand, Anordnung außerhalb des Handbereichs
- Fehlerschutz (Schutz bei indirektem Berühren)
  durch Potentialausgleich, automatische Abschaltung, Schutztrennung, Kleinspannung (SELV und PELV)
- Zusätzlicher Schutz
  durch Fehlerstrom-Schutzeinrichtungen in bestimmten Fällen (z. B. in Endstromkreisen mit Steckdosen), zusätzlichen Potentialausgleich

Unterschiedliche Schutzmaßnahmen in derselben Anlage dürfen im Fehlerfall oder, wenn eine Schutzmaßnahme fehlerbehaftet ist, sich nicht gegenseitig in ihrer Wirkung beeinträchtigen.

Für spezielle Anlagen und Orte sind besondere Schutzmaßnahmen erforderlich (vergleiche die Kapitel 26 bis 51).

Die Schutzmaßnahmen durch Hindernisse, Anordnung außerhalb des Handbereichs, nicht leitende Umgebung, erdfreien örtlichen Potentialausgleich und Schutztrennung mit mehr als einem Verbrauchsmittel sind nur in Anlagen zulässig, die regelmäßig kontrolliert oder durch Elektrofachkräfte oder durch elektrotechnisch unterwiesene Personen überwacht werden.

Der Fehlerschutz darf bei folgenden Betriebsmitteln entfallen:

- bei metallenen Stützen von Freileitungsisolatoren
- außerhalb des Handbereichs (z. B. Dachständer)
- bei Stahlbewehrung von Betonmasten für Freileitungen, wenn die Stahlbewehrung nicht erreichbar ist
- bei kleinen Körpern auf Grund ihrer reduzierten Abmessungen (etwa 50 mm × 50 mm) und wenn die Verbindung mit dem Schutzleiter nur mit Schwierigkeit hergestellt werden kann (z. B. Bolzen, Nieten, Kabelbefestigungen).

6 Basisschutz [410, 410 E]

Die aktiven Teile elektrischer Betriebsmittel müssen unter normalen Betriebsbedingungen entweder in ihrem ganzen Verlauf isoliert oder durch ihre Bauart, Lage, Anordnung oder durch besondere Vorrichtungen gegen direktes Berühren geschützt sein.

6.1 Schutz durch Isolierung

Aktive Teile müssen vollständig mit einer Isolierung umgeben sein, die nur durch Zerstörung entfernt werden kann. Die Isolierung muss den im Betrieb auftretenden elektrischen, thermischen, mechanischen und chemischen Beanspruchungen standhalten. Farbanstriche und Lacke gelten nicht als Schutz im Sinne des Berührungsschutzes.

Wird die Isolierung im Zuge der Errichtung der Anlagen angebracht, ist ihre Wirksamkeit nach der Fertigstellung durch geeignete Prüfungen in Anlehnung an Prüfungen vergleichbarer fabrikfertiger Anlagen nachzuweisen.

6.2 Schutz durch Abdeckungen oder Umhüllungen

Abdeckungen und Umhüllungen gelten dann als ausreichender Schutz gegen direktes Berühren, wenn sie mindestens der Schutzart IPXXB oder IP2X entsprechen (Fingerschutz oder Fremdkörperschutz mit Durchgriffsöffnungen ≤ 12,5 mm). Sie müssen zuverlässig befestigt und mechanisch stabil sein, einen ausreichenden Abstand zu den aktiven Teilen haben und nur mithilfe von Werkzeugen oder Schlüsseln zu entfernen sein.

Diese Anforderungen gelten auch für Zwischenabdeckungen, beispielsweise hinter zu öffnenden Türen.

Abdeckungen in oberer horizontaler, leicht zugänglicher Anordnung müssen der Schutzart IP4X entsprechen (drahtsicher, Durchgriffsöffnung ≤ 1 mm).

Wenn größere Öffnungen für den ordnungsgemäßen Betrieb (z. B. Lampenfassungen, Sicherungen) erforderlich sind, müssen geeignete Vorsichtsmaßnahmen zum Schutz von Personen getroffen werden, um unbeabsichtigtes Berühren aktiver Teile zu verhindern (z. B. durch Abschalten, möglichst kleine Öffnungen, geeignete Hinweise).

Verbleiben hinter einer Abdeckung oder Umhüllung nach dem Abschalten an den Betriebsmitteln gefährliche elektrische Ladungen, ist ein Warnhinweis erforderlich, sofern die Spannung statischer Ladungen nicht innerhalb von 5 s auf DC 120 V nach dem Abschalten absinkt.

6.3 Schutz durch Hindernisse

Hindernisse müssen das unbeabsichtigte Berühren aktiver Teile, z. B. während des Bedienens, verhindern, Dabei handelt es sich nur um einen teilweisen Schutz gegen direktes Berühren, den man auch als Schutz gegen zufälliges Berühren bezeichnet und nur in elektrischen Betriebsstätten bzw. abgeschlossenen elektrischen Betriebsstätten anwenden darf.

Hindernisse dürfen ohne Schlüssel oder Werkzeug entfernbar sein. Sie müssen allerdings so gesichert sein, dass unbeabsichtigtes Entfernen ausgeschlossen ist.

6.4 Schutz durch Abstand, Anordnung außerhalb des Handbereichs

Durch Abstand wird ein teilweiser Schutz gegen direktes Berühren aktiver Teile sichergestellt. Im Handbereich dürfen sich keine gleichzeitig berührbaren Teile unterschiedlichen Potentials befinden (als gleichzeitig berührbar gelten Teile in einem Abstand von weniger als 2,5 m). Die Grenzen des Handbereichs sind in Bild 3.1 dargestellt.

7 Fehlerschutz [410, 410 E]

Wenn unter Fehlerbedingungen die Grenze der jeweils zulässigen Berührungsspannung überschritten wird, muss der Fehlerschutz (Schutz bei indirektem Berühren) wirksam werden.

Als Grenze der zulässigen Berührungsspannung gelten AC 50 V effektiv und DC 120 V oberschwingungsfrei. Bei besonderer Gefährdung in Betriebsstätten, Räumen und Anlagen besonderer Art gelten u. U. kleinere Werte, die z. B. in den Kapiteln 27, 28, 31 genannt werden.

7.1 Schutzpotentialausgleich

In jedem Gebäude ist ein Schutzpotentialausgleich herzustellen. Dazu müssen miteinander verbunden werden:

- Erdungsleiter
- Haupterdungsschienen
- metallene Rohrleitungen und Versorgungssysteme, z. B. Gas, Wasser, Heizungs- und Klimasysteme
- fremde leitfähige Teile der Gebäudekonstruktion
- metallene Verstärkungen von bewehrtem Beton, soweit zugänglich
- leitfähige Teile außerhalb des Gebäudes, die ins Gebäude geführt werden (Verbindungen möglichst in der Nähe der Eintrittsstelle ins Gebäude)
- Metallmäntel von Fernmeldekabeln und -leitungen mit Einverständnis der Eigner bzw. Betreiber

Für jeden Stromkreis muss ein Schutzleiter verfügbar sein.

Körper müssen nach den Bedingungen der Abschnitte 7.3 und 7.5 (TN-, TT-, IT-System) mit einem Schutzleiter verbunden werden.

Gleichzeitig zugängliche Körper müssen mit demselben Erdungssystem verbunden werden.

Für die Auslegung der Erdungsanlage und der Schutzleiter siehe Kapitel 17.

In einem TT-System dürfen die maximalen Abschaltzeiten des TN-Systems angewendet werden, wenn ein wirksamer Schutzpotentialausgleich innerhalb der Anlage garantiert wird (**Tabelle 7.1**).

System	50 V < U_0 ≤ 120 V		120 V < U_0 ≤ 230 V		230 V < U_0 ≤ 400 V		U_0 > 400 V	
	AC	DC	AC	DC	AC	DC	AC	DC
TN	0,8 s	5 s	0,4 s	5 s	0,2 s	0,4 s	0,1 s	0,1 s
TT	0,3 s	5 s	0,2 s	0,4 s	0,07 s	0,2 s	0,04 s	0,1 s

Tabelle 7.1 Maximale Abschaltzeiten
(Tabelle aus E DIN IEC 60364-4-41:2003-04, Tabelle 41A)

7.2 Schutz durch automatische Abschaltung der Stromversorgung

Im Fehlerfall muss eine Schutzeinrichtung die Stromversorgung des zu schützenden Stromkreises oder Betriebsmittels abschalten, wenn die zulässige Berührungsspannung überschritten wird.

Dabei sind nachstehende Bedingungen zu erfüllen:

- Die maximal zulässige Abschaltzeit nach Eintreten des Fehlers ist abhängig von der Nennspannung des Versorgungssystems und der Art der Erdverbindung. Die Abschaltzeit darf Werte nach Tabelle 7.1 nicht überschreiten.

  Diese Werte gelten für Endstromkreise mit Steckdosen und für Stromkreise, an die in der Hand gehaltene oder tragbare Betriebsmittel angeschlossen sind; größere Werte für Abschaltzeit und Spannung können für Stromerzeugungs- und Verteilungsanlagen zugelassen werden.

  Die automatische Abschaltung wird nicht gefordert, wenn beim Auftreten eines Fehlers gegen Schutzleiter oder Erde die Ausgangsspannung der Stromquelle auf AC 50 V oder DC 120 V herabgesetzt ist.

- Die Körper der Betriebsmittel müssen an einen Schutzleiter angeschlossen werden (Kapitel 18), der mit dem örtlichen Erdungssystem in Verbindung steht.
- Gleichzeitig berührbare Körper müssen mit demselben Erdungssystem verbunden werden.
- In jedem Gebäude oder in jeder Versorgungseinrichtung ist ein Hauptpotentialausgleich herzustellen (Kapitel 19).
- Ein zusätzlicher örtlicher Potentialausgleich ist in Teilbereichen der elektrischen Anlage erforderlich, wenn die Bedingungen für die automatische Abschaltung nicht eingehalten werden können oder wenn der zusätzliche Potentialausgleich wegen besonderer Gefährdung ausdrücklich verlangt wird, wie z. B. in Bade- oder Duschräumen oder in Anlagen der Landwirtschaft (Kapitel 27, 31).

TN-C-System

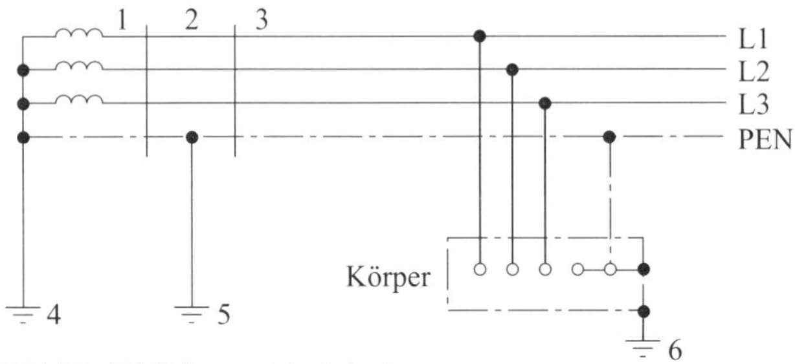

Bild 7.1 TN-C-System (vier Leiter)
Neutralleiter und Schutzleiter werden in einem Leiter (PEN-Leiter) zusammengefasst (nur bei Querschnitten ab 10 mm^2 Cu zulässig).

TN-S-System

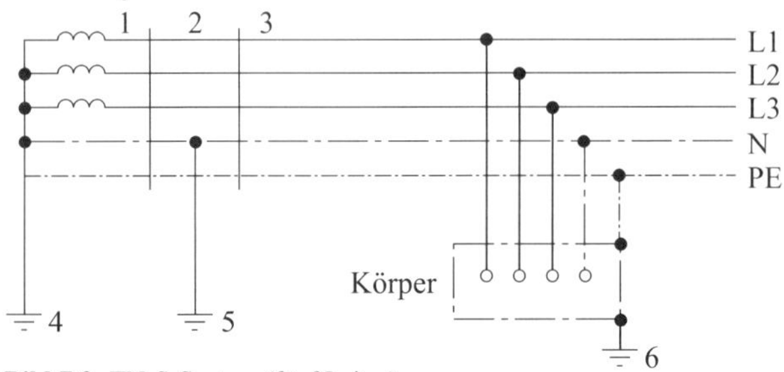

Bild 7.2 TN-S-System (fünf Leiter)
Neutralleiter und Schutzleiter werden getrennt verlegt.

TN-C-S-System

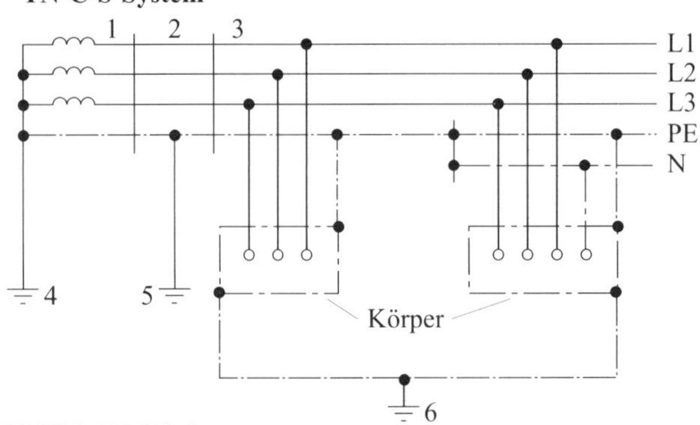

Bild 7.3 TN-C-S-System
Neutralleiter und Schutzleiter werden in einem Teil der Anlage kombiniert in einem Leiter, in dem anderen Teil der Anlage getrennt geführt.

TT-System

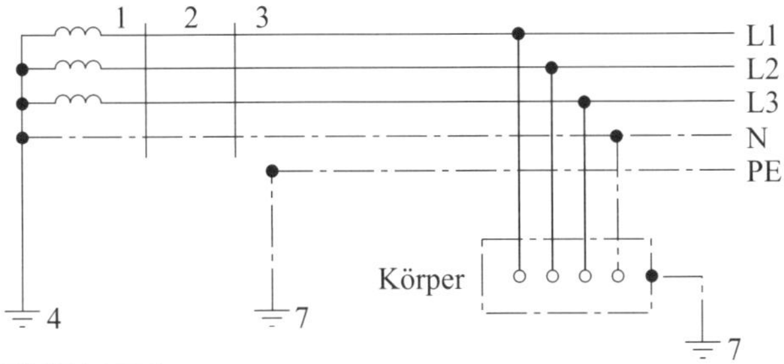

Bild 7.4 TT-System
Die Stromquelle und die Körper sind direkt mit der Erde verbunden. Vorausgesetzt wird allerdings, dass es sich um zwei voneinander unabhängige Erdungsanlagen handelt. Eine Verbindung zwischen den Erdern der Stromquelle und den Erdern der Verbraucheranlage würde aus dem TT-System wieder ein TN-System machen.

Der hier als „N“ dargestellte Neutralleiter ist im Niederspannungsnetz vom Speisepunkt bis zum Hausanschlusskasten üblicherweise ein PEN-Leiter. Er ist an mehreren Stellen im Netz mit Erde verbunden.

IT-System

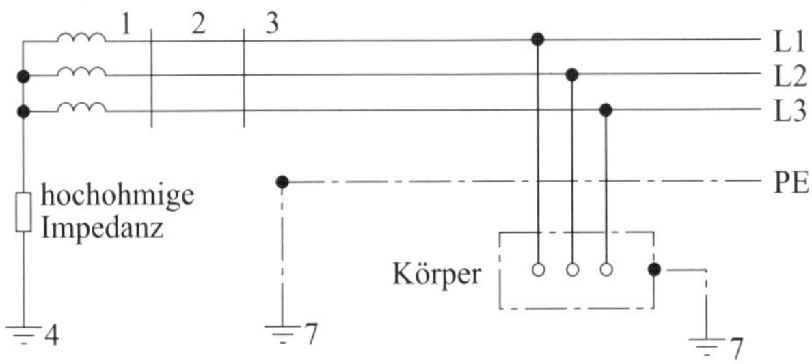

Bild 7.5 IT-System
Die Stromquelle ist gegen Erde isoliert, und die Körper werden über einen Schutzleiter mit dem Erder in der Installationsanlage verbunden.

Legende Bild 7.1 bis 7.5

1 Stromquelle
2 Verteilungsnetz
3 Verbraucheranlage
4 Erdung der Stromquelle
5 Erdung im Verteilungsnetz
6 Erdung in der Verbraucheranlage
7 Schutzerdung in der Verbraucheranlage

- System nach Art der Erdverbindung (**Bilder 7.1 bis 7.5**)

  Bedeutung der Buchstaben und Ziffern:

  Erster Buchstabe: Beziehung des Stromversorgungssystems zur Erde

  T Direkte Verbindung eines Punkts zur Erde

  I Alle aktiven Teile von Erde getrennt oder ein Punkt über eine Impedanz mit Erde verbunden.

  Zweiter Buchstabe: Beziehung der Körper der elektrischen Anlage zur Erde

  T Direkte elektrische Verbindung der Körper zur Erde

  N Direkte elektrische Verbindung der Körper mit dem geerdeten Punkt des Versorgungssystems

  Im TN-System ist der PEN-Leiter des Netzes an möglichst vielen, gleichmäßig im Netz verteilten Punkten und am Hausanschlusskasten geerdet. Die Körper der Betriebs- und Verbrauchsmittel sind über die Schutzleiter und die Potentialausgleichsschiene mit dem Betriebserder des Netzes und soweit vorhanden auch mit dem Erder in der Verbraucheranlage zu verbinden.

  Im TT-System ist in der Verbraucheranlage ein örtlicher, vom Betriebserder des Netzes unabhängiger Erder zu erstellen, der über die Schutzleiter mit den Körpern der Betriebsmittel in der Verbraucheranlage und mit der Potentialausgleichsschiene zu verbinden ist.

  Im IT-System sind alle aktiven Teile des Netzes gegen Erde isoliert, oder der Neutralleiter bzw. ein Außenleiter ist über eine hochohmige Impedanz geerdet. Die Körper der Betriebsmittel in der Verbraucheranlage werden einzeln oder gemeinsam geerdet. Die automatische Abschaltung beim Auftreten des ersten Fehlers im IT-System wird üblicherweise nicht gefordert.

7.3 Schutz durch automatische Abschaltung im TN-System

Die Betriebserder des Netzes, die üblicherweise über den PEN-Leiter in die Verbraucheranlage geführt werden, der örtliche Erder in der Verbraucheranlage und alle Schutzleiter sind über die Potentialausgleichsschiene miteinander zu verbinden.

Für die automatische Abschaltung ist nachstehende Bedingung zu erfüllen:

$Z_s \cdot I_a \leq U_0$

Z_s Impedanz der Fehlerschleife, die aus der Stromquelle, dem aktiven Leiter bis zur Fehlerstelle und dem Schutzleiter bis zur Stromquelle besteht

I_a Strom, der die automatische Abschaltung der Schutzeinrichtung in der vorgegebenen Zeit bewirkt

U_0 Nennspannung gegen Erde

Abschaltzeiten für U_0 = 230 V (andere Abschaltzeiten siehe Tabelle 7.1):

- Endstromkreise mit Steckdosen und fest angeschlossene Handgeräte ≤ 0,4 s
- Endstromkreise für ortsfeste Betriebsmittel und Verteilungsstromkreise ≤ 5 s

Ab Abschalteinrichtung dürfen Überstrom-Schutzeinrichtungen (z. B. Sicherungen, LS-Schalter) und in TN-S-Systemen auch RCDs (Fehlerstrom-Schutzeinrichtungen) verwendet werden.

Unter Berücksichtigung der maximal zulässigen Abschaltzeit kann I_a aus den Ausschaltkennlinien (Zeit-Strom-Kennlinien) der Überstrom-Schutzeinrichtung ermittelt werden. Bei Verwendung von RCDs entspricht I_a dem Bemessungs-Differenzstrom $I_{\Delta N}$.

Wenn in Ausnahmefällen die Abschaltbedingung nicht erfüllt wird, kann durch Einhaltung der nachstehenden Bedingung nachgewiesen werden, dass der Schutzleiter und die mit ihm verbundenen Körper im Fehlerfall keine Spannung gegen Erde erreichen, die 50 V überschreitet.

$$\frac{R_B}{R_E} \leq \frac{50\ \text{V}}{U_0 - 50\ \text{V}}$$

R_B Gesamterdungswiderstand aller parallel geschalteter Erder (Betriebserder des Netzes und Erder in der Verbraucheranlage)

R_E Kleinster Erdübergangswiderstand der fremden leitfähigen Teile, über die ein Fehler zwischen Außenleiter und Erde entstehen kann und die nicht mit dem Erdungssystem der elektrischen Anlage verbunden sind

U_0 Nennspannung gegen Erde

Diese als Spannungswaage bekannte und in den bisherigen Normen enthaltene Bedingung ist im Entwurf DIN VDE 0100-410 von April 2003 nicht mehr enthalten, obwohl bei ihrer Einhaltung die Körper der Betriebsmittel der Schutzklasse I keine höhere Spannung als AC 50 V (vereinbarte, dauernd zulässige höchste Berührungsspannung) annehmen können.

7.4 Schutz durch automatische Abschaltung im TT-System

Im Netz ist es ausreichend, wenn der Sternpunkt geerdet wird. In der Praxis allerdings unterscheiden sich die Erdungsverhältnisse im Netz häufig nicht von denen beim TN-System. Verlangt wird, dass der Erder in der Verbraucheranlage unabhängig vom Betriebserder im Netz errichtet wird. Nur wenn der Erder in der Verbraucheranlage vom Betriebserder des Netzes unbeeinflusst bleibt, ist die Verwirklichung des TT-Systems möglich.

Ist die Unabhängigkeit des Erders in der Verbraucheranlage von der Betriebserdung nicht zu erreichen, handelt es sich um ein mehr oder weniger gutes TN-System, auch wenn die Verbindung zwischen PEN-Leiter am Hausanschlusskasten und der Potentialausgleichsschiene fehlt.

Die Körper der Betriebsmittel in der Verbraucheranlage, die durch dieselbe Schutzeinrichtung geschützt werden sollen, müssen über die Schutzleiter an einen gemeinsamen Erder in der Verbraucheranlage angeschlossen werden.

Für die automatische Abschaltung im Fehlerfall durch eine Fehlerstrom-Schutzeinrichtung (RCD) muss folgende Bedingung erfüllt sein:

$$R_a \cdot I_a \leq 50\ \text{V}$$

R_a Summe der Widerstände des Erders und des Schutzleiters der Körper

I_a Strom, der die automatische Abschaltung der Schutzeinrichtung bewirkt; bei einer RCD gilt $I_a = I_{\Delta N}$

Als Abschalteinrichtung sind RCDs und auch Überstrom-Schutzeinrichtungen zugelassen. Letztere allerdings werden in der Praxis kaum eingesetzt, da unter üblichen Netz- und Installationsverhältnissen die Abschaltbedingungen mit einer Überstrom-Schutzeinrichtung nicht eingehalten werden können.

Beim Einsatz von RCDs werden die Abschaltzeiten selbst bei zeitverzögerten Bauarten, z. B. bei in Reihe geschalteten RCDs, in der Regel nicht überschritten.

7.5 Schutz durch Anwendung des IT-Systems

Die aktiven Teile müssen entweder gegen Erde isoliert sein oder über eine ausreichend große Impedanz geerdet werden. Letzteres kann beispielsweise erforderlich werden, um Überspannungen zu begrenzen oder Spannungsschwingungen zu vermeiden.

Die Isolierung gegen Erde oder die hochohmige Impedanz wird im Fehlerfall den Fehlerstrom so weit begrenzen, dass eine Abschaltung nicht erforderlich ist. Um dies sicherzustellen, muss nachstehende Bedingung erfüllt werden:

$$R_A \cdot I_d \leq 50\ \text{V}$$

R_A Summe der Widerstände des Erders und des Schutzleiters der Körper

I_d Fehlerstrom bei einem Fehler mit vernachlässigbarer Impedanz an der Fehlerstelle

Um den Fehler anzuzeigen, ist eine Isolationsüberwachungseinrichtung erforderlich.

Es kann nicht ausgeschlossen werden, dass bis zur Beseitigung des ersten Fehlers ein zweiter Fehler zeitgleich auftritt, der dann eine Gefährdung hervorrufen kann. Deshalb muss im Fall eines zweiten Fehlers die Abschaltung der Stromversorgung sichergestellt werden

- wie beim TN-System,
  wenn die Körper untereinander über einen Schutzleiter gemeinsam geerdet sind
- wie beim TT-System,
  wenn die Körper in Gruppen oder einzeln geerdet sind

Beim TN-System müssen zusätzlich die nachstehenden Abschaltbedingungen erfüllt werden:

$Z_s \leq \frac{U}{2 \cdot I_a}$, wenn der Neutralleiter nicht mit verteilt wird

oder

$Z_s' \leq \frac{U_0}{2 \cdot I_a}$, wenn der Neutralleiter mit verteilt wird

Darin bedeuten:

Z_s Impedanz der Fehlerschleife (Außenleiter und Schutzleiter)

Z_s' Impedanz der Fehlerschleife (Neutralleiter und Schutzleiter)

I_a Strom, der die Abschaltung des Stromkreises in der vorgegebenen Zeit bewirkt

U Nennspannung zwischen Außenleitern

U_0 Nennspannung zwischen Außenleitern und Neutralleiter

Maximale Ausschaltzeit bei $U_0/U = 230/400$ V

- Neutralleiter nicht verteilt 0,4 s
- Neutralleiter verteilt 0,8 s
- Verteilungsstromkreise und Endstromkreise mit ortsfestem Betriebsmittel 5 s

Im IT-System zugelassene Schutzeinrichtungen:

- Isolationsüberwachungseinrichtungen
- Isolationsfehler-Ortungssysteme
- Überstrom-Schutzeinrichtungen
- RCDs

7.6 Doppelte oder verstärkte Isolierung, Schutzisolierung

Bei der Schutzisolierung handelt es sich um eine Schutzmaßnahme, die das Auftreten gefährlicher Spannungen an den berührbaren Teilen elektrischer Betriebsmittel infolge eines Fehlers der Basisisolierung durch eine doppelte oder verstärkte Isolierung (Betriebsmittel der Schutzklasse II) oder durch Totalisolierung bei fabrikfertigen Gerätekombinationen verhindert.

Solche Betriebsmittel sind durch das Symbol ⧈ gekennzeichnet. Sie erhalten keinen Schutzleiteranschluss, was durch das an einer sichtbaren Stelle der Umhüllung angebrachte Zeichen  symbolisiert wird.

Die zusätzliche Isolierung an elektrischen Anlagen, die nur eine Basisisolierung haben, kann auch während der Errichtung vor Ort angebracht werden. Sie muss denselben Sicherheitsanforderungen wie bei fabrikfertigen Betriebsmitteln entsprechen. Für isolierende Abdeckungen ist die Schutzart IPXXB oder IP2X (Fingerschutz oder Fremdkörperschutz mit Durchgriffsöffnungen ≤ 12,5 mm) vorzusehen. Im Übrigen gelten für die zusätzliche Isolierung dieselben Anforderungen wie beim Schutz gegen direktes Berühren durch Abdeckungen oder Umhüllungen (siehe Abschnitt 6.2).

Bei der Montage schutzisolierter Betriebsmittel darf die zusätzliche Isolierung nicht beeinträchtigt werden, z. B. durch Befestigungsmaterial, Schrauben usw.

7.7 Schutztrennung

Bei der Schutztrennung sind die Betriebsmittel mithilfe eines Trenntransformators oder Motorgenerators mit gleichwertig isolierten Wicklungen vom speisenden Netz sicher zu trennen. Sie dürfen nicht geerdet werden.

Folgende Anforderungen sind zu erfüllen:

- Stromquellen müssen den Bedingungen der Schutzisolierung (Abschnitt 7.6) entsprechen.
- Keine Verbindung der aktiven Teile des Stromkreises mit Schutztrennung zu anderen Stromkreisen oder mit Erde.
- Die Bedingungen der Trennung (Basisisolierung) sind zwischen aktiven Teilen, zu Teilen anderer Stromkreise und zur Erde zu erfüllen. Das gilt in besonderer Weise für Relais, Schütze, Hilfsschalter, aber auch für Kabel und Leitungen, z. B. durch die Bauart H07RN-F.
- Flexible Kabel und Anschlussleitungen müssen über ihre gesamte Länge sichtbar sein, um mögliche mechanische Beschädigungen erkennen zu können.

- Es wird empfohlen, Stromkreise mit Schutztrennung von anderen Stromkreisen getrennt zu verlegen oder z. B. durch metallische Umhüllung, isolierende Installationsrohre oder -kanäle zu schützen.
- Flexible Anschlussleitungen müssen einen Schutzleiter enthalten, der als Potentialausgleichsleiter verwendet wird. Lediglich beim Anschluss von Betriebsmitteln der Schutzklasse II kann auf den Schutzleiter verzichtet werden.
- Bei besonderer Gefährdung sollte hinter der Stromquelle nur ein einziges Betriebsmittel angeschlossen werden.
- Werden mehrere Betriebsmittel angeschlossen, müssen ihre Körper über einen ungeerdeten isolierten Potentialausgleichsleiter miteinander verbunden werden.
- Alle Steckdosen sind mit Schutzkontakten auszustatten, um den ungeerdeten, gegenüber anderen Teilen isolierten Potentialausgleich herzustellen.

Zu beachten ist, dass bei zufälligen oder absichtlichen Verbindungen mit Körpern von Betriebsmitteln anderer Stromkreise der Schutz nicht mehr allein von der Schutztrennung, sondern auch von den Schutzmaßnahmen der anderen Stromkreise abhängt.

Ferner wird empfohlen:

- Spannung des Stromkreises maximal 500 V
- Die Leitungslänge hinter der Stromquelle darf den Wert $\frac{100\,000\ \text{Vm}}{\text{Betriebsspannung}}$, maximal jedoch 500 m, nicht überschreiten. Daraus errechnen sich die maximalen Leitungslängen, z. B.
  - bei 230 V mit 435 m
  - bei 400 V mit 250 m

7.8 Zusätzlicher Schutz

Zusätzlicher Schutz durch Fehlerstrom-Schutzeinrichtungen (RCDs)

Ein zusätzlicher Schutz wird in Wechselstromsystemen durch RCDs mit einem Bemessungsdifferenzstrom $\leq$ 30 mA erreicht, wenn z. B. der Basisschutz versagt. Er ist aber als alleiniger Schutz gegen direktes Berühren nicht zulässig.

Zusätzlicher Potentialausgleich

Der zusätzliche Potentialausgleich kann als ergänzende Maßnahme zum Fehlerschutz angewendet werden.

Er wird erreicht durch leitende Verbindungen zwischen allen gleichzeitig zugänglichen Körpern fest angebrachter Betriebsmittel, fremden leitfähigen Teilen und, soweit praktikabel, metallischer Bewehrung von Stahlbeton. Auch die Schutzleiter aller Betriebsmittel, eingeschlossen diejenigen der Steckdosen, müssen mit der zusätzlichen Potentialausgleichsanlage verbunden werden.

Die Wirksamkeit des zusätzlichen Potentialausgleichs kann im Wechselspannungssystem dadurch überprüft werden, dass der Widerstand R zwischen gleichzeitig zugänglichen Körpern und fremden leitfähigen Teilen die nachstehende Bedingung erfüllt:

$$R \leq \frac{50\ \text{V}}{I_a}$$

I_a ist der Strom, der das Abschalten der Schutzeinrichtung bewirkt, für

- Fehlerstrom-Schutzeinrichtungen (RCDs) $I_{\Delta N}$
- Überstrom-Schutzeinrichtungen der Strom, der eine Abschaltung innerhalb von 5 s bewirkt

Zusätzlicher Schutz für Endstromkreise

Ein zusätzlicher Schutz durch Fehlerstrom-Schutzeinrichtungen (RCDs) mit $I_{\Delta N} \leq 30$ mA muss vorgesehen werden z. B. für

- Steckdosen mit einem Bemessungsstrom bis 20 A, die durch Laien benutzt werden.
- Endstromkreise im Außenbereich, an denen tragbare Betriebsmittel mit einem Bemessungsstrom bis 32 A angeschlossen werden.

Weitere Anwendungen des Zusatzschutzes siehe Kapitel 48.

8 Schutz durch Kleinspannung [410, 410 E]

Der Schutz durch Kleinspannung schützt sowohl gegen direktes als auch bei indirektem Berühren, wenn die Nennspannung der Stromkreise 50 V AC bzw. 120 V DC nicht überschreiten. Unterschieden wird zwischen der Kleinspannung SELV, die ungeerdet betrieben wird, und der Kleinspannung PELV, deren Stromkreise und Körper der angeschlossenen Betriebsmittel geerdet werden dürfen.

Als Stromquelle dürfen nur Einrichtungen mit sicherer Trennung gegenüber anderen Stromkreisen verwendet werden.

Die sichere Trennung muss auch von allen Betriebsmitteln der Stromkreise einschließlich aller Leitungen erfüllt werden. Stecker und Steckdosen dürfen nicht für andere Spannungssysteme geeignet sein. Das gilt auch zwischen SELV- und PELV-Stromkreisen.

SELV

- Keine Verbindung zur Erde, zu aktiven Teilen oder zu Schutzleitern anderer Stromkreise oder zu fremden leitfähigen Teilen.
- Lässt sich die Verbindung zu fremden leitfähigen Teilen nicht vermeiden, muss sichergestellt werden, dass solche Teile keine Spannung annehmen können, die größer ist als 50 V AC oder 120 V DC.
- Bei Kleinspannungsstromkreisen mit Nennspannung > 25 V AC oder > 60 V DC muss ein Schutz gegen direktes Berühren vorgesehen werden.

PELV

- Die Verbindung der Stromkreise zur Erde darf mit Schutzleitern des Primärstromkreises hergestellt werden.
- Es ist ein Schutz gegen direktes Berühren vorzusehen.
- Auf den Schutz gegen direktes Berühren kann innerhalb und außerhalb eines Gebäudes verzichtet werden, wenn der Hauptpotentialausgleich vorgesehen ist, die Erdungsanlage und die Körper des PELV-Systems durch einen Schutzleiter mit der Haupterdungsschiene verbunden sind und die Nennspannung 25 V AC bzw. 60 V DC nicht überschreitet, die Betriebsmittel in trockenen Räumen betrieben werden und eine großflächige Berührung von aktiven Teilen durch Menschen oder Nutztiere nicht zu erwarten ist oder wenn die Nennspannung < 6 V AC bzw. 15 V DC ist.

FELV

FELV wird angewendet, wenn aus Funktionsgründen die Nennspannung AC 50 V und DC 120 V nicht überschritten wird. Im Gegensatz zu SELV oder PELV bietet FELV keinen Schutz gegen elektrischen Schlag. Es müssen deshalb durch entsprechende Maßnahmen sichergestellt werden

- der Basisschutz durch Isolierung, Abdeckung oder Umhüllung der aktiven Teile
- der Fehlerschutz durch Schutzpotentialausgleich und durch automatische Abschaltung im Fehlerfall
- für die Stromquelle wird zumindest die einfache Trennung zwischen FELV und dem speisenden Stromkreis (wie z. B. beim Transformator) verlangt; kann dies nicht erfüllt werden (z. B. mit Spartransformatoren, Potentiometer oder Halbleitereinrichtungen), muss das FELV-System durch die im Eingangsstromkreis angewendeten Schutzmaßnahmen geschützt werden
- die Körper des FELV-Stromkreises müssen mit dem Schutzleiter des Primärstromkreises der Stromquelle verbunden werden
- Stecker und Steckdosen dürfen nicht für andere Stromkreise geeignet sein
- Steckdosen müssen einen Schutzkontakt haben

9 Schutz gegen thermische Einflüsse [420, 420 E]

Personen, Nutztiere und Sachen sind gegen zu hohe Erwärmung, hervorgerufen durch elektrische Betriebsmittel, zu schützen.

Zu verhindern sind:

- Entzündungen, Verbrennungen oder andere Beschädigungen von Materialien
- Verbrennungen (Brandwunden) bei Menschen und Tieren
- Beeinträchtigung der Funktion elektrischer Betriebsmittel

Zu berücksichtigen ist das jeweilige Materialverhalten bei Erwärmung und Feuer.

Vergleiche in diesem Zusammenhang auch Kapitel 10 „Brandschutz bei besonderen Risiken und Gefahren". Der im November 2005 herausgegebene Entwurf DIN IEC 60364-4-42/A 3 (VDE 0100-442) „Schutz gegen thermische Auswirkungen" sieht vor, zukünftig diesen Teil 442 mit dem Teil 482 (Kapitel 10) zusammenzufassen.

Der Entwurf 442 weist gegenüber den nachfolgenden und in Kapitel 10 aufgeführten Anforderungen folgende Änderungen bzw. Ergänzungen auf:

- Der Schutzleiter wird als Überwachungsleiter beim Schutz durch automatische Abschaltung der Stromversorgung nicht mehr gefordert.
- PEN-Leiter werden in feuergefährdeten Betriebsstätten generell verboten.
- Raumheizgeräte mit Wärmespeicherung, bei denen Raumluft mit dem Speicherkern in Berührung kommen kann, dürfen auch in Räumen mit Feuergefährdung durch Staub und/oder Fasern eingesetzt werden.
- Festlegungen für Flucht- und Rettungswege in Abstimmung mit den zuständigen Behörden. Kabel und Leitungen dürfen Fluchtwege nicht durchqueren oder aber so ausgelegt sein, dass sie nicht zu einem Brand beitragen oder ihn unterstützen und keine Temperaturen erreichen, die hoch genug sind, umgebende Materialien zu entflammen.
- Elektrische Anlagen dürfen nicht zur Ausbreitung von Feuer beitragen.

9.1 Brandschutz

Elektrische Anlagen dürfen für ihre Umgebung keine Brandgefahr verursachen. Um dies sicherzustellen, ist zu beachten:

- Fest eingebaute Betriebsmittel mit Oberflächentemperaturen, die für benachbarte Teile eine Brandgefahr darstellen, müssen auf Werk- oder Baustoffen mit niedriger Wärmeleitfähigkeit, die der auftretenden Erwärmung widerstehen können, montiert oder von benachbarten Materialien abgeschirmt oder mit ausreichendem Abstand errichtet werden.

- Fest eingebaute Betriebsmittel mit Lichtbogen- oder Funkenbildung in bestimmungsgemäßem Betrieb müssen mit lichtbogenbeständigen Materialien abgeschirmt oder eingeschlossen oder mit ausreichendem Abstand zur gefährdeten Umgebung montiert werden.
- Fest eingebaute Betriebsmittel müssen so montiert werden, dass sie keinen Wärmestau durch Behinderung der Wärmeabfuhr oder durch Häufung von Betriebsmitteln verursachen.
- Für Betriebsmittel mit entflammbaren Flüssigkeiten müssen besondere Vorkehrungen getroffen werden, die das Ausbreiten von brennenden Flüssigkeiten oder deren Verbrennungsprodukte (Rauch, toxische Gase) verhindern, z. B. durch Auffanggruben, Türschwellen.
- Neben diesen allgemeinen Regeln des Brandschutzes sind die Montageanleitungen der Hersteller der Betriebsmittel zu beachten.

9.2 Schutz gegen Verbrennungen (Brandwunden)

Für Teile elektrischer Betriebsmittel, die im Handbereich (siehe Abschnitt 6.4) zugänglich sind, dürfen nachstehende Oberflächentemperaturen nicht überschritten werden:

Art der Berührung	**maximale Temperatur in °C**	
	Oberfläche	
	Metall	**Nichtmetall**
beim Betrieb in der Hand gehaltene Teile	55	65
Teile, die berührt werden müssen, die aber nicht in der Hand gehalten werden	70	80
Teile, die nur zufällig berührt werden	80	90

Beim Überschreiten der Temperaturen müssen die Teile gegen zufälliges Berühren geschützt sein. Überschreitungen der Temperaturwerte sind nur dann zulässig, wenn dies ausdrücklich in den jeweils geltenden Gerätenormen festgelegt ist.

9.3 Schutz gegen Überhitzung

Um Überhitzung zu vermeiden, müssen Gebläse-Heizsysteme automatisch abschalten (Ausnahme: elektrische Speicherheizungen), wenn die Gebläseleistung reduziert oder abgeschaltet wird. Zusätzlich sind zwei voneinander unabhängig arbeitende Temperaturbegrenzungseinrichtungen für die betriebliche Temperatursteuerung und als Sicherheitseinrichtung vorzusehen. Das Gleiche gilt für Heizwasser und Dampferzeuger, die zusätzlich noch eine Vorrichtung zur Begrenzung des Wasserdrucks oder eine freie Auslassöffnung haben müssen.

10 Brandschutz bei besonderen Risiken und Gefahren [420, 420 E, 482]

Der Brandschutz bei besonderen Risiken und Gefahren enthält Mindestanforderungen, die durch behördliche Auflagen insbesondere bei der Einordnung feuergefährdeter Betriebsstätten ergänzt werden können.

Die Mindestanforderungen gelten für:

- Räume oder Orte oder auch Stellen im Freien, bei denen leicht entzündliche Stoffe durch höhere Temperaturen der Betriebsmittel oder durch Lichtbögen eine Brandgefahr bilden, z. B. in Papier-, Textil- oder Holzverarbeitungsbetrieben oder in Lagerräumen, z. B. für Heu, Stroh, Jute, Flachs oder auch bei Ansammlung von Staub, wie z. B. in Scheunen oder Holzverarbeitungswerkstätten.
- Räume aus vorwiegend brennbaren Baustoffen wie Holz oder Hohlwänden.
- Räume mit unersetzbaren Gütern von hohem Wert.

Beispiele: Gesetzlich geschützte und in Baudenkmallisten eingetragene Gebäude und andere Gebäude, wenn für ihre Erhaltung und Nutzung geschichtliche, künstlerische, wissenschaftliche, technische, volkskundliche oder städtebauliche Gründe vorliegen, Flughäfen, Bahnhöfe, bauliche Anlagen mit Sachwertkonzentration, wie z. B. Ausstellungen, Messen, Rechenzentren.

Sie gelten nicht für Räume oder Orte mit Explosionsgefahr oder Versammlungsstätten.

Die elektrischen Betriebsmittel müssen unter Berücksichtigung äußerer Einflüsse so ausgewählt werden, dass sie im ungestörten Betrieb und im Fehlerfall kein Feuer verursachen können. Diese Anforderung kann auch durch zusätzliche Schutzmaßnahmen (z. B. Abstand, Verkleidungen) erfüllt werden.

Siehe auch Kapitel 9 „Schutz gegen thermische Einflüsse".

10.1 Ergänzende Anforderungen für feuergefährdete Betriebsstätten

- In feuergefährdeten Betriebsstätten mit gefährlichen Mengen brennbaren Materials dürfen nur solche Anlagen installiert werden, die in diesen Betriebsstätten erforderlich sind.

- Bei Staubansammlungen dürfen die Betriebsmittel oder deren Umhüllungen keine unangemessenen Temperaturen annehmen. Die Umhüllungen müssen der Schutzart IP5X (staubgeschützt) entsprechen.
- Wenn Kabel und Leitungssysteme nicht vollständig in nicht brennbaren Materialien (Putz, Beton) eingebettet sind, müssen sie schwer entflammbare Eigenschaften aufweisen. Kabel und Leitungen mit verbessertem Verhalten im Brandfall werden empfohlen (siehe Tabelle 16.6.2).
- Kabel- und Leitungssysteme, die durch feuergefährdete Betriebsstätten geführt werden, dürfen keine Klemmen oder Verbindungen enthalten, oder sie müssen in Umhüllungen eingebaut werden, die den Prüfungen für Brandsicherheit entsprechen (Anwendung von speziellen Wanddosen), Kennzeichnung ▽H nach DIN VDE 0606.
- Die Überlast- und Kurzschlussschutzeinrichtungen müssen entweder außerhalb der feuergefährdeten Betriebsstätte oder, wenn der Speisepunkt innerhalb der feuergefährdeten Betriebsstätte liegt, am Speisepunkt vorgesehen werden.
- Kabel- und Leitungssysteme müssen bei Isolationsfehlern geschützt werden bei TN- und TT-Systemen durch RCDs mit $I_{\Delta n} \leq 300$ mA oder, wenn widerstandsbehaftete Fehler einen Brand auslösen können, durch RCDs mit $I_{\Delta n} \leq 30$ mA, bei IT-Systemen mit Isolationsüberwachungseinrichtungen mit optischer und akustischer Meldung. Beim zeitgleichen Auftreten eines zweiten Fehlers darf die Ausschaltzeit der Überstrom-Schutzeinrichtung 5 s nicht überschreiten. Bei IT-Systemen werden Kabel mit konzentrischem Leiter als Schutzleiter empfohlen.
- PEN-Leiter sind nicht zulässig, ausgenommen Kabel- und Leitungsanlagen, die feuergefährdete Betriebsstätten nur durchqueren.
- Jeder Neutralleiter muss eine Trennvorrichtung erhalten.
- Blanke Leiter dürfen nicht verwendet werden.
- Flexible Leitungen nur in schwerer Ausführung, z. B. H07RN-F.
- Es sind Vorkehrungen zu treffen, dass Lichtbogen- oder Funkenbildung oder heiße Teile benachbarte brennbare Materialien nicht in Brand setzen können.
- Schaltgeräte müssen außerhalb der feuergefährdeten Betriebsstätte angebracht werden oder in eine Umhüllung mit der Schutzart IP5X (staubgeschützt) eingebaut werden.
- Motoren, die nicht dauernd überwacht werden, müssen gegen zu hohe Temperaturen einen Überlastschutz mit manueller Rückstellung erhalten. Motoren mit Stern-Dreieck-Anlauf müssen auch in der Sternstufe gegen unzulässige Temperatur geschützt werden.
- Es dürfen nur Leuchten mit begrenzter Oberflächentemperatur verwendet werden,
  - bei üblichen Bedingungen 90 °C
  - unter Fehlerbedingungen 115 °C

Scheinwerfer und Projektoren müssen einen Mindestabstand zu brennbaren Materialien einhalten, der vom Hersteller der Leuchte angegeben wird. Sind solche Angaben nicht vorhanden, gilt:

- bis 100 W 0,5 m
- > 100 W bis 300 W 0,8 m
- > 300 W bis 500 W 1 m

Unter Berücksichtigung dieser Anforderungen können Leuchten mit den Kennzeichnungen:

verwendet werden. Bei Staub- und/oder Faseranfall nur Leuchten mit den Symbolen:

- Leuchten und Lampen müssen gegen die zu erwartenden mechanischen Beanspruchungen geschützt sein. Aus der Leuchte dürfen keine heißen Teile herausfallen.
- Anforderungen für Heizgeräte:
  Montage auf nicht brennbarer Unterlage, in der Nähe brennbarer Materialien müssen Abdeckungen vorgesehen werden, Entzündungen von brennbarem Staub oder Fasern müsen durch den Typ des Heizgeräts (das gilt auch für Wärmespeicher-Heizgeräte) verhindert werden, Umhüllungen von Elektrowärmegeräten dürfen keine höheren Temperaturen annehmen wie die, die für Leuchten gelten (siehe oben),
- Heizungs- und Lüftungssysteme dürfen auch bei Staubanfall keine Feuergefahr verursachen. Es müssen Temperaturbegrenzungseinrichtungen nur mit manueller Rückstellung eingesetzt werden.

10.2 Räume und Orte mit brennbaren Baustoffen

Die Auswahl und Anordnung der elektrischen Betriebsmittel für Räume und Orte mit brennbaren Baustoffen muss so erfolgen, dass eine Feuergefährdung durch die elektrischen Anlagen ausgeschlossen ist. Das gilt in besonderer Weise für ihren Einbau in Hohlwände. Dabei dürfen nur dafür geeignete, in den Normen als solche zugelassene und geprüfte Betriebsmittel verwendet werden (Symbol H).

Zu beachten ist ferner:

- Kabel und Leitungen dürfen in Hohlwänden fest oder beweglich verlegt werden, Kabel- und Leitungsauswahl: NYY oder NYM oder nach Tabelle 16.6.2.

- Steckdosen, Schalter oder andere Betriebsmittel dürfen in Hohlwanddosen nicht mit Krallen befestigt werden.
- In Hohlwanddosen eingeführte Kabel und Leitungen müssen zugentlastet werden.

10.3 Räume mit unersetzbaren Gütern von hohem Wert

Entsprechende Anforderungen werden zurzeit erarbeitet. Ziel dabei ist es, dass eine Gefährdung von unersetzbaren Gütern von hohem Wert durch elektrische Anlagen ausgeschlossen ist. Gemeint sein könnte z. B. die Gefährdung durch Feuer oder durch künstliches Licht, z. B. in Museen.

Zurzeit wird empfohlen, die Anforderungen für Räume oder Orte mit besonderem Brandrisiko – feuergefährdete Betriebsstätten (siehe Abschnitte 10 und 10.1) – zu erfüllen.

Elektrische Anlagen in unbewohnten Gebäuden oder Gebäudeteilen müssen außerhalb der Nutzungszeit ganz oder teilweise abgeschaltet werden können (Ausnahmen: z. B. Sicherheitseinrichtungen, bestimmte Teile der Beleuchtung, EDV-Anlagen, Kühlanlagen).

Die Schalter müssen dem Zugriff Unbefugter entzogen werden. Sie sind an für die Brandbekämpfung geeigneter Stelle anzubringen.

11 Schutz von Kabeln und Leitungen bei Überstrom [430, 430 E]

Der Schutz bei Überstrom setzt sich zusammen aus dem Schutz bei Überlast im ungestörten Betrieb und dem Schutz bei Kurzschluss im Fehlerfall. Die Schutzeinrichtungen müssen vorgesehen werden, um Überlast- und Kurzschlussströme in den Leitern zu unterbrechen, bevor deren thermische und mechanische Auswirkungen die Leiter, deren Isolierung, die Anschluss- und Verbindungsstellen sowie die Umgebung der Kabel und Leitungen gefährden können.

Alle Außenleiter sind gegen Überstrom zu schützen. Die Schutzeinrichtung muss den Außenleiter abschalten, in dem der Überstrom auftritt. Wenn bei der Abschaltung eines Außenleiters eine Gefahr entstehen kann, wie z. B. bei Drehstrommotoren, muss durch geeignete Vorkehrungen der gesamte Stromkreis unterbrochen werden.

Im Neutralleiter ist weder eine Überstrom-Schutzeinrichtung noch eine Überstromerfassung vorzusehen. Dies gilt auch dann, wenn der Neutralleiterquerschnitt geringer ist als der Außenleiterquerschnitt, sofern sichergestellt ist, dass der größte Strom des Neutralleiters bei normalem Betrieb deutlich kleiner ist als seine Strombelastbarkeit und die Schutzeinrichtungen der Außenleiter den Neutralleiter bei Kurzschluss schützen.

Nur in IT-Systemen kann es notwendig werden, eine Überstrom-Schutzeinrichtung in dem mitgeführten Neutralleiter vorzusehen.

Bei der Abschaltung des Neutralleiters ist darauf zu achten, dass dieser nicht vor den Außenleitern unterbrochen und nicht nach diesen wieder eingeschaltet werden kann.

11.1 Art der Schutzeinrichtungen

Als Schutzeinrichtungen stehen zur Auswahl:

- die den Schutz sowohl bei Überlast als auch bei Kurzschluss sicherstellen (Leitungsschutzsicherungen, LS-Schalter, Leistungsschalter mit thermischer und magnetischer Auslösung),
- die nur den Schutz bei Überlast gewährleisten (Motorstarter, Schütze mit Überlastauslöser),

- die nur den Schutz bei Kurzschluss bewirken (Sicherungen, Leistungsschalter nur mit magnetischer Auslösung).

Der Schutz bei Überstrom kann sowohl durch eine gemeinsame Schutzeinrichtung, die sowohl bei Überlast als auch bei Kurzschluss schützt, als auch durch getrennte Schutzeinrichtungen für Überlast und Kurzschluss sichergestellt werden.

11.2 Schutz bei Überlast

Die Schutzeinrichtung, die Kabel und Leitungen bei Überlast schützt, muss den folgenden Bedingungen entsprechen:

$$I_\mathrm{b} \leq I_\mathrm{n} \leq I_\mathrm{Z} \qquad (1)$$

$$I_2 \leq 1{,}45 \cdot I_\mathrm{Z} \qquad (2)$$

Es bedeuten:

I_b Betriebsstrom im fehlerfreien Stromkreis

I_n Nenn- oder Einstellstrom der Schutzeinrichtung

I_Z Zulässige Strombelastbarkeit der Kabel und Leitungen

I_2 Strom, der die Ausschaltung durch die Schutzeinrichtung innerhalb der festgelegten Zeit sicherstellt

Nach der ersten Bedingung ist bei der Auswahl der Schutzeinrichtung darauf zu achten, dass ihr Nennstrom I_n, bei Leistungsschaltern der Einstellstrom, gleich oder größer ist als der Betriebsstrom I_b. Der Strombelastbarkeit I_Z der Kabel und Leitungen muss mindestens so groß sein wie der Nennstrom der Schutzeinrichtung I_n.

Für die häufig verwendeten Schutzeinrichtungen

- Leitungsschutzsicherungen
- Leitungsschutzschalter

ist in den Gerätenormen der Ausschaltstrom $I_2 \leq 1{,}45 \cdot I_\mathrm{n}$ festgelegt. Daraus folgt unter Berücksichtigung der zweiten Bedingung

$$1{,}45 \cdot I_\mathrm{n} \leq 1{,}45 \cdot I_\mathrm{Z} \text{ oder}$$

$$I_\mathrm{n} \leq I_\mathrm{Z}$$

Die zulässige Strombelastbarkeit I_Z ist den Kabel- und Leitungsnormen zu entnehmen. Sie ist abhängig von Querschnitt und Leitermaterial, von der maximal zulässigen Betriebstemperatur, dem Isoliermaterial, der Verlegeart, der Umgebungstemperatur und der Betriebsart (vom zeitlichen Verlauf des Betriebsstroms).

Für die häufigsten Anwendungsfälle in der Praxis wurde die **Tabelle 16.2** in Verbindung mit üblichen Verlegearten zusammengestellt, aus der die Belastbarkeitswerte unter den angegebenen Parametern und die zugehörigen Nennströme der Schutzeinrichtungen entnommen werden können. Sie können bei der Auswahl der Schutzeinrichtungen für den Schutz bei Überlast angewendet werden, wenn die der Tabelle zu Grunde liegenden Parameter mit denen in der Praxis übereinstimmen.

11.3 Anordnung der Schutzeinrichtungen zum Schutz bei Überlast

Die Schutzeinrichtung zum Schutz bei Überlast kann an beliebiger Stelle des Stromkreises angeordnet werden, wenn der Leitungsquerschnitt, die Leitungsbauart und die Verlegeart in dem zu schützenden Leitungsabschnitt gleich bleiben, der gesamte Betriebsstrom von der Schutzeinrichtung erfasst wird und der Stromkreis bei Kurzschluss geschützt ist.

Beispiele:

- Überlastschutz am Anfang des Stromkreises in Verbindung mit dem Kurzschlussschutz
- Überlastschutz am Ende des Stromkreises unmittelbar vor dem oder am Verbraucher (Motorschutz)
- Überlastschutz im Laufe des Stromkreises bei Querschnittsänderung

11.4 Verzicht auf den Schutz bei Überlast

Die Schutzeinrichtungen zum Schutz bei Überlast dürfen entfallen:

- hinter einer Änderung des Leitungsquerschnitts, wenn die gesamte Leitung durch eine vorgeschaltete Schutzeinrichtung geschützt ist
- wenn nicht mit dem Auftreten von Überlast gerechnet werden muss (Anschluss von Verbrauchern mit definierter Last)
- in Fernmelde-, Steuer- und Signalanlagen
- in öffentlichen und anderen Verteilungsnetzen, die als im Erdreich verlegte Kabel oder als Freileitungen ausgeführt sind

In allen Fällen sind die Kabel und Leitungen gegen Kurzschluss zu schützen. Auf den Schutz bei Überlast kann nicht verzichtet werden in feuer- und explosionsgefährdeten Räumen, in Räumen, für die der Überlastschutz ausdrücklich gefordert wird und wenn als Schutz gegen elektrischen Schlag das IT-System angewendet wird.

Wenn unvorhergesehene Unterbrechungen des Stromkreises mit Gefahren verbunden sind, wird empfohlen, auf den Schutz bei Überlast zu verzichten und ggf. eine Überlastmeldeeinrichtung zu verwenden.

Beispiele:

- Sekundärstromkreis von Stromwandlern
- Speisestromkreis für Hub- und Fördermagneten
- Erregerstromkreis von elektrischen Maschinen
- Speisestromkreise von Feuerlöscheinrichtungen

11.5 Schutz bei Überlast von parallel geschalteten Leitern

Parallel geschaltete Leiter mit einer Strombelastbarkeit I_Z, die der Summe der Einzelleiter entspricht, darf nur dann mit einer gemeinsamen Schutzeinrichtung bei Überlast geschützt werden, wenn sich der Betriebsstrom auf alle Leiter gleichmäßig aufteilt. Dies setzt voraus, dass die Leiter:

- die gleichen elektrischen Eigenschaften haben (Leiterquerschnitt, Leiter- und Isolierwerkstoff)
- die gleichen Verlegebedingungen angewendet wurden (Länge, Verlegeart, Umgebungstemperatur)
- keine Abzweige vorhanden sind

11.6 Schutz bei Kurzschluss

Das Ausschaltvermögen der Schutzeinrichtung zum Schutz bei Kurzschluss muss mindestens dem größten Strom bei vollkommenem Kurzschluss an ihrem Einbauort entsprechen. Werden Schutzeinrichtungen mit geringerem Ausschaltvermögen verwendet, muss eine zweite Schutzeinrichtung mit dem erforderlichen Ausschaltvermögen vorgeschaltet werden. Dann müssen die Eigenschaften der Schutzeinrichtungen entsprechend den Herstellerangaben so aufeinander abgestimmt sein (Durchlassenergie, Verschweißfestigkeit, dynamische Festigkeit), dass die nachgeschaltete Schutzeinrichtung und die zu schützenden Betriebsmittel keinen Schaden erleiden.

Der maximal mögliche Kurzschlussstrom des zu schützenden Stromkreises ist wie folgt zu bestimmen:

- durch geeignete Rechenverfahren, z. B. nach DIN VDE 0102
- durch Messung in der Anlage
- durch Untersuchungen an einer Netznachbildung
- an Hand von Angaben des EVU

Die Ausschaltzeit (Zeit vom Auftreten des Kurzschlusses bis zur Abschaltung) darf nicht größer sein als die Zeit, in der die Leiter durch den Kurzschlussstrom auf die maximale Kurzschlusstemperatur (höchste am Leiter zulässige Temperatur bei Kurzschluss mit einer Kurzschlussdauer bis 5 s) (**Tabelle 11.1**) erwärmt werden, jedoch 5 s nicht überschreiten.

zulässige Kurzschlusstemperaturen für verschiedene Isolierstoffe		
Isolierwerkstoffe	**Kurzzeichen**	**°C**
Gummi	NR/SR	200
Polyvinylchlorid	PVC	160
Ethylen-Propylen-Kautschuk	EPR	250
vernetztes Polyethylen	VPE	250

Tabelle 11.1 Zulässige Kurzschlusstemperaturen für verschiedene Isolierstoffe

Die zulässige Ausschaltzeit kann bei Kurzschlüssen bis zu 5 s Dauer annähernd ermittelt werden nach der Gleichung:

$$t = \left(k \frac{S}{I} \right)^2$$

t zulässige Ausschaltzeit im Kurzschlussfall in s

S Leiterquerschnitt in mm^2

I Kurzschlussstrom in A (Effektivwert des Stroms bei vollkommenem Kurzschluss)

k Materialbeiwert in $\mathrm{A} \cdot \sqrt{\mathrm{s}}/\mathrm{mm}^2$ (abhängig von Leitermaterial und Isolierwerkstoff), Tabelle 18.1

Bezogen auf die ausgewählte Leitung (Leiter- und Isoliermaterial, Querschnitt) kann mit der Gleichung

$$I = \frac{k \cdot S}{\sqrt{t}}$$

für Kurzschlussdauern bis 5 s jeweils der maximale Kurzschlussstrom errechnet werden, bei der die zulässige Kurzschlusstemperatur erreicht, aber nicht überschritten wird.

Aus den Ergebnissen entsteht in einem Zeit-Strom-Diagramm die Kennlinie der zulässigen Kurzschlussbelastbarkeit einer Leitung bzw. eines Kabels. In **Bild 11.1** werden diese Grenzkurven für verschiedene Cu-Querschnitte PVC-isolierter Leitungen bzw. Kabel angegeben. Durch einen Vergleich mit der Ausschaltcharakteristik der Schutzeinrichtung lässt sich aus dem Diagramm ablesen, welche Schutzeinrichtungen die Leitung bei Kurzschluss schützen. Der Schutz wird von allen Schutzeinrichtungen gewährleistet, deren Zeit-Strom-Kennlinien in ihrem Verlauf bis 5 s unterhalb der Grenzkurve für den betrachteten Querschnitt liegen. Beispiel siehe **Bild 11.2**. Darin wird die Leitung mit einem Querschnitt von 16 mm^2 von Schutzeinrichtungen mit einem Nennstrom $\leq$ 100 A bei Kurzschluss geschützt.

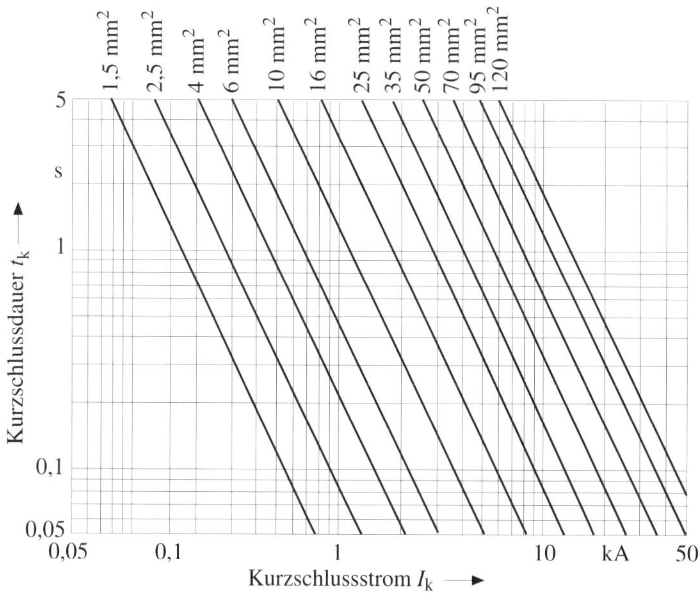

Bild 11.1 Kurzschlussbelastbarkeit PVC-isolierter Leitungen bzw. Kabel mit Kupferleitern

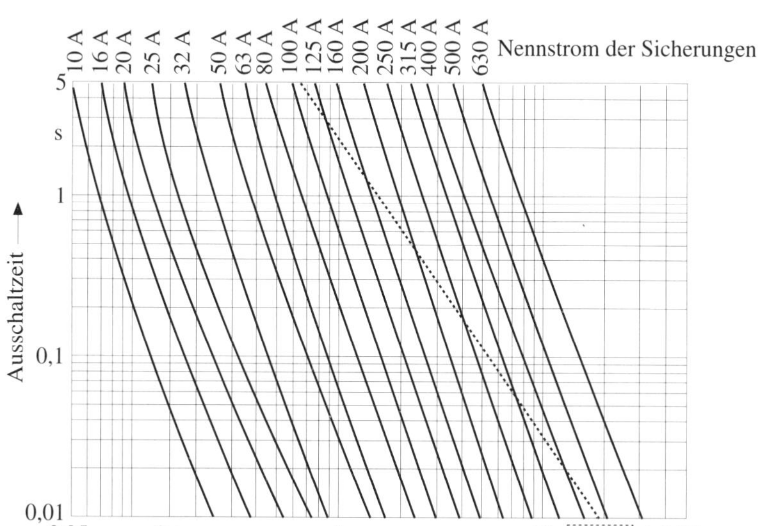

Bild 11.2 Vergleich der oberen Grenzkurve der Zeit-Strom-Bereiche für Leitungsschutzsicherung der Betriebsklasse gL mit der Kurzschlussbelastbarkeit PVC-isolierter Leitungen bzw. Kabel und Kupferleiter

Bei sehr kurzen Ausschaltzeiten ($t < 0{,}1$ s) und bei der Verwendung von Schutzschaltern ist zusätzlich zu prüfen, ob das Produkt $k^2 \cdot S^2$ aus der Gleichung größer ist als der vom Hersteller angegebene Wert $I^2 \cdot t$ der vorgeschalteten strombegrenzenden Schutzeinrichtung (z. B. der Sicherung). Diese Bedingung gilt als erfüllt bei Leitungsschutzsicherungen bis 63 A Nennstrom und wenn der Querschnitt der zu schützenden Leitung nicht kleiner als 1,5 mm Cu ist (vergleiche auch Abschnitt 11.10).

11.7 Anordnung der Schutzeinrichtungen zum Schutz bei Kurzschluss

Bei der Anordnung der Schutzeinrichtung für den Schutz bei Kurzschluss ist zu beachten:

- Einbau am Anfang des Stromkreises
- Einbau an allen Stellen, an denen die Kurzschlussbelastbarkeit gemindert wird (z. B. durch Verringerung des Leiterquerschnitts), es sei denn, dass vorgelagerte Schutzeinrichtungen den geforderten Kurzschlussschutz mit übernehmen
- Versetzung der Schutzeinrichtung bis zu 3 m unter nachstehenden Bedingungen:
  - Verlegung von Leitung oder Kabel ist so ausgeführt, dass die Gefahr eines Kurzschlusses auf ein Minimum beschränkt ist (z. B. durch kurz- und erdschlusssichere Verlegung)
  - nicht in der Nähe brennbarer Materialien
  - keine Personengefährdung
  - Die Versetzung der Schutzeinrichtung in feuer- oder explosionsgefährdeten Räumen oder Bereichen ist nicht zulässig

11.8 Verzicht auf den Schutz bei Kurzschluss

Der Schutz bei Kurzschluss darf entfallen:

- in öffentlichen und anderen Verteilungsnetzen, die als in Erde verlegte Kabel und als Freileitungen ausgeführt sind
- in Messstromkreisen und für Verbindungsleitung zwischen elektrischen Maschinen, Anlassern, Transformatoren, Gleichrichtern, Akkumulatoren, Schaltanlagen und dergleichen, wenn die Leitungen und Kabel kurzschluss- und erdschlusssicher verlegt sind

Auf den Schutz bei Kurzschluss muss verzichtet werden, wenn dies aus Sicherheitsgründen erforderlich ist (vergleiche Schutz bei Überlast, Abschnitt 11.4).

11.9 Schutz bei Kurzschluss von parallel geschalteten Leitern

Der Schutz parallel geschalteter Leiter bei Kurzschluss durch eine gemeinsame Schutzeinrichtung ist nur zulässig, wenn diese beim kleinsten Kurzschlussstrom in vorgegebener Zeit abschaltet.

Dies erfordert, dass die Ansprechkennlinie der Schutzeinrichtung und die Verlegeart der parallel geschalteten Leiter entsprechend aufeinander abgestimmt sind.

11.10 Koordinierung des Schutzes bei Überlast und Kurzschluss

In der Praxis werden häufig Überstrom-Schutzeinrichtungen verwendet, die sowohl bei Überlast als auch bei Kurzschluss schützen (Leistungsschutzsicherungen, mit Einschränkung auch Leistungsschutzschalter). Sie unterbrechen jeden Überstrom vom kleinsten Überstrom, der bereits eine zu hohe Betriebstemperatur am Leiter hervorruft, bis zum größten Strom bei vollkommenem Kurzschluss. Wird eine solche Vollbereichs-Schutzeinrichtung für den Schutz bei Überlast ausgewählt und entspricht ihr Ausschaltvermögen mindestens dem Strom bei vollkommenem Kurzschluss, so ist der Schutz bei Kurzschluss gleichzeitig sichergestellt. Dies bedeutet, dass in solchen Fällen die Überlegungen für den Schutz bei Kurzschluss, wie sie in diesem Kapitel beschrieben werden, entfallen können. Allerdings ist bei Schutzschaltern, insbesondere bei solchen ohne Kurzschlussstrombegrenzung, darauf zu achten, dass die Bedingung erfüllt ist:

$$k^2\,S^2 > I^2 \cdot t$$

Die nach Abschnitt 11.6 ermittelten Schutzeinrichtungen zum Schutz bei Kurzschluss liegen im Allgemeinen zwei Nennstromstufen höher als die nach den Bedingungen des Überlastschutzes ($I_n \leq I_Z$) ausgewählten Schutzeinrichtungen. Daraus lässt sich die Praktikerregel ableiten, dass der Kurzschlussschutz bis zu zwei Nennstromstufen höher sein darf als der richtig dimensionierte Überlastschutz.

Nennstromstufen der Schutzeinrichtung I_n in A:

2, 4, 6, 10, 12, 16, 20, 25, 32, 40, 50, 63, 80, 100, 125, 160, 200, 250, 315, 400

12 Schutz bei Überspannungen [442, 442 E, 443, 444, 444 E]

Überspannungen in elektrischen Anlagen lassen sich nach ihren Ursachen unterscheiden:

- infolge atmosphärischer Einflüsse
- durch Schaltvorgänge
- bei Erdschlüssen in Netzen mit höherer Spannung
- infolge elektromagnetischer Störungen

Ziel des Schutzes bei Überspannungen ist es, Beeinträchtigungen der Sicherheit von Personen und Sachen auf ein annehmbares Maß zu reduzieren und die gewünschte Betriebszuverlässigkeit sicherzustellen.

12.1 Schutz gegen Überspannungen infolge atmosphärischer Einflüsse

Als Ursache solcher Überspannungen werden ferne Blitzeinschläge betrachtet, die sich auf den Leitungen ausbreiten und am Speisepunkt (Anfang) der elektrischen Anlage zu berücksichtigen sind.

Durch die hier beschriebenen Maßnahmen wird ein Schutz bei direkten Blitzeinschlägen in die Anlagen des Niederspannungsnetzes bzw. in die elektrischen Anlagen von Gebäuden nicht erreicht. Dazu sind, so weit ein solcher Schutz sinnvoll ist und gefordert wird, weitere Maßnahmen nach DIN VDE 0185 „Blitzschutz" und Überspannungs-Schutzeinrichtungen nach DIN VDE 0675 vorzusehen.

Kriterien, die für den Schutz bei Überspannungen von Bedeutung sind:

Überspannungskategorien

Die Überspannungskategorien sind gekennzeichnet durch die ihnen vom Hersteller zugeordnete Bemessungs-Stehstoßspannungsfestigkeit, die von einem Betriebsmittel der jeweiligen Kategorie erwartet wird. Die Bemessungs-Stehstoßspannung ist ein Maß für die Festigkeit der Isolierung des Betriebsmittels gegen transiente Überspannungen.

Gleichzeitig kann durch die Auswahl der Überspannungskategorie für Betriebsmittel an bestimmten Stellen der Anlage eine Isolationskoordination erreicht werden, die das Risiko von Schäden durch auftretende Überspannungen auf ein akzeptables Maß reduziert.

Für Anlagen mit einer Nennspannung von 230/400 V gilt:

- **Überspannungskategorie I**

  Betriebsmittel mit reduzierter Stehstoßspannung
  Erforderliche Bemessungs-Stehstoßspannung 1,5 kV
  Betriebsmittel, die in Gebäuden eingesetzt werden und für die transiente Überspannungen durch Überspannungs-Schutzeinrichtungen auf einen festgelegten Pegel, mindestens auf die normale Bemessungs-Stehstoßspannung der Überspannungskategorie II von 2,5 kV, begrenzt werden sollten. Dies kann am Betriebsmittel oder in Ausnahmefällen auch in der Installationsanlage erfolgen.

- **Überspannungskategorie II**

  Betriebsmittel mit normaler Stehstoßspannung
  Erforderliche Bemessungs-Stehstoßspannung 2,5 kV
  Betriebsmittel, die an die elektrische Anlage eines Gebäudes angeschlossen werden, z. B. Haushaltsgeräte, Werkzeuge.

- **Überspannungskategorie III**

  Betriebsmittel mit hoher Stehstoßspannung
  Erforderliche Bemessungs-Stehstoßspannung 4 kV
  Betriebsmittel der festen elektrischen Anlage und solche, für die eine höhere Anforderung hinsichtlich ihrer Verfügbarkeit erwartet wird, z. B. Schaltanlagen, Verteiler, Kabel und Leitungen, Schalter, Steckdosen und Betriebsmittel in industriellen Anwendungen wie elektrische Maschinen.

- **Überspannungskategorie IV**

  Betriebsmittel mit sehr hoher Stehstoßspannung
  Erforderliche Bemessungs-Stehstoßspannung 6 kV
  Betriebsmittel in der Nähe des Speisepunkts der elektrischen Anlage, vor dem Hauptverteiler, z. B. Elektrizitätszähler, Hauptschalter, Hauptsicherungen, Regel- und Steuergeräte.

Nennspannung der Anlagen 230/400 V		
Überspannungs-Kategorie	**Stehstoßspannung der Betriebsmittel**	**Erforderliche Bemessungs-Stehstoßspannungsfestigkeit der Betriebsmittel kV**
I	reduziert	1,5
II	normal	2,5
III	hoch	4
IV	sehr hoch	6

Tabelle 12.1 Stoßspannungsfestigkeit in Abhängigkeit der Überspannungs-Kategorien

Ein wirksamer Überspannungsschutz kann nur erwartet werden, wenn die verwendeten Betriebsmittel mindestens den in der Tabelle angegebenen Werten der Bemessungs-Stehstoßspannungsfestigkeit der Überspannungskategorie II bis IV entsprechen (**Tabelle 12.1**).

Zu erwartende Gewitterhäufigkeit

Man unterscheidet bei der zu erwartenden Gewitterhäufigkeit 25 und weniger Gewittertage pro Jahr (keraunischer Pegel ≤ 25) und mehr als 25 Gewittertage pro Jahr (keraunischer Pegel ≥ 25).

Art des Versorgungsnetzes

Versorgung der elektrischen Anlage aus einem Kabel- oder Freileitungsnetz.

Bei einem Kabelnetz kann davon ausgegangen werden, dass die systemeigene Regelung die transienten Überspannungen auf Werte unter den Stehstoßspannungen der Betriebsmittel reduziert. Überspannungs-Schutzeinrichtungen sind abgesehen von Ausnahmen, z. B. wenn eine höhere Zuverlässigkeit der Anlage gefordert wird oder höhere Risiken erwartet werden, nicht erforderlich.

Auch bei einer Versorgung aus Freileitungsnetzen kann auf einen Überspannungsschutz verzichtet werden, wenn die Zahl der Gewittertage pro Jahr 25 oder weniger beträgt (keraunischer Pegel ≤ 25).

Überspannungs-Schutzeinrichtungen müssen in Anlagen vorgesehen werden, die aus Freileitungen versorgt werden oder die Freileitungen enthalten, wenn in dem Gebiet die Zahl der Gewittertage 25 (keraunischer Pegel ≤ 25) übersteigt. Der dadurch zu erreichende Überspannungs-Schutzpegel soll mindestens der Überspannungskategorie II entsprechen.

Überspannungs-Schutzeinrichtungen im Netz

Das geforderte Überspannungsniveau kann auch durch Einbau von Überspannungs-Schutzeinrichtungen in das Niederspannungs-Verteilungsnetz des Netzbetreibers (EVU) erreicht werden. Dadurch können nicht nur die Betriebsmittel des Netzes, sondern auch die der Verbraucheranlage geschützt werden.

Da aber ein solcher Schutz im Netz nicht zwingend gefordert werden kann, muss im Einzelfall über den Überspannungsschutz in der Verbraucheranlage, unter Umständen nach Rücksprache mit dem Netzbetreiber, entschieden werden.

Für einen wirksamen Schutz in Freileitungsnetzen sind folgende Maßnahmen vorzusehen:

Einbau von Überspannungs-Schutzeinrichtungen

- an Abzweigpunkten
- am Ende eines Freileitungsausläufers, der länger als 500 m ist
- im Verlauf des Netzes jeweils im Abstand von 500 m; in keinem Fall darf der Abstand mehr als 1000 m betragen
- an Übergangspunkten vom Freileitungsnetz zum Kabelnetz

Der Erdungsleiter der Überspannungs-Schutzeinrichtung ist mit dem wirksam geerdeten PEN-Leiter des Netzes zu verbinden.

Risikoabschätzung

Mit den beschriebenen Maßnahmen kann im Allgemeinen ein ausreichender Überspannungsschutz erreicht werden, es sei denn, dass das akzeptierte Restrisiko außerordentlich gering ist, weil z. B. hohe Investitionen zu schützen sind oder eine besonders hohe Verfügbarkeit der Anlage gefordert wird. Außerdem ist zu bedenken, dass die beschriebenen Maßnahmen keinen ausreichenden Schutz bei direkten Blitzeinschlägen oder bei Naheinschlägen bieten. Falls in seltenen Fällen neben dem Schutz bei Überspannungen auch Blitzschutzmaßnahmen gewünscht werden, sind diese mit den Maßnahmen des Überspannungsschutzes zu koordinieren. Dabei sind DIN VDE 0185 und Herstellerangaben für die Blitzschutzeinrichtungen zu beachten. Neben technischen Überlegungen sind auch wirtschaftliche Aspekte zu berücksichtigen. Das bedeutet, dass der Aufwand für den Überspannungsschutz unter Berücksichtigung der Häufigkeit möglicher Überspannungsereignisse in einem vertretbaren Verhältnis zum Wert der zu schützenden Betriebsmittel und Anlagen stehen muss.

Auswahl und Anordnung der Überspannungs-Schutzeinrichtungen

Die Bemessungs-Stehstoßspannung der einzusetzenden Betriebsmittel darf nicht niedriger sein als die Bemessungs-Stehstoßspannung der zugehörigen Überspannungskategorie. Die Überspannungs-Schutzeinrichtungen und die mit ihnen in Reihe geschalteten Betriebsmittel müssen der zeitlich vorübergehenden Überspannung widerstehen können.

Betriebsmittel mit niedriger Stehstoßspannung können verwendet werden, wenn das damit verbundene höhere Risiko akzeptiert wird.

Die Anordnung der Schutzeinrichtungen gegen Überspannungen, die bei fernen Blitzeinschlägen auftreten, sind in **Bild 12.1** und **Bild 12.2** dargestellt.

Der dargestellte Überspannungsschutz entspricht der Überspannungskategorie II. Für weitergehenden Schutz sind zusätzliche Schutzeinrichtungen in Koordination untereinander nach Angaben der Hersteller einzusetzen. Ferner wird zur Auswahl der Überspannungs-Schutzeinrichtungen in Bezug auf die zu schützenden Betriebsmittel eine Abstimmung zwischen Errichter, Hersteller der Schutzeinrichtungen, Hersteller und Betreiber der Betriebsmittel empfohlen.

Ferner gelten nachstehende Installationsbedingungen:

- Auf den Schutz bei Überlast der Überspannungs-Schutzeinrichtungen kann verzichtet werden.
- Für den Schutz bei Kurzschluss gibt der Hersteller der Überspannungs-Schutzeinrichtung die maximal zulässige Überstrom-Schutzeinrichtung an. Sie kann entfallen, wenn die vorgelagerte Überstrom-Schutzeinrichtung den Kurzschlussschutz sicherstellt.

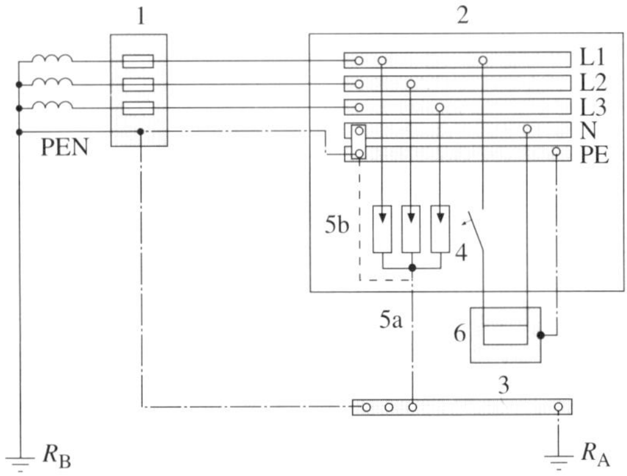

Bild 12.1 Beispiel für die Anordnung der Überspannungs-Schutzeinrichtungen in Anlagen mit TN-System

1 Hausanschlusskasten (Speisepunkt)
2 Stromkreisverteiler
3 Haupterdungsschiene oder -klemme, Erder
4 Überspannungs-Schutzeinrichtung (Sicherstellung der Überspannungskategorie II)
5a Anschlussleitung der Überspannungs-Schutzeinrichtung
5b Anschlussleitung zur Haupterdungsschiene und/oder Schutzleiterschiene, empfohlene Leitungslänge maximal 0,5 m
6 Verbrauchsmittel der ortsfesten Anlage (zu schützendes Betriebsmittel)
7 Fehlerstrom-Schutzeinrichtung in Anlagen des TT-Systems (RCD)
8 Überstrom-Schutzeinrichtung

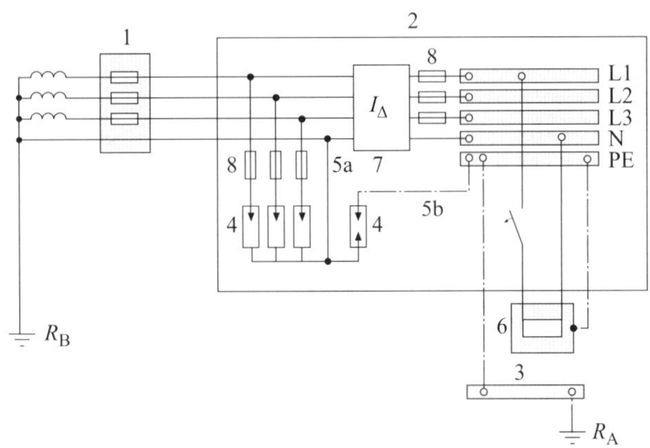

Bild 12.2 Beispiel für die Anordnung der Überspannungs-Schutzeinrichtungen in Anlagen mit TT- bzw. IT-System (Erläuterungen siehe Bild 12.1)

- Durch den Einsatz der Überspannungs-Schutzeinrichtung darf der Schutz bei indirektem Berühren in der Anlage nicht nachteilig beeinflusst werden.
- Die Anschlussleitungen zu den Überspannungs-Schutzeinrichtungen (Leiter zu den Außenleiten und zur Haupterdungsschiene oder zum PE- bzw. PEN-Leiter) sollen so kurz wie möglich sein (≤ 0,5 m) und nicht in Schleifen verlegt werden.
- Die Messung des Isolationswiderstands der Anlage nach Kapitel 25 ist mit angeschlossenen Überspannungs-Schutzeinrichtungen durchzuführen. Dabei sind die Angaben des Herstellers der Überspannungs-Schutzeinrichtung zu beachten.

Bei der Anordnung der Überspannungs-Schutzeinrichtungen im Freileitungsnetz sind nachstehende Maßnahmen zu beachten:

- Überspannungs-Schutzeinrichtungen sind an Abzweigen im Netzverlauf alle 500 m und am Ende eines Freileitungsausläufers, besonders dann, wenn er länger als 500 m ist, vorzusehen. Die Netzlänge zwischen zwei Überspannungs-Schutzeinrichtungen darf in keinem Fall 1000 m überschreiten.
- Überspannungs-Schutzeinrichtungen sind an den Übergängen von Freileitungen zu Kabeln in Übereinstimmung mit dem vorausgegangenen Abschnitt einzubauen.
- In TN-Systemen sind die Erdungsleiter der Überspannungs-Schutzeinrichtungen, die in den Außenleitern errichtet sind, mit dem PEN- oder PE-Leiter zu verbinden.
- In TT-Systemen sind Überspannungs-Schutzeinrichtungen für die Außenleiter und den Neutralleiter vorzusehen. Auf die Überspannungs-Schutzeinrichtung für den Neutralleiter kann verzichtet werden, wenn der Neutralleiter wirksam geerdet ist.

12.2 Schutz gegen Überspannungen durch Schaltvorgänge

Nach statistischen Untersuchungen kann davon ausgegangen werden, dass keine besonderen Maßnahmen gegen Schaltüberspannungen erforderlich sind. Das Risiko, dass Schaltüberspannungen höher sind als Grenzwerte entsprechend der Überspannungskategorie II, ist äußerst gering.

12.3 Schutz von Niederspannungsanlagen gegen vorübergehende Überspannungen und bei Erdschlüssen in Netzen mit höherer Spannung

Um Überspannungen in Niederspannungs-Verbraucheranlagen als Folge von Erdschlüssen in Netzen mit höherer Spannung zu begrenzen, sind geeignete Maßnah-

Art der Schutzmaßnahme im Niederspannungsnetz	Fehlerdauer	Zugelassene Beanspruchungsspannung in Niederspannungsanlagen	Betriebsfrequente Beanspruchungsspannung [1], die mit der Isolation der Niederspannungsbetriebsmittel und -anlagen verträglich ist			Anforderungen für die Begrenzung der Berührungsspannung
			Gemeinsame Erdungsanlage Station und Netz	Getrennte Erdungsanlagen		
				In der Station	Im Netz	
TN-System	> 5 s [2]	$U_0 + 250$ V	$U_F = R_E \cdot I_E$ Abschaltung in der vorgegebenen Zeit nach $t_F = (f) U_F$	$U_1 = R_E \cdot I_E + U_0$	$U_2 = R_E \cdot I_E + U_0$	$U_E \leq U_0$ $U_E \leq X \cdot U_F$
TT-System	≤ 5 s [3]	$U_0 + 1200$ V	$U_2 = R_E \cdot I_E + U_0$ Abschaltung in der vorgegebenen Zeit nach $t_F = (f) U_F$	$U_1 = R_E \cdot I_E + U_0$	$U_2 = R_E \cdot I_E + U_0$	4)

1) Die betriebsfrequente Beanspruchungsspannung ist die an der Isolierung der Niederspannungsbetriebsmittel und an den Überspannungs-Schutzeinrichtungen anliegende Spannung.
2) Gilt für Hochspannungsnetze mit langen Abschaltzeiten (Hochspannungsnetz mit isoliertem Sternpunkt).
3) Gilt für Hochspannungsnetze mit kurzen Abschaltzeiten (Hochspannungsnetz mit geerdetem Sternpunkt).
4) Im TT-System ist die Berührungsspannung bei einem Erdschluss im Hochspannungsnetz $U_F = 0$ V.

Formelzeichen:

U_0 Spannung zwischen Außenleiter und Neutralleiter im Niederspannungsnetz
U_F Spannung zwischen Körper und Bezugserde im Niederspannungsnetz, während der Fehlerdauer
U_1 Beanspruchungsspannung der Niederspannungsbetriebsmittel in der Transformatorenstation
U_2 Beanspruchungsspannung der Niederspannungsbetriebsmittel in den Niederspannungsanlagen
U_E Erdungsspannung der gemeinsamen Erdungsanlagen
X Der für X übliche Wert ist 2. Bei häufigen Erdungspunkten im Netz und am Eingang der Verbraucheranlage sind Werte bis zu 5 möglich.
I_E Teil des Erdfehlerstroms in der Hochspannungsanlage, der durch die Erdungsanlage der Transformatorenstation fließt
R_E Widerstand der Erdungsanlage der Transformatorenstation
t_F Fehlerdauer, Abschaltzeit
R_A Widerstand der Erdungsanlage der Körper der Betriebsmittel in der Niederspannungsanlage
R_B Widerstand der Erdungsanlage des PEN-Leiters des Niederspannungsnetzes, bei dem die Erdungsanlagen der Transformatorstation und des PEN-Leiters elektrisch unabhängig voneinander sind

Tabelle 12.2 Maximal zulässige Berührungsspannungen und betriebsfrequente Beanspruchungsspannungen an Betriebsmitteln in Niederspannungsanlagen in Abhängigkeit von der Fehlerdauer (Abschaltzeit)

men hinsichtlich der Erdungsanlagen vorzusehen, die in Niederspannungsanlagen sowohl die betriebsfrequente Beanspruchungsspannung an Betriebsmitteln als auch die Spannung zwischen Körpern und Bezugserde (Berührungsspannuung) während der Fehlerdauer zum Schutz von Personen und Einrichtungen auf ungefährliche Werte reduzieren.

Die in der **Tabelle 12.2** und im **Bild 12.3** vorgegebenen Spannungswerte und Fehlerdauern dürfen nicht überschritten werden.

- Gemeinsame Erdungsanlagen
  Der Neutralleiter bzw. PEN-Leiter des Niederspannungsnetzes kann mit der Erdungsanlage des Hochspannungsnetzes verbunden werden, wenn während eines Erdfehlers in der Hochspannungsanlage im Niederspannungsnetz und in den angeschlossenen Verbraucheranlagen Berührungsspannungen auftreten, die auf Werte nach Bild 12.3 begrenzt bleiben.
  Die betriebsfrequente Beanspruchungsspannung in den Verbraucheranlagen als mögliche Folge eines Potentialanstiegs am Niederspannungssternpunkt darf festgelegte Werte nicht überschreiten.

Diese Bedingungen gelten als erfüllt:

- wenn die Hochspannungserdungsanlage an ein globales Erdungssystem[1)] angeschlossen ist
- wenn die Niederspannungsverbraucher innerhalb der Hochspannungserdungsanlage angeordnet sind
- wenn die in Tabelle 12.2 genannten Werte für die Berührungsspannung und Spannungsbeanspruchung in Abhängigkeit von der Fehlerdauer eingehalten werden

Eine gemeinsame Erdungsanlage wird, soweit zulässig, empfohlen.

- Getrennte Erdungsanlagen
  Wenn die Bedingungen für gemeinsame Erdungsanlagen nicht erfüllt werden können, sind die Hochspannungs- und Niederspannungserdungsanlagen zu trennen. Der Abstand zwischen den getrennten Erdern muss mindestens 20 m betragen. Zwischen den getrennten Erdern darf aus Blitzschutzgründen ein Überspannungsableiter geschaltet werden. Seine Löschspannung bzw. Dauerspannung muss größer sein als die Erdungsspannung der Hochspannungsanlage.

Die **Bilder 12.4 bis 12.7** zeigen Beispiele für gemeinsame und getrennte Erdungsanlagen.

---

1) Globales Erdungssystem: Es handelt sich um ein durch die Verbindung von örtlichen Erdungsanlagen hergestelltes Erdungssystem, das sicherstellt, dass durch den geringen gegenseitigen Abstand dieser Erdungsanlage keine gefährlichen Berührungsspannungen auftreten. Solche Systeme bewirken eine Verteilung der Erdfehlerströme in der Weise, dass die Erdungsspannung der örtlichen Erdungsanlage reduziert wird. Ein solches System bildet eine Quasiäquipotentialfläche.

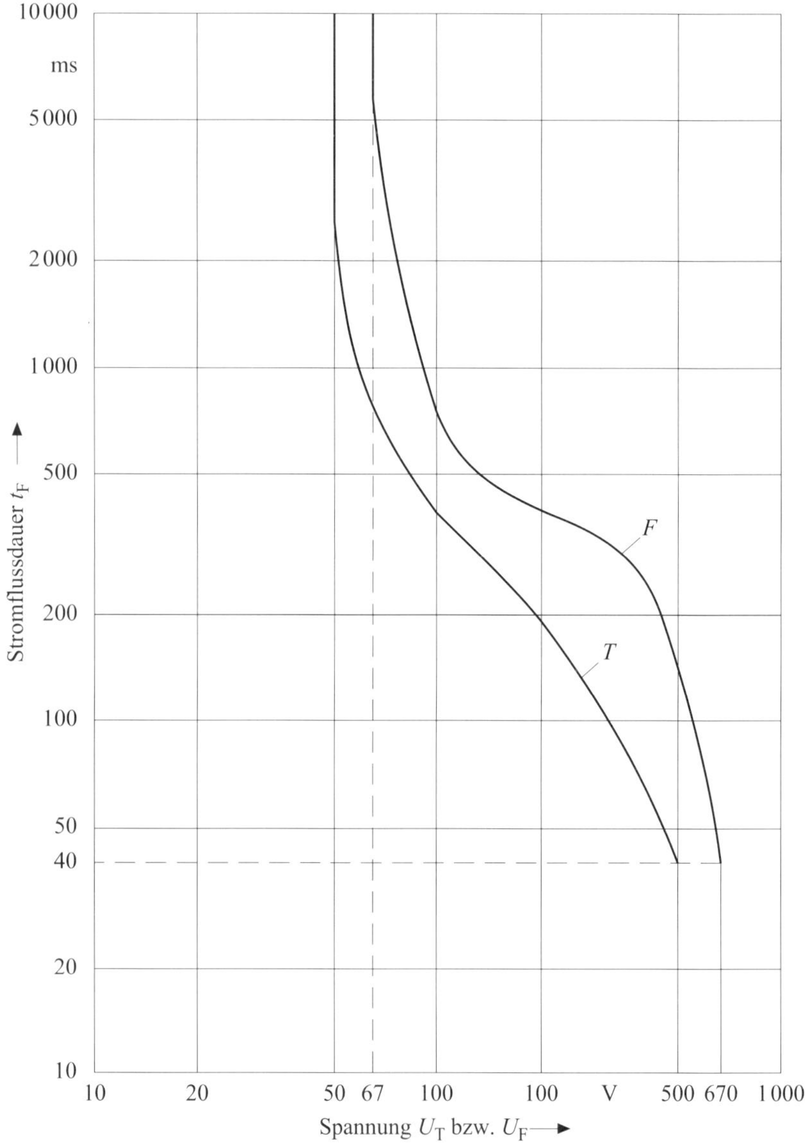

Bild 12.3 Höchste zulässige Spannung in der Niederspannungsanlage zwischen Körper und Bezugserde in Abhängigkeit von der Fehlerdauer bei einem Erdschluss im Hochspannungsnetz (Bild aus E DIN IEC 60364-4-44/A2 f1 (VDE 0100-442):2004-03)

Bei einer Unterbrechung des PEN-Leiters in einem 3-Phasen-TN- oder -TT-System kann die betriebsfrequente Beanspruchungsspannung von U_0 bis auf $\sqrt{3}\,U_0$ (Spannung zwischen Außenleitern) ansteigen.

IT-Systeme brauchen in diesem Zusammenhang nicht weiter betrachtet zu werden, da sie üblicherweise in Industrieanlagen, also im Einflussbereich von Hochspannungserdungsanlagen, eingesetzt werden und folglich nur gemeinsame Erdungsanlagen möglich sind.

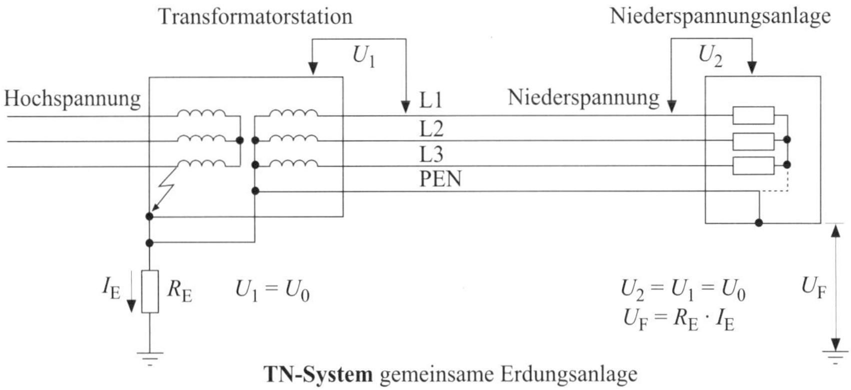

Bild 12.4 Gemeinsame Erdungsanlage im TN-System

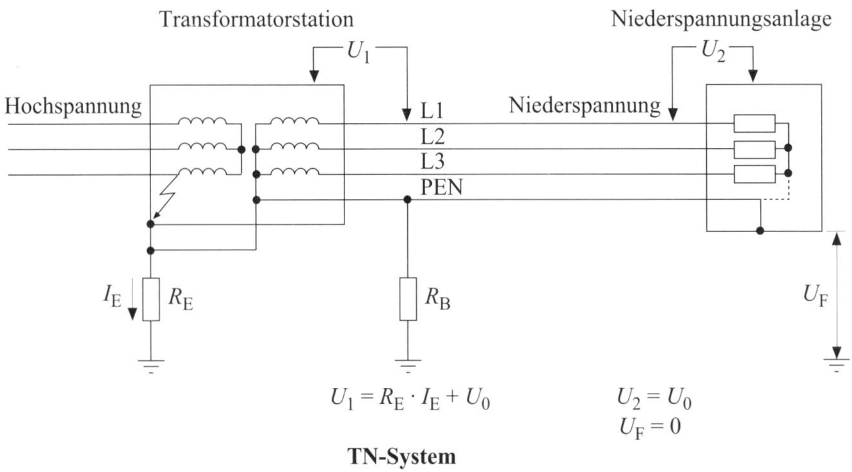

Bild 12.5 Getrennte Erdungsanlage im TN-System

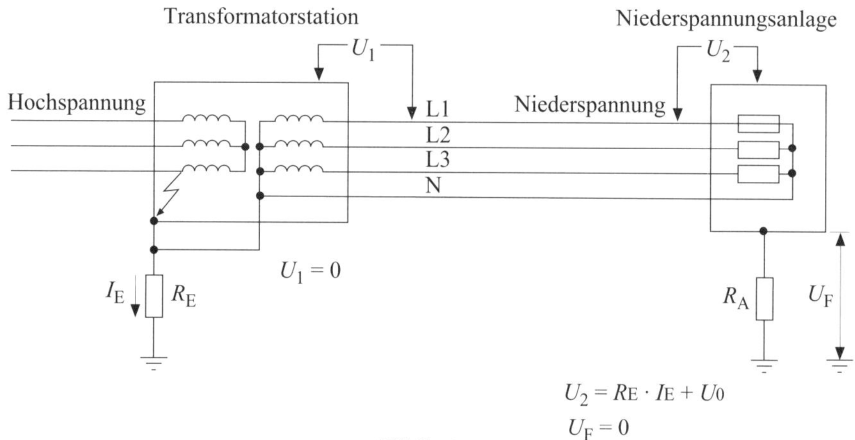

TT-System

Bild 12.6 Gemeinsame Erdungsanlage im TT-System

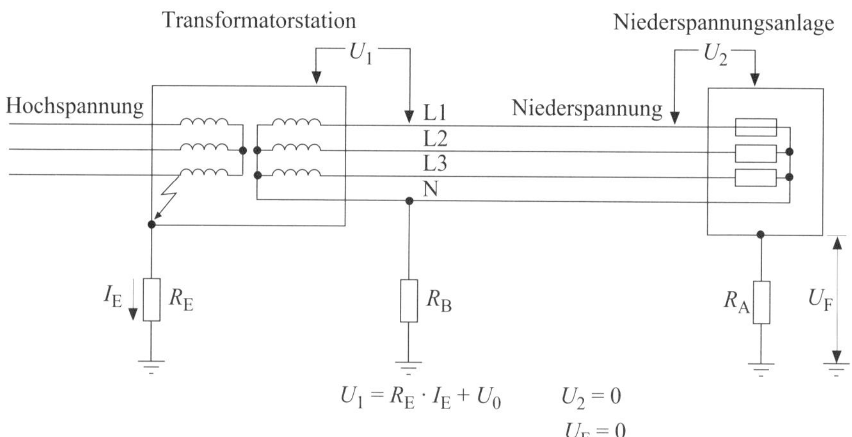

TT-System

Bild 12.7 Getrennte Erdungsanlage im TT-System
(Bilder 12.4 bis 12.7 aus DIN VDE 0100-442:1997-11)

12.4 Schutz gegen elektromagnetische Einflüsse

Um Überspannungen infolge elektromagnetischer Störungen zu begrenzen, müssen elektromagnetisch verträgliche Geräte und Anlagen verwendet bzw. errichtet werden.

Elektromagnetische Verträglichkeit ist die Fähigkeit eines Geräts oder einer Anlage, in der jeweiligen elektromagnetischen Umgebung zufriedenstellend zu arbeiten, ohne dabei selbst elektromagnetische Störungen zu verursachen, die für andere in dieser Umwelt vorhandene Betriebsmittel unannehmbar wären.

Elektromagnetische Ereignisse werden hervorgerufen z. B. durch Schalthandlungen, Kurzschlussströme, Blitzströme, Ströme mit hohen Änderungsgeschwindigkeiten. Sie können in anderen Betriebsmitteln, z. B. in Leitungen der Informationstechnik, Überspannungen induzieren, die Anlagen beeinflussen oder schädigen können.

Um solche Ereignisse zu vermeiden, müssen zunächst Produkte ausgewählt und eingesetzt werden, die die Anforderungen der elektromagnetischen Verträglichkeit erfüllen. Das Einhalten solcher Schutzanforderungen wird im Regelfall für Geräte vermutet, die mit den EMV-Normen übereinstimmen. Darüber hinaus sind nachstehende Anforderungen bei der Errichtung der Anlagen zu erfüllen:

- Empfindliche Betriebsmittel sollten nicht in der Nähe von Energiequellen mit starker elektromagnetischer Strahlung eingesetzt werden. Beispiele für solche Energiequellen:
  - elektrische Motoren
  - Schweißmaschinen
  - Gleichrichter
  - Frequenzumrichter
  - Transformatoren
  - Aufzüge
  - Leuchtstofflampen
  - Kommutierung induktiver Lasten (z. B. Schwachstromkontakte, Halbleiter)
  - Leistungsverteiler mit Stromschienen
  - Computer
- Bei vermeidbaren Störungen, Anordnung sensibler Betriebsmittel außerhalb des Empfindlichkeitsbereichs störender Energiequellen.
- Herstellen des Potentialausgleichs für metallene Gehäuse, Umhüllungen und Schirmung mit möglichst kurzen Verbindungen.
- Einadrige Kabel und Leitungen sollen in metallenen Umhüllungen geführt werden, die an den Potentialausgleich angeschlossen werden.
- Energie- und Signalkabel voneinander räumlich trennen oder schirmen, Verlegung auf verschiedenen metallenen oder isolierenden Trageeinrichtungen mit einem Mindestabstand von 30 cm, Kreuzungen nur im rechten Winkel zueinander.

- Ausreichende Trennung der Ableiter von Blitzschutzanlagen von allen anderen elektrischen Einrichtungen (mindestens 2 m).
- Verwendung von Signalleitungen in geschirmter Ausführung und/oder mit verdrillten Aderpaaren.
- Um das Fließen von Fehlerströmen durch geerdete Schirme oder geerdete Leiter von Signal- und Datenkabeln zu vermeiden, kann ein paralleler Potentialausgleichsleiter erforderlich werden. Das gilt in besonderer Weise für mehrere Gebäude, die über geschirmte Datenkabel miteinander verbunden sind und über ein TT-System versorgt werden.
- Vermeiden von Induktionsschleifen durch die Wahl geeigneter Kabel- und Leitungswege. Eine geschlossene Fläche möglichst klein halten.
- Auswahl von Schutzeinrichtungen mit zeitverzögerter Charakteristik, um das Auslösen bei schnellen transienten Überspannungen zu vermeiden (z. B. bei FI-Schutzeinrichtungen).
- Besonders sensible Betriebsmittel können u. U. durch einen Einbau von Überspannungs-Schutzeinrichtungen geschützt werden.
- In Gebäuden mit vernetzten informationstechnischen Einrichtungen oder in Gebäuden, wo solche Einrichtungen zukünftig zu erwarten sind, sollen Schutzleiter (PE) und Neutralleiter (N) nicht als PEN-Leiter wie in **Bild 12.8b**, sondern von der Speisestelle an wie in **Bild 12.8a** getrennt geführt werden.

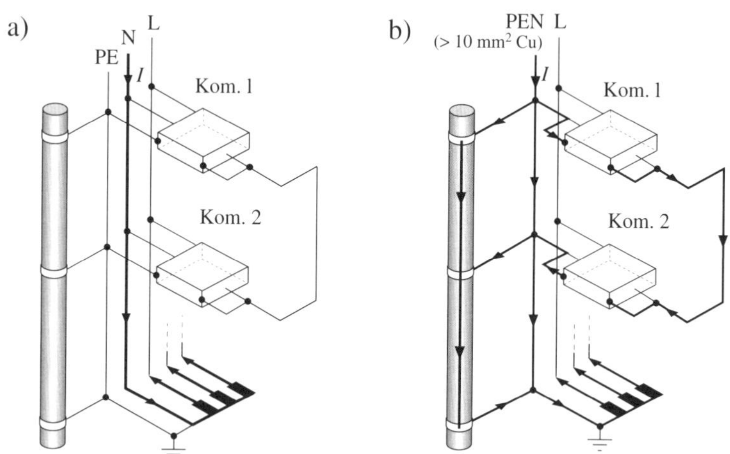

Bild 12.8 Vermeiden von Neutralleiterströmen in einem Potentialausgleichssystem, z. B. über Schirme von Nachrichtenkabeln

- Kabel- und Rohrleitungen aus Metall (z. B. für Gas, Wasser, Heizung) sollen an derselben Stelle auf möglichst engem Raum ins Gebäude geführt werden.

Zur Vermeidung von elektromagnetischen Störungen auf Signalleitungen in bestehenden Gebäuden können folgende Maßnahmen vorgesehen werden:

- faseroptische Systeme für Signalverbindungen
- Verwendung von Betriebsmitteln der Schutzklasse II
- Speisung von Betriebsmitteln der Informationstechnik über Trenntransformatoren

Im TT-System ist zu beachten, dass höhere Überspannungen zwischen aktiven Teilen und Körpern auftreten können, wenn die Körper mit verschiedenen Erdern verbunden sind.

Im IT-System tritt im Fall des ersten Isolationsfehlers die Außenleiterspannung zwischen Körper und dem Außenleiter auf. Dies ist für elektronische Betriebsmittel, die zwischen Außenleiter und Neutralleiter angeschlossen sind, nicht akzeptabel.

Bei Mehrfacheinspeisungen im TN- und TT-System sollten die Sternpunkte der verschiedenen Stromquellen nur zentral an ein und demselben Punkt mit Erde verbunden werden.

Im TN-System müssen bei Umschaltung von einer Versorgung auf die andere bei verteiltem Neutralleiter die Außenleiter und der Neutralleiter (vierpolig) geschaltet werden.

Versorgungsleitungen aus Metall (z. B. Wasser, Gas, Fernwärme) und die Kabel (Energie, Telefon, TV) sollten vorzugsweise an derselben Stelle ins Gebäude eingeführt und mit der Haupterdungsschiene durch Leiter mit möglichst niedriger Impedanz verbunden werden.

- Für unterschiedliche Gebäude mit getrenntem Potentialausgleichssystem kann es vorteilhaft sein, für Signal- und Datenübertragung eine galvanische Trennung der Kommunikationsnetze, z. B. durch metallfreie Glasfaserkabel, Mikrowellenübertragung oder Trenntransformatoren, zu verwenden
- Verwenden von Betriebsmitteln der Schutzklasse II
- Signalkabel in geschirmter Ausführung oder mit verdrillten Aderpaaren
- Verlegung von Einzeladerleitungen in geerdeten metallenen Umhüllungen
- In Abhängigkeit vom Umfang und der Bedeutung der Kommunikationseinrichtungen müssen unterschiedliche Netzwerkstrukturen für Potentialausgleichsleiter und Erdungsleiter realisiert werden:
  - Wohnungen und kleine gewerbliche Anlagen, sternförmiges Netz der Schutzleiter
  - Kleine Anlagen mit untereinander verbundenen Betriebsmitteln für Kommunikationszwecke

Aus mehreren Maschen bestehendes sternförmiges Verbindungsnetz, Potentialausgleichsleiter für Funktionszwecke zwischen Körper der Kommunikationseinrichtungen und der Masche so kurz wie möglich (< 50 cm)

- Hohe Dichte von Betriebsmitteln für Kommunikationszwecke
- Einrichtung eines vermaschten Potentialausgleichsnetzwerks (z. B. Maschen von 2 m × 2 m) unter Einbeziehung der Metallkonstruktionen des Gebäudes
- In mehrstöckigen Gebäuden sind in Abhängigkeit vom Umfang der Kommunikationseinrichtungen in jeder Etage entsprechende Potentialausgleichsnetzwerke zu errichten, die untereinander an mindestens zwei Stellen durch Leiter verbunden werden

13 Schutz gegen Unterspannung [450]

Der Schutz gegen Unterspannung muss sicherstellen, dass bei einem Spannungsausfall oder bei einem Spannungseinbruch mit anschließender Spannungswiederkehr keine Gefahren für Personen, für Sachen und für die Anlage selbst bzw. für Teile der Anlage auftreten können.

Die Kenngrößen der Unterspannungs-Schutzeinrichtung sind so auszuwählen, dass sie den Anforderungen für die Abschaltung, das automatische Wiederzuschalten, den Anlauf, den weiteren Betrieb oder auch für die nicht automatische Wiederzuschaltung entsprechen.

Unterspannungs-Schutzeinrichtungen werden nicht gefordert, wenn bei Spannungswiederkehr Gefährdungen von Personen ausgeschlossen und Gefahren für Sachen und elektrische Anlagen nicht zu erwarten sind.

Können Gefahren bei Spannungswiederkehr auftreten, muss die Unterspannungs-Schutzeinrichtung die automatische Wiederzuschaltung verhindern. Die Entriegelung der Schutzeinrichtung (z. B. vor Ort) und die Möglichkeiten der Wiederzuschaltung müssen den jeweiligen betrieblichen Verhältnissen angepasst werden.

Wenn der Betrieb eine kurze Unterbrechung gefahrlos gestattet, können zeitverzögerte Unterspannungs-Schutzeinrichtungen verwendet werden.

Die sofortige Abschaltung durch Schutzeinrichtungen darf beim Einsatz von abfall- und anzugsverzögerten Schützen nicht verhindert werden.

14 Trennen und Schalten [460, 530, 537]

14.1 Trennen

- Trennen bedeutet, die Stromversorgung (alle Stromquellen) von der Anlage oder von Anlageteilen aus Sicherheitsgründen zu unterbrechen.
- Jeder Stromkreis muss von den aktiven Teilen der Stromversorgung getrennt werden können.

  Ausnahme: Der Neutralleiter braucht nicht getrennt zu werden, wenn er als wirksam geerdet angesehen werden kann.
- Der Schutzleiter und der PEN-Leiter dürfen nicht getrennt oder geschaltet werden.
- Verlangt werden Maßnahmen gegen unbeabsichtigtes Einschalten (Verschließvorrichtung, Warnhinweise, Erden oder Kurzschließen).
- Bei Möglichkeiten der Mehrfacheinspeisung sind für die allseitige Trennung Verriegelungen vorzusehen, zumindest aber Warnhinweise für die Trennung von allen Versorgungen.
- Falls erforderlich sind geeignete Mittel zur Entladung gespeicherter Energie vorzusehen.

Anforderungen an die zum Trennen eingesetzten Geräte:

- Steh-Stoßspannung für Trenngeräte im neuen, sauberen und trockenen Zustand bei geöffneter Stellung.

Nennspannung V	**Überspannungskategorie kV**	
	III	**IV**
230/400 V	5	8

- Maximaler Ableitstrom zwischen den geöffneten Stromstreckenpolen:
  - im neuen, sauberen und trockenen Zustand 0,5 mA
  - am Ende der üblichen Lebensdauer 6 mA
- Die Trennstrecke zwischen den geöffneten Kontakten muss sichtbar oder durch eine eindeutige Schaltstellungsanzeige erkennbar sein.
- Halbleiter dürfen nicht zum Trennen eingesetzt werden.
- Kein ungewolltes selbsttätiges Einschalten, z. B. durch Stöße oder Vibration.

- Maßnahmen gegen zufälliges oder unbefugtes Öffnen von Geräten, die nur zum Trennen ohne Lastschaltvermögen geeignet sind (Gerät oder Antrieb unter Verschluss, Verriegelung).
- Vorzugsweise sind mehrpolige Schaltvorrichtungen zu verwenden, auch einpolige nebeneinander angeordnete Geräte sind zulässig.
- Geräte zum Trennen:
  - mehr- und einpolige Trenn-, Lasttrennschalter
  - Steckvorrichtungen
  - austauschbare Sicherungen
  - Trennlaschen
  - Trennklemmen, bei denen das Abklemmen der Leiter nicht erforderlich ist
- Verlangt wird eine eindeutige Zuordnung der Trenngeräte zum jeweiligen Stromkreis, z. B. durch Kennzeichnung.

14.2 Ausschalten für mechanische Wartung

- Ausschalten für mechanische Wartung ist dazu bestimmt, Betriebsmittel, die mit elektrischer Energie betrieben werden, so abzuschalten, dass an ihnen ohne Gefahren (gemeint sind solche, die nicht durch elektrischen Schlag oder Lichtbogen hervorgerufen werden) gearbeitet werden kann.

  Um Gefahren durch den elektrischen Strom auszuschließen, muss die Anlage von der Stromversorgung durch „Trennen" (siehe Abschnitt 14.1) abgeschaltet werden.
- Geräte zum Ausschalten müssen für den vollen Laststrom ausgelegt sein und werden vorzugsweise in den Hauptversorgungsstromkreis eingesetzt.
- Zum Abschalten wird z. B. verwendet:
  - Leistungsschalter
  - Steuerschalter zum Betätigen von Schützen
  - Steckvorrichtungen

14.3 Handlungen im Notfall

Handlungen im Notfall sind vorzusehen, um unerwartet auftretende Gefahren so schnell wie möglich zu beseitigen. Solche Handlungen können einzeln oder in Kombination sein:

- Stillsetzen
- Ausschalten

- Ingangsetzen
- Einschalten

Not-Schaltungen müssen dort vorgesehen werden, wo Bewegungen, die durch elektrische Betriebsmittel verursacht werden, Gefahren hervorrufen können. Wenn die Gefahr eines elektrischen Schlags besteht, muss die Not-Schaltung alle aktiven Leiter abschalten.

Beispiele für Anlagen mit Not-Schaltungen (vgl. z. B. Kapitel 42):

- Elektrische Prüf- und Forschungseinrichtungen
- Laboratorien für Unterrichts- und Ausbildungszwecke
- Heizungs- und Kesselanlagen
- Großküchen
- Pumpanlagen für entflammbare Flüssigkeiten
- Lüftungsanlagen
- große Rechenanlagen
- Hochspannungs-Entladungslampen (Neon-Schriftzüge)
- bestimmte große Gebäude (Warenhäuser)

Die Not-Schalteinrichtung ist so anzuordnen, dass ein einziger Schaltvorgang den gewünschten Betriebszustand erreicht.

Die Not-Schaltung darf selbst keine Gefahr hervorrufen oder den Ablauf der Gefahrenbeseitigung stören.

Anforderungen an Not-Schalteinrichtungen:

- Die Schaltgeräte müssen den Volllaststrom, auch den Strom bei festgebremstem Motor schalten können.
- Es können Schaltgeräte, die die Stromversorgung direkt unterbrechen (Schalter im Hauptstromkreis), aber auch Gerätekombinationen (Betätigungseinrichtungen im Steuer- oder Hilfsstromkreis), verwendet werden, die durch eine einzige Schalthandlung auslösen.
- Unter Umständen muss die Versorgung bei Not-Halt zum Bremsen sich bewegender Teile beibehalten werden.
- Es sind vorzugsweise handbetätigte Schaltgeräte einzusetzen. Bei Fernbetätigung muss die Abschaltung durch Spannungsunterbrechung erfolgen.
- Betätigungseinrichtungen sind eindeutig zu kennzeichnen, z. B. Not-Aus-Schaltung roter Knopf mit gelbem Untergrund. Sie müssen an der Gefahrenstelle, evtl. auch zusätzlich an einer entfernteren Stelle, leicht zugänglich sein.
- Keine selbsttätige Wiedereinschaltung.

- Die Schaltpositionen „Aus“, „Halt“ oder „Ein“ müssen verriegelbar sein, wenn die Betätigung der Geräte (Ausschalten/Wiedereinschalten) im Verantwortungsbereich mehrerer Personen liegt.
- Steckvorrichtungen dürfen nicht für Not-Aus-Schaltungen vorgesehen werden.

14.4 Betriebsmäßiges Schalten

- Betriebsmäßiges Schalten ist das Ein- und Ausschalten einer Anlage, eines Anlagenteils, wie z. B. eines Stromkreises im normalen Betrieb.
- Es ist für jeden Stromkreis, der unabhängig von anderen Anlageteilen geschaltet werden soll, ein Schaltgerät zum betriebsmäßigen Schalten vorzusehen.
- Stromkreise können ein- und mehrpolig geschaltet werden. Das einpolige Schalten des Neutralleiters ist nicht zulässig.
- Steckvorrichtungen bis 16 A dürfen zum betriebsmäßigen Schalten verwendet werden.
- Steuer- und Hilfsstromkreise müssen so ausgeführt werden, dass sie keine Fehlfunktionen der gesteuerten Geräte verursachen.
- Bei Motorstromkreisen ist ein automatischer Wiederanlauf eines Motors nach einem Ausfall der Spannung zu verhindern, wenn damit eine Gefahr verbunden ist. Weitere Gefahren in Motorstromkreisen können entstehen durch Drehstromrichtungsumkehr, z. B. durch Ausfall eines Außenleiters oder in Verbindung mit der Motor-Gegenstrombremsung. Entsprechende Vorkehrungen zur Vermeidung solcher Gefahren sind vorzusehen.
- Als Schaltgerät für betriebsmäßiges Schalten dürfen verwendet werden:
  - Leistungsschalter
  - Schütze
  - Relais
  - Halbleitergeräte
  - Steckvorrichtungen bis 16 A

  Sie müssen den Stromkreis unterbrechen, ohne die beim Trennen erforderliche Trennstrecke gleichzeitig herstellen zu müssen.

  Die Schaltgeräte müssen für die jeweils ungünstigsten Bedingungen ausgelegt sein.
- Trenner, Sicherungen und Trennlaschen dürfen nicht für betriebsmäßiges Schalten verwendet werden.

14.5 Auswahl und Errichtung der Schalt- und Steuergeräte

Festlegungen zur Auswahl und Errichtung der Schalt- und Steuergeräte werden in den Normen DIN VDE 0100-530 und speziell für Einrichtungen zum Schutz bei Überspannungen in DIN VDE 0100-534 genannt. Ihre Anforderungen und ihr Einsatz werden im Zusammenhang mit ihrer Anwendung in den einzelnen Kapiteln dieses Buchs beschrieben, z. B. in den Kapiteln 5 bis 7 „Schutz gegen elektrischen Schlag oder im Kapitel 11 „Schutz von Kabeln und Leitungen bei Überstrom".

15 Auswahl und Errichtung elektrischer Betriebsmittel [510, 510 E]

Bei der Auswahl der Betriebsmittel und der Errichtung der elektrischen Anlagen sind sicherzustellen:

- die Wirksamkeit der Schutzmaßnahmen
- der zufriedenstellende Betrieb der Anlage bei bestimmungsgemäßer Verwendung
- die Anforderungen hinsichtlich der zu erwartenden äußeren Einflüsse

Die Betriebsmittel müssen den einschlägigen deutschen Normen entsprechen, die in der Regel mit den europäischen Normen übereinstimmen. Wenn dies nicht zutrifft, kann in solchen Ausnahmefällen auch auf CENELEC- bzw. auf IEC-Normen verwiesen werden. Wenn keine Normen für die Auswahl der Betriebsmittel und für das Errichten der Anlagen anwendbar sind, müssen zwischen Auftraggeber und dem Errichter besondere Vereinbarungen getroffen werden. Die Betriebsmittel müssen den jeweiligen Betriebsbedingungen hinsichtlich der Spannung, des Stroms, der Frequenz und Leistung entsprechen. Von den Betriebsmitteln dürfen keine störenden Einflüsse einschließlich der Schaltvorgänge bei üblichem Betrieb ausgehen, die andere Betriebsmittel oder das Versorgungsnetz unzulässig beeinträchtigen.

Im Einzelnen sind folgende Anforderungen zu erfüllen:

15.1 Zugänglichkeit

Die Betriebsmittel und Anlagen müssen für die betriebsmäßige Bedienung und für die laufende Instandhaltung leicht zugänglich sein.

15.2 Kennzeichnung

Betriebsmittel und Anlagen müssen hinsichtlich ihrer Funktion und Zuordnung gekennzeichnet werden, um Verwechslungen und die daraus entstehenden Gefahren für die Bedienenden zu vermeiden.

Kabel- und Leitungssysteme

Diese sind so zu kennzeichnen, dass sie bei der Instandhaltung oder bei Änderungsarbeiten der Anlage zugeordnet werden können. Die Farbkennzeichnung von Kabel- und Leitungsadern erfolgt nach DIN VDE 0293-1:2005-10 (zz. Entwurf).

Neutralleiter

In einem Stromkreis mit Neutralleiter muss der blaue Leiter als Neutralleiter verwendet werden. Beim Fehlen eines Neutralleiters darf der blaue Leiter auch für andere Zwecke eingesetzt werden, ausgenommen als Schutzleiter.

Schutzleiter

Farbkennzeichnung grün-gelb im gesamten Verlauf. Grün-gelb darf für andere Zwecke nicht benutzt werden. Blanke Leiter sind an den Enden und an zugänglichen Stellen grün-gelb zu kennzeichnen.

PEN-Leiter

Isolierte PEN-Leiter müssen im ganzen Verlauf grün-gelb gekennzeichnet werden mit einer zusätzlichen blauen Markierung an den Leiterenden. Nach einer Entscheidung des Komitees 221 „Errichten von Starkstromanlagen bis 1000 V“ ist die durchgehend blaue Kennzeichnung für PEN-Leiter nicht zulässig.

Als Ausnahme gelten öffentliche und vergleichbare Verteilungsnetze bei der Umstellung von TT-System auf TN-System. Blaue Leiter können dann zusätzlich an den Enden grün-gelb gekennzeichnet werden.

Leiter ohne Farbkennzeichnung

Leiter ohne Farbkennzeichnung wie z. B.

- einadrige Kabel oder Leitungen, die nicht mit grün-gelber oder blauer Isolierung verfügbar sind
- blanke Leiter, blanke Leiter von Freileitungen
- konzentrische Leiter
- metallische Schirme oder Bewehrungen
- metallische Konstruktionsteile oder fremde leitfähige Teile, die als Schutzleiter verwendet werden dürfen

müssen an ihren Enden bzw. Anschlüssen eine farbliche Markierung erhalten.

Sonstige Leiter

Die nicht als Neutralleiter, Schutzleiter oder PEN-Leiter verwendeten Leiter sind schwarz, braun oder grau gekennzeichnet.

Schutzeinrichtungen

Schutzeinrichtungen müssen durch Anordnung und Kennzeichnung den jeweils zu schützenden Stromkreisen zugeordnet werden können.

Schaltpläne

Art und Aufbau der elektrischen Anlage, der Stromkreise, Querschnitt der Kabel und Leitungen, Verlegungsart, Verbraucherkennzahlen, Schutz-, Trenn- und Schalteinrichtungen sowie die Zuordnung der Betriebsmittel untereinander sind in Schaltplänen, Diagrammen, Listen oder Tabellen nach den Normen DIN EN 61082 und DIN 40719-2 mit Schaltzeichen nach DIN 40900 zu dokumentieren.

15.3 Beeinflussung

Betriebsmittel müssen so ausgewählt und errichtet werden, dass jede schädigende Beeinflussung zwischen den elektrischen Anlagen mit unterschiedlichen Stromarten und Spannungen, aber auch auf nicht elektrotechnische Einrichtungen ausgeschlossen ist.

Um Spannungsverschleppungen über metallene Gebäudeoberflächen, auf denen elektrische Anlagen montiert werden, zu verhindern, müssen die Metallteile mit dem Schutzleiter oder dem Potentialausgleichsleiter verbunden werden.

Sollten elektrische Betriebsmittel auf brennbaren Gebäudeoberflächen montiert werden, ist eine geeignete Zwischenlage aus Isolierstoff mit einen Entflammbarkeitswert FH1 nach DIN VDE 0304-3 vorzusehen.

Betriebsmittel mit unterschiedlichen Stromarten und Spannungen sind in allen Bereichen so voneinander zu trennen, wie es zur Vermeidung gegenseitiger Beeinflussung erforderlich ist.

15.4 Elektromagnetische Verträglichkeit

Die einzusetzenden Betriebsmittel müssen hinsichtlich ihrer Störfestigkeitspegel und Aussendepegel so ausgewählt werden, dass für den normalen Betrieb die vorgesehene Versorgungssicherheit und Zuverlässigkeit innerhalb und außerhalb des Gebäudes erreicht wird (siehe Abschnitt 12.4).

Schutzleiterströme

Die von Betriebsmitteln und Anlagen verursachten Schutzleiterströme müssen so weit begrenzt werden, dass im normalen Betrieb ihre Sicherheit und ihre bestimmungsgemäße Nutzung nicht beeinträchtigt wird und sichergestellt ist, dass sie mit den eingesetzten Schutzvorkehrungen (z. B. Fehlerstrom-Schutzeinrichtungen) verträglich sind.

Fehlerstrom-Schutzeinrichtungen sind so auszuwählen, dass sie einerseits den geforderten Schutz gewährleisten, andererseits bei bestimmungsgemäßem Betrieb eine unbeabsichtigte Auslösung unwahrscheinlich ist. Dies kann vorausgesetzt wer-

Art der Betriebsmittel	**Bemessungsstrom der Betriebsmittel**	**Maximaler Schutzleiterstrom**
steckbare Verbrauchsmittel mit einem Bemessungsstrom bis einschließlich 32 A	≤ 4 A	2 mA
	> 4 A, aber < 10 A	0,5 mA pro 1 A des Bemessungsstroms
	> 10 A	5 mA
dauerhaft angeschlossene und ortsfeste Verbrauchsmittel mit einem Bemessungsstrom > 32 A	≤ 7 A	3,5 mA
	> 7 A, aber ≤ 20 A	0,5 mA pro 1 A des Bemessungsstroms
	> 20 A	10 mA

Tabelle 15.1 Empfohlene Werte für Schutzleiterströme von Betriebsmitteln bei Wechselspannung

den, wenn die Summe der Differenzströme (Schutzleiterströme, Ableitströme) auf der Lastseite der Fehlerstrom-Schutzeinrichtung kleiner ist als das 0,4-Fache des Bemessungsfehlerstroms der FI-Schutzeinrichtung.

16 Kabel- und Leitungssysteme [520, 520 E]

Bei der Errichtung von Kabel- und Leitungssystemen sind die Kabel, Leitungen und Leiter und die jeweils zulässige Verlegeart unter Berücksichtigung des Verlegeortes aufeinander abzustimmen. Nach den **Tabellen 16.1 und 16.2** aus DIN VDE 0100-520 können die zugelassenen und in der Praxis üblichen Möglichkeiten mit den dazugehörigen zulässigen Strombelastbarkeitswerten ausgewählt werden.

Schienenverteiler müssen nach Angaben des Herstellers errichtet werden. Dabei sind die Anforderungen hinsichtlich der Umgebungseinflüsse (soweit zutreffend nach Abschnitt 16.1) zu berücksichtigen.

In Wechselstromkreisen dürfen Leiter, einadrige Kabel oder einadrige Leitungen nicht einzeln in metallischer Umhüllung verlegt werden, um aufgrund induktiver Effekte Überhitzung und erhöhten Spannungsfall zu vermeiden.

Leiter eines Stromkreises dürfen nicht auf verschiedene mehradrige Kabel oder Leitungen oder auf Elektroinstallationsrohre oder -kanäle verteilt werden.

Mehrere Stromkreise in einem Kabel oder einer Leitung sind zulässig, wenn alle Leiter für die höchstzulässige Nennspannung isoliert sind.

Für jeden Hauptstromkreis muss ein eigener Neutralleiter vorhanden sein. Aus einem Drehstromkreis dürfen Einphasen-Wechselstromkreise mit einem Außenleiter und dem Neutralleiter gebildet werden, wenn die Aufteilung des Drehstromkreises erkennbar ist und alle aktiven Leiter des Drehstromkreises nur gemeinsam abgeschaltet werden dürfen.

Einadrige Kabel und Leitungen und isolierte Leiter eines Stromkreises einschließlich Schutzleiter müssen gemeinsam verlegt werden.

Enden mehrere Stromkreise in einer Verbindungsdose oder in einem Abzweigkasten, müssen isolierte Trennwände oder modulare Klemmenleisten verwendet werden.

Bewegliche Betriebsmittel mit laufender oder vorübergehender Standortänderung müssen mit flexiblen Kabeln oder Leitungen angeschlossen werden. Zum Schutz können flexible Installationsrohrsysteme verwendet werden.

In Ergänzung zu den Tabellen können in Deutschland auch weiterhin Stegleitungen (NYIF, NYIFY) verwendet werden, wenn nachfolgende Anforderungen erfüllt werden:

- Verlegung nur in trockenen Räumen
- Verlegung im ganzen Verlauf nur in oder unter Putz

Kabel, Leitungen und Leiter		Verlegearten							
		ohne Befestigungs-material	mit Schellen offen verlegt	Elektro-installations rohr	zu öffnender Elektro-Installations-kanal (einschl. Sockel-leisten- und Unterflur-Fußbodenkanal)	geschlossener Elektro-Installationskanal	Kabelpritsche, Kabelwanne, Ausleger	auf Isolatoren	mit Tragseil
Blanke Leiter		–	–	–	–	–	–	+	–
Isolierte Leiter[2)] (Aderleitungen)		–	–	+	+[1)]	+	–	+	–
Kabel, Mantelleitungen (mit Armierung und Isolierung)	mehradrig	+	+	+	+	+	+	0	+
	einadrig	0	+	+	+	+	+	0	+

\+ zulässig

– nicht zulässig

0 nicht anwendbar oder in der Praxis nicht üblich

1) Isolierte Leiter (Aderleitungen) sind erlaubt, wenn die Deckel nur mit Hilfe von Werkzeug oder mit besonderer Anstrengung der Hand geöffnet werden können und wenn der Elektro-Installationskanal mindestens die Schutzart IP4X oder IPXXD hat.

2) Isolierte Leiter (Aderleitungen), die als Schutzleiter oder Schutzpotentialausgleichsleiter verwendet werden, müssen nicht in Installationsrohren oder -kanälen verlegt werden.

Tabelle 16.1 Auswahl von Kabel- und Leitungssystemen
(Tabelle aus E DIN IEC 60364-5-52 (VDE 0100-520):2004-07, Tabelle A.52-1)

Verlegeart	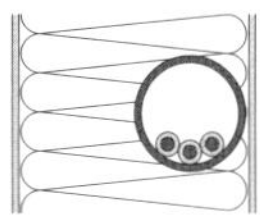		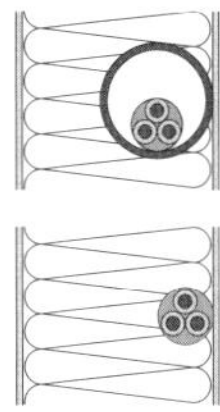		 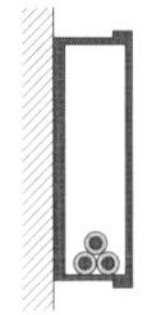 	
	Verlegung in wärmegedämmten Wänden, z. B. in Hohlwänden, die mit Mineralwolle, Styropor o. dgl. ausgefüllt sind				Verlegung in Elektro-Installationsrohren oder -kanälen auf oder in Wänden, in Kanälen für Unterflurverlegung, Kabelkanälen oder in Gebäudehohlräumen	
	Aderleitungen oder einadrige Kabel/Mantelleitungen in Elektro-Installationsrohren oder -kanälen		mehradrige Kabel/Mantelleitungen		Aderleitungen oder einadrige Kabel/Mantelleitungen	
Referenzverlegeart	**A 1**		**A 2**		**B 1**	
Anzahl der gleichzeitig belasteten Adern	**2**	**3**	**2**	**3**	**2**	**3**
Leiternennquerschnitt in mm^2	**zulässige Strombelastbarkeit I_z in A**					
1,5	17	15	17	14	19	17
2,5	21	20	20	19	25	22
4	28	25	27	25	35	30
6	36	33	35	31	43	38
10	50	45	46	41	60	53
16	65	59	60	55	81	72
25	85	77	80	72	107	94
35	105	94	100	88	133	117
50	126	114	117	105	160	142
70	160	144	147	133	204	181
95	193	174	177	160	246	219
120	223	200	204	182	285	253

Tabelle 16.2 Verlegearten von Kabeln und Leitungen und die zugehörigen zulässigen Strombelastbarkeiten
(Tabelle aus Beiblatt 2 zu DIN VDE 0100-520:2002-11)

Verlegeart	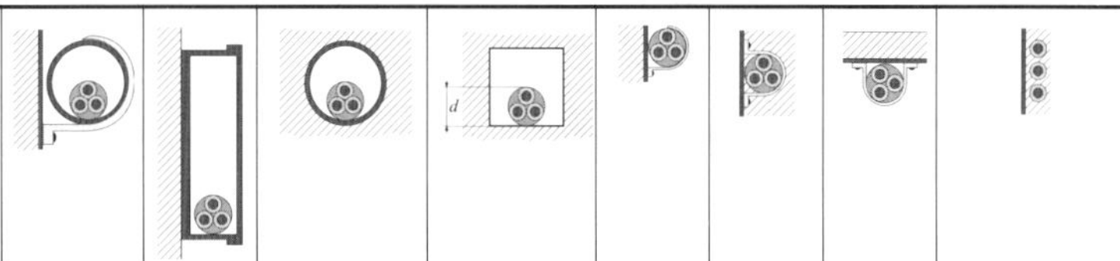			
	Verlegung in Elektro-Installationsrohren oder -kanälen auf oder in Wänden, in Kanälen für Unterflurverlegung, Kabelkanälen oder in Gebäudehohlräumen		**Direkte Verlegung auf oder in Wänden, unter Decken oder in ungelochten Kabelwannen**	**Stegleitungen in oder unter Putz oder in Hohlräumen**
	mehradrige Kabel/Mantelleitungen		**ein- oder mehradrige Kabel/Mantelleitungen, Stegleitungen**	
Referenz-verlegeart	**B 2**		**C**	
Anzahl der gleichzeitig belasteten Adern	**2**	**3**	**2**	**3**
Leiternenn-querschnitt in mm^2	**zulässige Strombelastbarkeit I_z in A**			
1,5	18	16	21	19
2,5	24	21	29	25
4	32	29	38	35
6	40	36	50	43
10	55	50	67	63
16	73	66	90	81
25	95	85	119	102
35	118	105	146	126
50	141	125	178	153
70	178	160	226	195
95	213	190	273	236
120	246	218	317	275

Tabelle 16.2 (Fortsetzung) Verlegearten von Kabeln und Leitungen und die zugehörigen zulässigen Strombelastbarkeiten
(Tabelle aus Beiblatt 2 zu DIN VDE 0100-520:2002-11)

Verlegeart	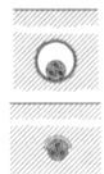						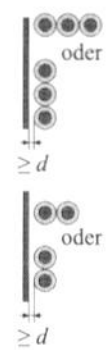			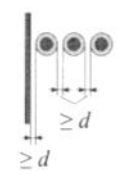	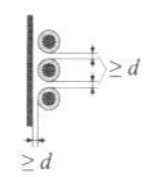
					d **Kabel- oder Leitungsdurchmesser**						
	Direkte Verlegung mehradriger Kabel in Erde				**Verlegung frei in Luft, an Tragseilen sowie auf Kabelpritschen, -konsolen oder in gelochten Kabelwannen einadrige Kabel/Mantelleitungen**						
	mit zusätzlichem mechanischen Schutz		**ohne zusätzlichen mechanischen Schutz**		**mehradrige Kabel/Mantelleitungen**		**mit Berührung**			**ohne Berührung, auch Aderleitungen auf Isolatoren**	
Referenzverlegeart	**D**				**E**		**F**			**G**	
Anzahl der gleichzeitig belasteten Adern	**2**	**3**	**2**	**3**	**2**	**3**	**2**	**3**	**3**	**3**	**3**
Leiternennquerschnitt in mm²	**zulässige Strombelastbarkeit I_z in A**										
1,5	Für Dauerbetrieb zz. nicht genormt Empfehlung: Anwendung der Werte gemäß Referenzverlegeart				23	20	–				
2,5					32	27					
4					42	36					
6					54	46					
10					74	64					
16					100	85					
25	B 2		C		126	107	139	121	117	155	138
35					157	134	172	152	145	192	172
50					191	162	208	184	177	232	209
70					246	208	266	239	229	298	269
95					299	252	322	292	280	361	330
120					348	293	373	340	326	420	384

Tabelle 16.2 (Fortsetzung) Verlegearten von Kabeln und Leitungen und die zugehörigen zulässigen Strombelastbarkeiten
(Tabelle aus Beiblatt 2 zu DIN VDE 0100-520:2002-11)

Die Tabelle gilt für PVC-isolierte Kabel und Leitungen bei fester Verlegung in oder an Bauwerken und für Kabel in Erde bei einer Betriebstemperatur von 70 °C und einer Umgebungstemperatur von 25 °C.

Die Darstellung der Verlegearten und ihre Beschreibungen sind Beispiele aus DIN VDE 0100-520. Sie beschränken sich auf die häufigsten Anwendungsfälle in der Praxis.

- Verlegung in Hohlräumen von Decken und Wänden, die aus Stein, Beton oder nicht brennbaren Baustoffen bestehen, auch ohne Putzabdeckung möglich
- Verlegung auf brennbaren Baustoffen auch bei Putzabdeckung nicht zulässig
- Keine Bündelung, Ausnahme an Einführungsstellen
- Befestigung ohne Formänderung oder Beschädigung der Isolierung, z. B. Gipspflaster, Kleben, formangepasste Schellen aus Isolierstoff
- Verlegung unter Gipskartonplatten nur zulässig, wenn die Platten ausschließlich mit Gipspflaster befestigt werden
- Keine Verlegung auf oder unter Drahtgewebe, Streckmetall oder dergleichen
- Verbindungen nur in Installationsdosen aus Isolierstoff

Bei der Errichtung von Kabel- und Leitungssystemen sind die Anforderungen nach den Abschnitten 16.1 bis 16.9 zu erfüllen.

16.1 Umgebungseinflüsse

- **Umgebungstemperaturen** werden bei der Ermittlung der Belastbarkeit nach Abschnitt 11.3 berücksichtigt.
- **Bei äußeren Wärmequellen** (z. B. Leuchten, Heißwassergeräte, Sonneneinwirkung) müssen Kabel und Leitungen entsprechend abgeschirmt oder, wenn möglich, mit ausreichendem Abstand errichtet werden.
- Durch das Eindringen von Wasser darf kein Schaden entstehen. Kabel und Leitungen für feste Verlegung können im unbeschädigten Zustand als beständig gegen das Eindringen von Feuchtigkeit angesehen werden.
- **Fremdkörper**
  Kabel und Leitungen müssen so verlegt werden, dass eine Beschädigung durch Fremdköper auf ein Minimum reduziert wird. Die Ablagerung von großen Mengen Staub, die die Wärmeableitung der Kabel und Leitungen beeinträchtigt, muss durch geeignete Maßnahmen verhindert werden.
- **Korrosion**
  Kabel- und Leitungsanlagen müssen gegen korrosive und verschmutzende Stoffe durch geeignete Maßnahmen (korrosions- oder alterungsbeständige Werkstoffe, Vermeidung elektrolytischer Reaktionen) geschützt werden.
- **Mechanische Beanspruchungen, Schwingungen, Wind**
  Kabel und Leitungen sind durch ihre Bauart, den Einrichtungsort und/oder durch geeignete Abdeckungen gegen mechanische Beanspruchung zu schützen.
  Treten orts- oder betriebsbedingte Schwingungen auf, sind flexible Leitungen und geeignete Verbindungselemente zu verwenden. Das Gleiche gilt für Schwingungen, die durch Wind hervorgerufen werden.

Beschädigung der Kabel und Leitungen bei der Errichtung der Anlagen sind zu vermeiden. Deshalb sind zu beachten:

- ausreichender Biegeradius
- geeignetes Befestigungsmaterial, richtiger Befestigungsabstand
- keine zu große Zugbeanspruchung, z. B. beim Einziehen oder bei senkrechter Verlegung
- in Wänden fest verlegte Kabel oder Leitungen müssen waagrecht, senkrecht oder parallel zu den Raumkanten geführt werden. In Decken oder Fußböden darf der kürzeste Weg gewählt werden
- Vermeidung von scharfen Kanten bei der Verlegung

- **Schäden durch Tiere**
  Wenn Schäden durch Tiere hervorgerufen werden können, sind Kabel und Leitungen durch den Verlegeort oder durch mechanische Maßnahmen zu schützen.
- **Pflanzen, Schimmelbewuchs**
  Besondere Schutzmaßnahmen sind erforderlich, wenn Pflanzen oder Schimmelbewuchs Kabel- oder Leitungsanlagen gefährden können. Die Verlegeart ist so zu wählen, dass ein solcher Bewuchs entfernt werden kann.

16.2 Strombelastbarkeit

Die maximal zulässige Betriebstemperatur am Leiter darf die in **Tabelle 16.3** genannten Werte nicht überschreiten.

Diese Bedingung gilt als erfüllt, wenn die in der Tabelle 16.2 genannten Belastungen der Kabel und Leitungen nicht überschritten werden.

Zu beachten ist die Anzahl der belasteten Leiter:

- Zwei Leiter in Einphasen-Wechselstromkreisen (Außenleiter und Neutralleiter).
- Drei Leiter in Dreiphasen-Wechselstromkreisen (drei Außenleiter). Der Neutralleiter ist nur dann zu berücksichtigen, wenn dort nennenswerte Belastungen auftreten (z. B. Belastung des Neutralleiters ohne entsprechende Entlastung der

Isolierwerkstoff	Zulässige Betriebstemperatur
PVC (Polyvinylchlorid)	70 °C am Leiter
XLPE (vernetzes Polyethylen) EPR (Ethylen-Propylen-Kautschuk)	90 °C am Leiter
mineralisoliert (PVC umhüllt oder blank, frei berührbar)	70 °C am Mantel
mineralisoliert (blank, nicht frei berührbar und nicht im Kontakt mit brennbaren Stoffen)	105 °C am Mantel

Tabelle 16.3 Maximal zulässige Betriebstemperatur in Abhängigkeit vom Isolierwerkstoff

<table>
<tr><th colspan="5">Mindestquerschnitt von Cu-Leitern</th></tr>
<tr><th>Anwendung der Leiter</th><th>Verlegeart</th><th>Leitungs-/ Leiterart</th><th>Anwendung des Stromkreises</th><th>Mindestquerschnitt mm²</th></tr>
<tr><td rowspan="10">Außenleiter in Wechselstromkreisen und spannungsführende Leiter in Gleichstromkreisen</td><td rowspan="6">feste Verlegung</td><td rowspan="3">Kabel, Mantelleitungen, Aderleitungen</td><td>Leistungs- und Lichtstromkreise</td><td>1,5</td></tr>
<tr><td>Melde- und Steuerstromkreise</td><td>0,5</td></tr>
<tr><td>Melde- und Steuerstromkreise für elektronische Betriebsmittel</td><td>0,1</td></tr>
<tr><td rowspan="3">blanke Leiter</td><td>Leistungsstromkreise</td><td>10</td></tr>
<tr><td>Melde- und Steuerstromkreise</td><td>4</td></tr>
<tr><td>Lichtstromkreise mit Kleinspannung</td><td>nach Kapitel 39</td></tr>
<tr><td colspan="2" rowspan="3">bewegliche Verbindungen mit isolierten Leitern und Kabeln
Anschlussleitungen für Betriebsmittel</td><td>Anschlussleitungen für Betriebsmittel</td><td>nach den jeweiligen Betriebsmittelnormen</td></tr>
<tr><td>andere Anwendungen</td><td>0,75</td></tr>
<tr><td>Kleinspannung für besondere Anwendungen</td><td>0,75</td></tr>
<tr><td colspan="2">vieladrige flexible Leitungen mit sieben und mehr Adern</td><td>Melde- und Steuerstromkreise für elektronische Betriebsmittel</td><td>0,1</td></tr>
</table>

Tabelle 16.4 Mindestquerschnitte für Außenleiter in Wechselstromkreisen und für spannungsführende Leiter in Gleichstromkreisen
(Daten aus E DIN IEC 60364-5-52 (VDE 0100-520):2004-07, Tabelle 52-2)

<table>
<tr><th colspan="3">Mindestquerschnitt für Neutralleiter</th></tr>
<tr><th>Außenleiter mm²</th><th>Neutralleiter mm²</th><th>Erläuterungen</th></tr>
<tr><td colspan="2">gleicher Querschnitt</td><td>für einphasige Wechselstromkreise</td></tr>
<tr><td>≤ 16</td><td>wie Außenleiter</td><td rowspan="2">für mehrphasige Wechselstromkreise</td></tr>
<tr><td>≥ 25</td><td>kleiner als Außenleiterquerschnitt zulässig[1)]</td></tr>
<tr><td colspan="3">[1)] wenn nachstehende Bedingungen gleichzeitig erfüllt sind:
● Der maximale Strom des Neutralleiters ist während des ungestörten Betriebs nicht größer als die Strombelastbarkeit des verringerten Neutralleiterquerschnitts (symmetrische Belastung der Außenleiter wird vorausgesetzt).
● Der Neutralleiter ist gegen Überstrom geschützt, wie in Kapitel 11 beschrieben.
● Der Querschnitt des Neutralleiters ≥ 16 mm² Cu.</td></tr>
</table>

Tabelle 16.5 Mindestquerschnitt für Neutralleiter

Außenleiter oder durch ausgeprägte Oberschwingungsströme. PE-Leiter bleiben unberücksichtigt, PEN-Leiter sind wie Neutralleiter zu betrachten.

Bei Parallelschaltung von Leitern ist auf die gleichmäßige Aufteilung des Belastungsstroms zu achten. Gegebenenfalls müssen Maßnahmen ergriffen werden, um die gleichmäßige Aufteilung zu gewährleisten.

Bei unterschiedlicher Wärmeableitung im Verlauf des Kabels oder der Leitung muss die Strombelastbarkeit für den ungünstigsten Abschnitt berücksichtigt werden.

Metallmäntel einadriger Kabel und Leitungen desselben Stromkreises müssen an ihren Enden miteinander verbunden werden. Bei einem Querschnitt größer 50 mm^2 genügt eine Einzelpunktverbindung. Allerdings ist dabei sicherzustellen, dass

- keine Korrosion verursacht wird
- bei voller Last die Spannung an den nicht verbundenen Enden auf 25 V begrenzt bleibt
- auftretende Kurzschlussströme keine Gefahr oder Schäden verursachen

16.3 Mindestquerschnitte von Leitern

Die Mindestquerschnitte von Außenleitern und Neutralleitern in Wechselstromkreisen und von spannungsführenden Leitern in Gleichstromkreisen sind in den **Tabellen 16.4 und 16.5** angegeben.

16.4 Spannungsfall in Verbraucheranlagen

Der Spannungsfall zwischen Hauseinführung und Verbrauchsmittel soll nicht größer sein als 4 % der Nennspannung oder 3 % in Beleuchtungsstromkreisen und 5 % in Stromkreisen mit anderen Verbrauchsmitteln. Im Übrigen sollte sichergestellt werden, dass sich die Spannungsschwankungen innerhalb der in den jeweiligen Produktnormen genannten Grenzen bewegen.

Vorübergehende Abweichungen bei hohen Anlauf- oder Einschaltströmen sind zulässig.

16.5 Elektrische Verbindungen

Elektrische Verbindungen zwischen Leitern sowie zwischen Leitern und Anschlussstellen an Betriebsmitteln müssen für eine dauerhafte Stromübertragung und eine angemessene mechanische Festigkeit bemessen sein.

Zu beachten ist dabei

- der Querschnitt der Leiter
- der Werkstoff der Leiter und ihre Isolierung
- ein- oder mehrdrähtige Leiter
- Anzahl der Leiter, die miteinander verbunden werden sollen

Die Ausführung muss den Normen für Klemmen und Verbinder, den Herstellerangaben für das Verbindungsmaterial und den Regeln des handwerklichen Könnens entsprechen. Dabei ist sicherzustellen, dass die Verbindungsstelle im Vergleich zur Gesamtanlage keine Schwachstelle in Bezug auf die dauerhafte Stromübertragung, die Erwärmung und die mechanische Festigkeit darstellt.

Lötstellen sollten in Leistungsstromkreisen vermieden werden.

Alle Verbindungen müssen zur Prüfung und Instandhaltung zugänglich sein. Ausnahme: Muffen von erdverlegten Kabeln, mit Isoliermasse gefüllte oder gekapselte Verbindungselemente, Anschluss von Heizelementen für Decken-, Fußboden- und Rohrheizsysteme.

Anschluss- und Verbindungsstellen müssen von mechanischen Beanspruchungen entlastet werden, um mechanische Beschädigungen sicher zu vermeiden.

Im Handbereich müssen Anschluss- und Verbindungsstellen in einer Umhüllung (z. B. in Anschlussdose) enden, die ausreichenden mechanischen Schutz und Schutz gegen Umgebungseinflüsse sicherstellt.

16.6 Begrenzung von Bränden

Kabel- und Leitungssysteme müssen so errichtet werden, dass die allgemeine Gebäudebetriebs- und Feuersicherheit nicht verringert wird. Folgende Anforderungen sind zu erfüllen:

- Kabel und Leitungen sowie deren Umhüllung müssen den einschlägigen Normen auch hinsichtlich ihrer notwendigen Flammwidrigkeit entsprechen (Normen für Leitungen siehe **Tabellen 16.6 und 16.7**).
- Durchbrüche in Fußböden, Wänden, Decken usw. müssen nach der Durchführung der Kabel und Leitungen wieder verschlossen werden, entsprechend der Feuerwiderstandsdauer, die für das entsprechende Gebäudeelement vorgeschrieben ist, z. B. durch typgeprüfte Kabelschottungen. Auch Installationsrohre, Installationskanäle und Kanalsysteme müssen im Innern verschlossen werden, wenn sie durch Gebäudeelemente mit vorgeschriebener Feuerwiderstandsdauer geführt werden. Das gilt nicht für Rohre oder zu öffnende Kanäle in flammwidriger Ausführung bis zu einem maximalen Innenquerschnitt von 710 mm^2 mit einer nachgewiesenen Schutzart IP33.

- Mittel zur Abdichtung müssen folgende Anforderungen erfüllen:
  - Es müssen mit den Kabeln und Leitungen verträgliche Werkstoffe verwendet werden.
  - Sie müssen thermisch bedingte Bewegungen ohne Verringerung der Verschlussqualität zulassen.
  - Verlangt wird ausreichende mechanische Festigkeit der Schottung, die auch während eines Brandes bei Zerstörung der Befestigung des Kabel- und Leitungssystems erhalten bleibt.
  - Das Schottmaterial muss widerstandsfähig sein gegen auftretende Verbrennungsprodukte.
  - Die Schottung muss feuchtigkeitsbeständig sein, und sie verhindert entweder selbst oder durch entsprechende zusätzliche Maßnahmen das Durchdringen von Wasser.
- Bei den Einrichtungs- oder Änderungsarbeiten kann vorübergehend eine provisorische Schottung erforderlich werden.
- Der Errichter hat die Eignung und Qualität der von ihm verwendeten Schottung durch Prüfung oder Nachweis zu belegen.

16.7 Nähe zu anderen elektrischen Anlagen

Kabel- und Leitungen mit unterschiedlicher Nennspannung dürfen nicht gemeinsam verlegt werden, es sei denn, alle Leiter sind für die höchste Spannung bemessen, oder sie müssen in gemeinsamen Installationskanälen oder auf Kabelwannen durch Zwischenwände voneinander getrennt werden.

Bei unterirdischer Verlegung von parallel geführten Fernmelde- und Starkstromkabeln ist ein Mindestabstand von 100 mm einzuhalten, oder es sind bei Näherungen oder Kreuzungen Feuer hemmende Zwischenlagen (z. B. Schutzhauben, Mauerziegel, Schutzrohre) zu verwenden.

Darüber hinaus können für Fernmelde- und Datenübertragungsstromkreise besondere Maßnahmen gegen elektrische und elektromagnetische Beeinflussung erforderlich werden.

16.8 Nähe zu nicht elektrischen Anlagen

Kabel und Leitungen dürfen nicht in der Nähe von anderen technischen Anlagen verlegt werden, wenn von diesen in vorhersehbarem Betriebszustand schädliche Einflüsse auf die Kabel und Leitungen ausgehen können, wie z. B. Wärme, Rauch, Dampf, Wasser. Zum Schutz der elektrischen Anlagen ist ein ausreichender Abstand einzuhalten oder eine thermische bzw. mechanische Abschirmung vorzusehen.

In der Nähe der elektrischen Anlagen sind vorhandene fremde leitfähige Teile in den Potentialausgleich einzubeziehen.

16.9 Instandhaltung

Kabel- und Leitungsanlagen sind so zu errichten, dass nach Möglichkeit alle erforderlichen Instandhaltungsarbeiten ohne Einschränkungen der Schutzmaßnahmen ausgeführt werden können. Es ist für die Instandhaltung ein sicherer und angemessener Zugang zu allen Teilen des Kabel- und Leitungssystems zu ermöglichen, u. U. durch dauerhaft angebrachte Leitern oder Gehwege.

Falls Einschränkungen der Arbeitssicherheit und Betriebszuverlässigkeit vorübergehend für die Instandhaltungsarbeiten erforderlich werden, ist nach Beendigung der Arbeiten der ordnungsgemäße Zustand wieder herzustellen.

16.10 Anwendungsbeispiele

Die Tabellen **16.6 und 16.7** nennen Anwendungsbeispiele für die feste Verlegung isolierter Starkstromleitungen und für den Anschluss ortsveränderlicher Stromverbraucher mit flexiblen Starkstromleitungen. Die Informationen wurden zusammengestellt aus den jeweils genannten Normen sowie dem im Publicis MCD Verlag, Erlangen erschienenen Kabelbuch der Firma Pirelli: „Kabel und Leitungen für Starkstrom“.

Bauart und Nennspannung U_0/U	**Bauart-kurzzeichen**	**Norm**	**Hinweise**
PVC-Verdrahtungs-leitungen 300/500 V	H05V-U H05V-K	DIN VDE 0281-3	Zulässige Betriebstemperatur: 70 °C Weitere Einzelfarben sowie zweifarbige Kombinationen sind erlaubt. Die Einzelfarben Grün und Gelb sind nur anwendbar, wenn es die Errichtungs- und Gerätebestimmungen zulassen.
PVC-Aderleitungen 450/750 V	H07V-U H07V-R H07V-K		Zulässige Betriebstemperatur: 70 °C Bei Verwendung als Potentialausgleichsleitung ist auch die direkte Verlegung auf, im und unter Putz sowie auf Pritschen und dergleichen zulässig. H07V-K ist wegen des feindrähtigen Leiters vorteilhaft bei Rohrverlegung, in beengten Räumen oder beim Verbinden beweglicher Teile, z. B. an ausschwenkbaren Schalttafeln.
Kältebeständige PVC-Aderleitungen 450/750 V	H07V3-U H07V3-R H07V3-K	DIN VDE 0281-9	Zulässige Betriebstemperatur: 70 °C Diese Leitung ist verwendbar wie PVC-Aderleitungen vom Typ H07V, jedoch bei tiefen Temperaturen bewegbar bis –25 °C. H07V3-K ist wegen des feindrähtigen Leiters vorteilhaft bei Rohrverlegung, in beengten Räumen oder beim Verbinden beweglicher Teile, z. B. an ausschwenkbaren Schalttafeln.
Sonder-Gummi-aderleitungen 0,6/1 kV 1,8/3 kV 3,6/6 kV	NSGAÖU NSGAFÖU	DIN VDE 0250-602	Zulässige Betriebstemperatur: 90 °C Die Leitungen ab 1,8/3 kV gelten in Schaltanlagen und Verteilern bis 1000 V als kurzschluss- und erdschlusssicher.

Tabelle 16.6.1 Verwendung isolierter Starkstromleitungen für feste Verlegung; Verdahtungs- und Aderleitungen

Leiter		Übliche Farben der Isolierung oder des Mantels	Anwendung			
Anzahl	**Querschnittsbereich mm^2**		**In trockenen Räumen**	**In feuchten und nassen Räumen sowie im Freien**	**In feuergefährdeten Betriebsstätten und Lagerräumen**	**In explosionsgefährdeten Bereichen**
1	0,5 bis 1	grün-gelb schwarz blau braun	Für die innere Verdrahtung von Geräten und geschützte Verlegung in und an Leuchten, ferner für Verlegung in Rohren auf und unter Putz, jedoch nur für Signal- und Steuerstromkreise.	Nicht zulässig	Nicht zulässig	Nicht zulässig
1		violett grau weiß rot				
1	1,5 bis 10	grün-gelb schwarz blau braunviolett	In Rohren auf und unter Putz (in Bade- und Duschräumen in Wohnungen und Hotels nur in Kunststoffrohren), offene Verlegung auf Isolierkörpern über Putz außerhalb des Handbereichs, in Geräten, Schaltanlagen und Verteilern. Geeignet für geschützte feste Verlegung in und an Leuchten mit Nennspannung bis 1000 V Wechselspannung oder 750 V Gleichspannung gegen Erde. Bei Verwendung in Schienenfahrzeugen darf die Betriebsgleichspannung 900 V gegen Erde betragen.	Offene Verlegung auf Isolierkörpern außerhalb des Handbereichs, jedoch nicht im Freien	Verlegung in Kunststoffrohren auf und unter Putz	In Schaltanlagen und Verteilern gemäß DIN VDE 0165
1	1,5 bis 400	grau weiß rot				
1	1,5 bis 240					
1	1,5 bis 10	grün-gelb schwarz blau braun				
1	1,5 bis 400	violett grau weiß rot				
1	1,5 bis 240					
1	1,5 bis 300	schwarz	In trockenen Räumen; in Schienenfahrzeugen und Omnibussen nach DIN VDE 0115 und nach DIN VDE 0100-520 für ungesicherte Anschlüsse in Schaltanlagen und Verteilern.			

Bauart und Nennspannung U_0/U	Bauart-kurzzeichen	Norm	Hinweise
Wärmebeständige PVC-Verdrahtungsleitungen 300/500 V	H05V2-U H05V2-R H05V2-K	DIN VDE 0281-7	Zulässige Betriebstemperatur: 90 °C Weitere Einzelfarben sowie zweifarbige Kombinationen sind erlaubt. Die Einzelfarben Grün und Gelb sind nur anwendbar, wenn es die Errichtungs- und Gerätebestimmungen zulassen.
Wärmebeständige PVC-Verdrahtungsleitung in Zwillingsausführung 230/400 V	NYFAZW	DIN VDE 0250-102	Zulässige Betriebstemperatur: 90 °C Bei Verwendung oberhalb von 90 °C bis höchstens 105 °C ist mit einer Verringerung der Gebrauchsdauer zu rechnen.
Wärmebeständige PVC-Aderleitungen 450/750 V	H07V2-U H07V2-R H07V2-K	DIN VDE 0281-7	Zulässige Betriebstemperatur: 90 °C Bei Verwendung als Potentialausgleichsleitung ist auch direkte Verlegung auf, in und unter Putz sowie auf Pritschen und dergleichen zulässig. H07V2-K ist wegen des feindrähtigen Leiters vorteilhaft bei Rohrverlegung, in beengten Räumen oder beim Verbinden beweglicher Teile, z. B. an ausschwenkbaren Schalttafeln.

Tabelle 16.6.2 Verwendung isolierter Starkstromleitungen für feste Verlegung; Wärmebeständige und halogenfreie Aderleitungen

Leiter		Übliche Farben der Isolierung oder des Mantels	Anwendung			
Anzahl	**Querschnittsbereich mm^2**		**In trockenen Räumen**	**In feuchten und nassen Räumen sowie im Freien**	**In feuergefährdeten Betriebsstätten und Lagerräumen**	**In explosionsgefährdeten Bereichen**
1	0,5 bis 1	grün-gelb schwarz blau braun violett grau weiß rot	Für die innere Verdrahtung von Geräten und geschützte Verlegung in und an Leuchten, ferner für Verlegung in Rohren auf und unter Putz, jedoch nur für Signal- und Steuerstromkreise.	Nicht zulässig	Nicht zulässig	Nicht zulässig
1						
1						
2	0,5 und 0,75	schwarz	Für den Einsatz bei Umgebungstemperaturen über 55 °C zur inneren Verdrahtung von Leuchten und Wärmegeräten.			
1	1,5 bis 10	grün-gelb schwarz blau braun violett grau weiß rot	In Rohren auf und unter Putz (in Bade- und Duschräumen in Wohnungen und Hotels nur in Kunststoffrohren), offene Verlegung auf Isolierkörpern über Putz außerhalb des Handbereichs, in Geräten, Schaltanlagen und Verteilern. Geeignet für geschützte feste Verlegung in und an Leuchten mit Nennspannung bis 1000 V Wechselspannung oder 750 V Gleichspannung gegen Erde. Bei Verwendung in Schienenfahrzeugen darf die Betriebsgleichspannung 900 V gegen Erde betragen.	Offene Verlegung auf Isolierkörpern außerhalb des Handbereichs, jedoch nicht im Freien	Verlegung in Kunststoffrohren auf und unter Putz	In Schaltanlagen und Verteilern gemäß DIN VDE 0165
1	1,5 bis 400					
1	1,5 bis 240					

Bauart und Nennspannung U_0/U	Bauart-kurzzeichen	Norm	Hinweise
Halogenfreie Aderleitungen 300/500 V	H05Z-U H05Z-K	DIN VDE 0282-9	Zulässige Betriebstemperatur: 90 °C
Halogenfreie Aderleitungen 450/750 V	H07Z-U H07Z-R H07Z-K		
Wärmebeständige Gummi-Aderleitungen 300/500 V	H05G-U H05G-K	DIN VDE 0282-7	Zulässige Betriebstemperatur: 110 °C

Tabelle 16.6.2 (Fortsetzung) Verwendung isolierter Starkstromleitungen für feste Verlegung; Wärmebeständige und halogenfreie Aderleitungen

Leiter		Übliche Farben der Isolierung oder des Mantels	Anwendung			
Anzahl	Querschnittsbereich mm^2		In trockenen Räumen	In feuchten und nassen Räumen sowie im Freien	In feuergefährdeten Betriebsstätten und Lagerräumen	In explosionsgefährdeten Bereichen
	0,5 bis 1	schwarz blau braun grün-gelb	Für die innere Verdrahtung von Geräten und geschützte Verlegung in und an Leuchten, ferner für Verlegung in Rohren auf und unter Putz, jedoch nur für Signal- und Steuerstromkreise.	Nicht zulässig	Verlegung in Kunststoffrohren auf und unter Putz	Nicht zulässig
1	1,5 bis 10 1,5 bis 400 1,5 bis 240	schwarz	Rohrverlegung auf oder unter Putz oder in ähnlichen geschlossenen Systemen. Geeignet für geschützte feste Verlegung in und an Leuchten mit Nennspannung bis 1000 V Wechselspannung oder 750 V Gleichspannung gegen Erde. Bei Verwendung in Schienenfahrzeugen darf die Betriebsgleichspannung 900 V gegen Erde betragen.			In Schaltanlagen und Verteilern gemäß DIN VDE 0165
1	0,5 bis 1	schwarz blau braun grün-gelb	Für die innere Verdrahtung von Geräten und geschützte Verlegung in und an Leuchten, ferner für Verlegung in Rohren auf und unter Putz, jedoch nur für Signal- und Steuerstromkreise.			

Bauart und Nennspannung U_0/U	Bauart-kurzzeichen	Norm	Hinweise
Wärmebeständige Gummi-Aderleitungen 450/750 V	H07G-U H07G-R H07G-K	DIN VDE 0282-7	Zulässige Betriebstemperatur: 110 °C
ETFE-Aderleitung 450/750 V	N7YA N7YAF	DIN VDE 0250-106	Zulässige Betriebstemperatur: 135 °C
Wärmebeständige Silikon-Fassungsader 300/300 V	N2GA N2GAF	DIN VDE 0250-502	Zulässige Betriebstemperatur: 180 °C
Wärmebeständige Silikon-Aderleitungen 300/500 V	H05SJ-K A05SJ-K A05SJ-U	DIN VDE 0282-3	

Tabelle 16.6.2 (Fortsetzung) Verwendung isolierter Starkstromleitungen für feste Verlegung; Wärmebeständige und halogenfreie Aderleitungen

Leiter		Übliche Farben der Isolierung oder des Mantels	Anwendung			
Anzahl	Querschnittsbereich mm^2		In trockenen Räumen	In feuchten und nassen Räumen sowie im Freien	In feuergefährdeten Betriebsstätten und Lagerräumen	In explosionsgefährdeten Bereichen
1	1,5 bis 10 1,5 bis 240 1,5 bis 240	schwarz	Rohrverlegung auf oder unter Putz oder in ähnlichen geschlossenen Systemen. Geeignet für geschützte feste Verlegung in und an Leuchten mit Nennspannung bis 1000 V Wechselspannung oder 750 V Gleichspannung gegen Erde. Bei Verwendung in Schienenfahrzeugen darf die Betriebsgleichspannung 900 V gegen Erde betragen.	Nicht zulässig	Verlegung in Kunststoffrohren auf und unter Putz	Nicht zulässig
1	0,25 bis 6	schwarz	Für den Einsatz bei Umgebungstemperaturen über 55 °C zur inneren Verdrahtung von Geräten der Leistungselektronik, von Leuchten und Wärmegeräten. Leitungen mit den Nennquerschnitten größer oder gleich 1,5 mm^2 dürfen für die Verlegung in Rohren auf und unter Putz verwendet werden.	Nicht zulässig	Nicht zulässig	Nicht zulässig
1	0,75	grün-gelb schwarz blau braun	Für den Einsatz bei Umgebungstemperaturen über 55 °C, insbesondere zur inneren Verdrahtung von Leuchten.			
1	0,5 bis 16 25 bis 95 1 bis 10	weiß	Rohrverlegung auf und unter Putz sowie in und an Leuchten.	Nicht zulässig	Verlegung in Kunststoffrohren auf und unter Putz	Nicht zulässig

Bauart und Nennspannung U_0/U	Bauart-kurzzeichen	Norm	Hinweise
Stegleitungen 230/400 V	NYIF NYIFY	DIN VDE 0250-201	Zulässige Betriebstemperatur: 70 °C Besonders geeignet, wenn bei Bauten in Spann- oder Schüttbeton oder mit Leichtbauplatten Schlitze für das Verlegen von Leitungen aus statischen Gründen nicht zulässig sind.
PVC-Mantelleitungen 300/500 V	NYM	DIN VDE 0250-204	Zulässige Betriebstemperatur: 70 °C Für Einsatzarten, an die erhöhte Anforderungen zu stellen sind, z. B. in landwirtschaftlichen Betrieben, Molkereien, Käsereien, Wäschereien, Industrie- und Verwaltungsgebäuden.
Halogenfreie Mantelleitungen 300/500 V	NHXMH	DIN VDE 0250-214	Zulässige Betriebstemperatur: 70 °C Verbessertes Verhalten im Brandfall, halogenfrei und raucharm.
Bleimantelleitungen 300/500 V	NYBUY	DIN VDE 0250-210	Zulässige Betriebstemperatur: 70 °C Bevorzugter Einsatz, z. B. in chemischen Betrieben, in der Schwerindustrie und in bergbaulichen Betrieben.

Tabelle 16.6.3 Verwendung isolierter Starkstromleitungen für feste Verlegung; Installationsleitungen

Leiter		Übliche Farben der Isolierung oder des Mantels	Anwendung			
Anzahl	**Querschnittsbereich mm^2**		**In trockenen Räumen**	**In feuchten und nassen Räumen sowie im Freien**	**In feuergefährdeten Betriebsstätten und Lagerräumen**	**In explosionsgefährdeten Bereichen**
2 3 4 5	1,5 bis 4 1,5 bis 4 1,5 und 2,5 1,5 und 2,5	naturfarben	In und unter Putz auch in Bade- und Duschräumen in Wohnungen und Hotels. Ohne Putzabdeckung in Hohlräumen von Decken und Wänden aus nicht brennbaren Baustoffen.Nicht zulässig in Holzhäusern und in landwirtschaftlich genutzten Gebäuden bzw. in von diesen nicht durch Brandmauern getrennten Gebäudeteilen.	Nicht zulässig	Nicht zulässig	Nicht zulässig
1 2 3 4 5 7	1,5 bis 16 1,5 bis 35 1,5 bis 35 1,5 bis 35 1,5 bis 35 1,5 und 2,5	grau	Auf, in und unter Putz	Auf, in und unter Putz	Auf, in und unter Putz nach DIN VDE 0100	Auf, in und unter Putz, unter Berücksichtigung der besonderen chemischen und thermischen Einflüsse (DIN VDE 0165)
1 2 3 4 5 7	1,5 bis 16 1,5 bis 35 1,5 bis 35 1,5 bis 35 1,5 bis 35 1,5 und 2,5	grau	Auf, in und unter Putz, in Gebäuden mit hoher Personen- und Sachwertkonzentration, z. B. Krankenhäusern, Hotels, EDV-Anlagen, in Verkehrsbetrieben.			
2 3 4 5	1,5 bis 35 1,5 bis 35 1,5 bis 35 1,5 bis 6	grau	Auf, in und unter Putz, jedoch nicht in Bade- und Duschräumen in Wohnungen und Hotels.	Auf, in und unter Putz	Auf, in und unter Putz zulässig	Auf, in und unter Putz zulässig, unter Berücksichtigung der besonderen chemischen und thermischen Einflüsse (DIN VDE 0165)

Bauart und Nennspannung U_0/U	**Bauart-kurzzeichen**	**Norm**	**Hinweise**
Dachständer-Einführungsleitung 300/500 V	NYDY	DIN VDE 0250-213	Zulässige Betriebstemperatur: 70 °C Zur Verlegung siehe auch DIN 48175 Teil 1 oder Teil 2

Tabelle 16.6.3 (Fortsetzung) Verwendung isolierter Starkstromleitungen für feste Verlegung; Installationsleitungen

Leiter		Übliche Farben der Isolierung oder des Mantels	Anwendung			
Anzahl	Querschnittsbereich mm^2		In trockenen Räumen	In feuchten und nassen Räumen sowie im Freien	In feuergefährdeten Betriebsstätten und Lagerräumen	In explosionsgefährdeten Bereichen
4	10 bis 35	schwarz	Für Dachständeranschlüsse zum Einführen in Dachständerrohre	Zum Einführen in Dachständerrohre	Nicht zulässig	Nicht zulässig

Bauart und Nennspannung U_0/U	Bauart-kurzzeichen	Norm	Hinweise
Leichte Zwillingsleitungen 300/300 V	H03VH-Y	DIN VDE 0281-5	Zulässige Betriebstemperatur: 40 °C Zur Vermeidung von Überlastung sind die Leitungen fest an die Geräte anzuschließen. In Verbindung mit Gerätesteckdosen nur zulässig, wenn die Stromstärke 1 A und die Leitungslänge 2 m nicht überschreiten. Nicht geeignet für den Anschluss von Koch- und Wärmegeräten.
Zwillingsleitungen 300/300 V	H03VH-H		Zulässige Betriebstemperatur: 40 °C Nicht geeignet für den Anschluss von Koch- und Wärmegeräten.
PVC-Lichterketten-leitungen 300/300 V	H03VH7-H	DIN VDE 0281-8	Zulässige Betriebstemperatur: 60 °C Für Lichterketten mit maximal 100 W Leistung. Nicht geeignet für den Anschluss von Koch- und Wärmegeräten. Nicht geeignet für die Verwendung im Freien, in industriellen oder landwirtschaftlichen Gebäuden.
PVC-Leuchtenleitungen 300/300 V	H03VH7H-F	DIN VDE 0281-11	Zulässige Betriebstemperatur: 60 °C Für die Verwendung als Anschlussleitung darf die Länge von 2 m nicht überschritten werden. Der maximale Betriebsstrom beträgt 3 A. Nicht geeignet für den Anschluss von Koch- und Wärmegeräten. Nicht geeignet für die Verwendung im Freien, in industriellen oder landwirtschaftlichen Gebäuden.
PVC-Schlauchleitungen 03VV 300/300 V	H03VV-F H03VVH2-F	DIN VDE 0281-5	Zulässige Betriebstemperatur: 60 °C Flache Ausführung H03VVH2-F nur zweiadrig mit 0,5 mm^2 und 0,75 mm^2. Nicht geeignet für den Anschluss von Koch- und Wärmegeräten.

Tabelle 16.7.1 Verwendung isolierter Starkstromleitungen für den Anschluss ortsveränderlicher Stromverbraucher; PVC-isolierte Leitungen

Leiter		Übliche Farben des Mantels	Anwendung	
Anzahl	Querschnittsbereich mm^2		Einsatz	Zulässige Beanspruchung
2	0,1	schwarz weiß grau	In trockenen Räumen, wie Haushalten und Büroräumen	Zum Anschluss besonders leichter Handgeräte, z. B. elektrischer Rasierapparate
2	0,5 und 0,75	schwarz weiß braun	In trockenen Räumen, wie Haushalten, Küchen und Büroräumen	Bei sehr geringen mechanischen Beanspruchungen für leichte Elektrogeräte, z. B. Rundfunkgeräte, Tischleuchten
1	0,5 und 0,75	grün	In trockenen Räumen	Bei sehr geringen mechanischen Beanspruchungen für Innenraum-Lichterketten mit in Reihe geschalteten E5-Lampenfassungen
2	0,5	schwarz weiß		Bei sehr geringen mechanischen Beanspruchungen für die innere Verdrahtung oder den Anschluss von Leuchten
2 3 4	0,5 und 0,75 0,5 und 0,75 0,5 und 0,75	schwarz weiß	In trockenen Räumen, wie Haushalten, Küchen und Büroräumen. Nicht in gewerblichen und landwirtschaftlichen Betrieben.	Bei geringen mechanischen Beanspruchungen für leichte Elektrogeräte, z. B. Büromaschinen, Tischleuchten, Küchenmaschinen

Bauart und Nennspannung U_0/U	**Bauart-kurzzeichen**	**Norm**	**Hinweise**
PVC-Schlauchleitungen 05VV 300/500 V	H05VV-F H05VVH2-F	DIN VDE 0281-5	Zulässige Betriebstemperatur: 60 °C Flache Ausführung H05VVH2-F nur zweiadrig mit 0,75 mm² und 1 mm². Für Koch- und Wärmegeräte nur dann zulässig, wenn eine Berührung der Leitung mit heißen Teilen des Geräts oder andere Wärmeeinflüsse ausgeschlossen sind.
Wärmebeständige PVC-Schlauchleitungen 03V2V2 300/300 V	H03V2V2-F H03V2V2H2-F	DIN VDE 0281-12	Zulässige Betriebstemperatur: 90 °C Flache Ausführung H03V2V2H2-F nur zweiadrig mit 0,5 mm² und 0,75 mm².
Wärmebeständige PVC-Schlauchleitungen 05V2V2 300/500 V	H05V2V2-F H05V2V2H2-F H05V2V2D3-F		Zulässige Betriebstemperatur: 90 °C Flache Ausführung H05V2V2H2-F nur zweiadrig mit 0,75 und 1 mm². Ausführung H05V2V2D3-F mit Zugentlastungselementen nur 2-, 3- und 4-adrig mit 0,75 mm².

Tabelle 16.7.1 (Fortsetzung) Verwendung isolierter Starkstromleitungen für den Anschluss ortsveränderlicher Stromverbraucher; PVC-isolierte Leitungen

Leiter		Übliche Farben des Mantels	Anwendung	
Anzahl	Querschnittsbereich mm^2		Einsatz	Zulässige Beanspruchung
2 3 4 5 7	0,75 bis 4 0,75 bis 4 0,75 bis 4 0,75 bis 4 1 bis 2,5	schwarz weiß	In trockenen Räumen; für Haus- und Küchengeräte auch in feuchten und nassen Räumen. Nicht in gewerblichen und landwirtschaftlichen Betrieben; jedoch zulässig in Schneiderwerkstätten und ähnlichen Betrieben.	Bei mittleren mechanischen Beanspruchungen für den Anschluss von Elektrogeräten, z. B. Waschmaschinen, Wäscheschleudern, Kühlschränken usw. Feste Verlegung zulässig, z. B. in Möbeln, Dekorationsverkleidungen, Stellwänden.
2 3 4	0,5 und 0,75 0,5 und 0,75 0,5 und 0,75	schwarz weiß	In trockenen Räumen, wie Haushalten, Küchen und Büroräumen. Bei hohen Umgebungstemperaturen. Für interne Verdrahtung. Nicht in gewerblichen und landwirtschaftlichen Betrieben.	Bei geringen mechanischen Beanspruchungen für leichte Koch- und Heizgeräte und Leuchten, wenn eine Berührung der Leitung mit heißen Teilen des Geräts oder andere Einflüsse wie Wärmestrahlung ausgeschlossen sind. Berührung der Leitung mit der Haut ist zu vermeiden.
2 3 4 5	0,75 bis 4 0,75 bis 4 0,75 bis 4 0,75 bis 4	schwarz weiß	In trockenen Räumen; für Haus- und Küchengeräte auch in feuchten und nassen Räumen. Bei hohen Umgebungstemperaturen. Nicht in gewerblichen und landwirtschaftlichen Betrieben; jedoch zulässig in Schneiderwerkstätten und ähnlichen Betrieben.	Bei mittleren mechanischen Beanspruchungen für Koch- und Heizgeräte und Leuchten, wenn eine Berührung der Leitung mit heißen Teilen des Geräts oder andere Einflüsse wie Wärmestrahlung ausgeschlossen sind. Berührung der Leitung mit der Haut ist zu vermeiden. H05V2V2D3-F für den Anschluss von Pendelleuchten.

Bauart und Nennspannung U_0/U	Bauart-kurzzeichen	Norm	Hinweise
Ölbeständige PVC-Steuerleitungen 300/500 V	H05VV5-F	DIN VDE 0281-13	Zulässige Betriebstemperatur: 60 °C Hohe Beständigkeit des Außenmantels gegen die Einwirkung von Feuchtigkeit, Ölen, Fetten und Chemikalien
Ölbeständige PVC-Steuerleitungen mit Schirmgeflecht 300/500 V	H05VVC4V5-K		

Tabelle 16.7.2 Verwendung isolierter Starkstromleitungen für den Anschluss ortsveränderlicher Stromverbraucher; PVC-Steuerleitungen

Bauart und Nennspannung U_0/U	Bauart-kurzzeichen	Norm	Hinweise
Lichtbogen-schweißleitungen 100/100 V	H01N2-D	DIN VDE 0282-6	Zulässige Betriebstemperatur: 85 °C
	H01N2-E		

Tabelle 16.7.3 Verwendung isolierter Starkstromleitungen für den Anschluss ortsveränderlicher Stromverbraucher; Schweißleitungen

Leiter		Übliche Farben des Mantels	Anwendung	
Anzahl	Querschnittsbereich mm²		Einsatz	Zulässige Beanspruchung
2 bis 60	0,5 bis 2,5	grau	In trockenen, feuchten und nassen Räumen. Im Freien nur bei fester Verlegung und vor direkter Sonneneinstrahlung geschützt.	Bei mittleren mechanischen Beanspruchungen für flexible Anwendung ohne Zugbeanspruchung und ohne zwangsweise Bewegungsführung sowie für feste Verlegung. Als Verbindungs- und Anschlussleitungen für Steuergeräte, Fertigungsstraßen und Werkzeugmaschinen.
2 bis 60	0,5 bis 2,5			Bei mittleren mechanischen Beanspruchungen für gelegentliche, nicht ständig wiederkehrende Bewegungen sowie für feste Verlegung. Als Verbindungs- und Anschlussleitungen für Steuergeräte, Fertigungsstraßen und Werkzeugmaschinen, bei denen ein Schutz gegen elektromagnetische Einflüsse gefordert wird.

Leiter		Übliche Farben des Mantels	Anwendung	
Anzahl	Querschnittsbereich mm²		Einsatz	Zulässige Beanspruchung
1	10 bis 185	schwarz	In trockenen, feuchten und nassen Räumen sowie im Freien.	Als Maschinen- und Hand-Schweißleitung bei hohen mechanischen Beanspruchungen.
				Hochbewegliche Hand-Schweißleitung bei hohen mechanischen Beanspruchungen.

Bauart und Nennspannung U_0/U	**Bauart-kurzzeichen**	**Norm**	**Hinweise**
Gummiaderschnüre 300/300 V	H03RT-F	DIN VDE 0282-4	Zulässige Betriebstemperatur: 60 °C Wärmebeständiges Textilgeflecht anstelle eines Mantels.
Gummi-Lichterketten-leitungen 300/300 V	H03RN-F	DIN VDE 0282-8	Zulässige Betriebstemperatur: 60 °C Für Lichterketten mit maximal 20 m Länge. Leiterquerschnitt 0,5 mm^2 für den Einsatz mit miniaturisierten Lampen-fassungen und 0,75 mm^2 für den Einsatz mit E14-Lampenfassungen.
Gummi-Lichterketten-leitungen 300/500 V	H05RN-F H05RNH2-F		Zulässige Betriebstemperatur: 60 °C Zweiadrige Leitung nur in flacher Ausführung.
Gummischlauch-leitungen 05RR 300/500 V	H05RR-F	DIN VDE 0282-4	Zulässige Betriebstemperatur: 60 °C Für die Verwendung im Freien sind nur Leitungen mit schwarzem Mantel zuge-lassen, wenn die Eignung nachgewiesen ist.
Gummischlauch-leitungen 05RN 300/500 V	H05RN-F		Zulässige Betriebstemperatur: 60 °C Ausführung mit vier Adern und Leiter-nennquerschnitt 0,75 mm^2 als A05RN-F.

Tabelle 16.7.4 Verwendung isolierter Starkstromleitungen für den Anschluss ortsveränderlicher Stromverbraucher; Leitungen mit Gummi-Isolierung

Leiter		Übliche Farben des Mantels	Anwendung	
Anzahl	Querschnittsbereich mm^2		Einsatz	Zulässige Beanspruchung
2 3	0,75 bis 1,5 0,75 bis 1,5	Textilgeflecht blau-weiß	In trockenen Räumen, wie Haushalten, Küchen und Büroräumen. Nicht in gewerblichen und landwirtschaftlichen Betrieben; jedoch zulässig in Schneiderwerkstätten und ähnlichen Betrieben.	Bei geringen mechanischen Beanspruchungen für leichte Elektrogeräte, z. B. Heizkissen.
1	0,5 und 0,75	schwarz grün	In trockenen, feuchten und nassen Räumen sowie im Freien.	Bei geringen mechanischen Beanspruchungen für Lichterketten, z. B. Weihnachtsbaumbeleuchtung und gleichartige, vorübergehend installierte Dekorationszwecke. Nationale Verlegebestimmungen müssen beachtet werden, z. B. in Fragen der Schutzkleinspannung, des Schutzes durch elektrische Trennung und Installation außerhalb des Handbereichs.
1 2	0,75 bis 1,5 1,5 und 2,5			
2 3 4 5	0,75 bis 2,5 0,75 bis 6 0,75 bis 6 0,75 bis 2,5	schwarz	In trockenen Räumen, wie Haushalten, Küchen und Büroräumen. Nicht in gewerblichen und landwirtschaftlichen Betrieben; jedoch zulässig in Schneiderwerkstätten und ähnlichen Betrieben.	Bei geringen mechanischen Beanspruchungen für den Anschluss von Elektrogeräten, z. B. Staubsauger, Bügeleisen, Küchengeräte, Lötkolben. Feste Verlegung zulässig, z. B. in Möbeln, Dekorationsverkleidungen, Stellwänden.
2 3	0,75 und 1 0,75 und 1		In trockenen, feuchten und nassen Räumen sowie im Freien.	Bei geringen mechanischen Beanspruchungen für den Anschluss von Elektrogeräten und -werkzeugen, z. B. Friteusen, Küchenmaschinen, Lötkolben, Heckenscheren. Feste Verlegung zulässig, z. B. in Hohlräumen von Fertigbauteilen.

Bauart und Nennspannung U_0/U	**Bauart-kurzzeichen**	**Norm**	**Hinweise**
Gummischlauch-leitungen 07RN 450/750 V	H07RN-F	DIN VDE 0282-4	Zulässige Betriebstemperatur: 60 °C Zulässig bei fester, geschützter Verlegung in Rohren oder in Geräten sowie als Läuferanschlussleitung für Motoren mit einer Nennspannung bis 1000 V Wechsel-spannung (Leiter gegen Leiter) oder Gleichspannung bis 750 V gegen Erde. Bei Verwendung in Schienenfahrzeugen ist eine Betriebsgleichspannung von 900 V gegen Erde zulässig.
Gummischlauch-leitungen 0,6/1 kV	NSSHÖU	DIN VDE 0250-812	Zulässige Betriebstemperatur: 90 °C
Wärme- und kältebeständige EPR-Schlauchleitung 300/500 V	H05BB-F	DIN VDE 0282-12	Zulässige Betriebstemperatur: 90 °C
Wärme- und kältebeständige EPR-Schlauchleitung 450/750 V	H07BB-F		Zulässige Betriebstemperatur: 90 °C Zulässig bei fester, geschützter Verlegung in Rohren oder in Geräten sowie als Läuferanschlussleitung für Motoren mit einer Nennspannung bis 1000 V Wechsel-spannung (Leiter gegen Leiter) oder Gleichspannung bis 750 V gegen Erde.

Tabelle 16.7.4 (Fortsetzung) Verwendung isolierter Starkstromleitungen für den Anschluss orts-veränderlicher Stromverbraucher; Leitungen mit Gummi-Isolierung

Leiter		Übliche Farben des Mantels	Anwendung	
Anzahl	**Querschnittsbereich mm^2**		**Einsatz**	**Zulässige Beanspruchung**
1 2 3 4 5 7 bis 18 19 bis 36	1,5 bis 500 1 bis 25 1 bis 300 1 bis 300 1 bis 25 1,5 bis 4 1,5 bis 2,5	schwarz	In trockenen, feuchten und nassen Räumen sowie im Freien. In landwirtschaftlichen und feuergefährdeten Betriebsstätten. In explosionsgefährdeten Bereichen gemäß DIN VDE 0165	Bei mittleren mechanischen Beanspruchungen für den Anschluss auch gewerblich genutzter Elektrogeräte und -werkzeuge, z. B. große Kochkessel, Heizplatten, Bohrmaschinen, Kreissägen, fahrbare Motoren oder Maschinen auf Baustellen. Für feste Verlegung, z. B. in provisorischen Bauten sowie direkte Verlegung auf Bauteilen von Hebezeugen, Maschinen.
1 2 3 4 5 7 bis 36	2,5 bis 400 1,5 bis 185 1,5 bis 185 1,5 bis 185 1,5 bis 70 1,5 bis 4	gelb		Bei schweren mechanischen Beanspruchungen für schwere Geräte und Werkzeuge auf Baustellen, in der Industrie, in Steinbrüchen, Tagebauen und im Bergbau unter Tage.
2 3 und 4 5	0,75 bis 2,5 0,75 bis 6 0,75 bis 2,5	schwarz	In trockenen Räumen, wie Haushalten, Küchen und Büroräumen. Nicht in gewerblichen und landwirtschaftlichen Betrieben; jedoch zulässig in Schneiderwerkstätten und ähnlichen Betrieben. Für den dauernden Einsatz im Freien ist ein schwarzer Mantel erforderlich	Bei geringen mechanischen Beanspruchungen für den Anschluss von Elektrogeräten, z. B. Staubsauger, Bügeleisen, Küchengeräte, Lötkolben.
1 2 3 und 4 5	1,5 bis 500 1 bis 25 1 bis 300 1 bis 25		In trockenen, feuchten und nassen Räumen sowie im Freien. In gewerblichen und landwirtschaftlichen Betrieben. Für den dauernden Einsatz im Freien ist ein schwarzer Mantel erforderlich	Bei mittleren mechanischen Beanspruchungen für den Anschluss auch gewerblich genutzter Elektrogeräte und -werkzeuge, z. B. große Kochkessel, Heizplatten, Bohrmaschinen, Kreissägen, fahrbare Motoren oder Maschinen auf Baustellen. Für feste Verlegung, z. B. in provisorischen Bauten sowie direkte Verlegung auf Bauteilen von Hebezeugen, Maschinen.

Bauart und Nennspannung U_0/U	**Bauart-kurzzeichen**	**Norm**	**Hinweise**
Wärmebeständige Gummischlauchleitung 300/500 V	H05BN4-F	DIN VDE 0282-12	Zulässige Betriebstemperatur: 90 °C
Wärmebeständige Gummischlauchleitung 450/750 V	H07BN4-F		Zulässige Betriebstemperatur: 90 °C Zulässig bei fester, geschützter Verlegu in Rohren oder in Geräten sowie als Läuferanschlussleitung für Motoren mit einer Nennspannung bis 1000 V Wechs spannung (Leiter gegen Leiter) oder Gleichspannung bis 750 V gegen Erde.
Halogenfreie Gummischlauchleitung 450/750 V	H07ZZ-F	DIN VDE 0282-13	Zulässige Betriebstemperatur: 70 °C Zulässig bei fester, geschützter Verlegur in Rohren oder in Geräten sowie als Läuferanschlussleitung für Motoren mit einer Nennspannung bis 1000 V Wechse spannung (Leiter gegen Leiter) oder Gleichspannung bis 750 V gegen Erde.
EVA-Schlauchleitungen 300/500 V	H05GG-F H05GGH2-F	DIN VDE 0282-11	Zulässige Betriebstemperatur: 110 °C Flache Ausführung H05GGH2-F nur zweiadrig mit 0,75 mm^2.
Silikon-Schlauchleitungen ohne Zugentlastungselement	H05SS-F oder H05SST-F	DIN VDE 0282-15	Zulässige Betriebstemperatur: 180 °C Einwirkung von überhitztem Wasserdampf und Rauchgasen schädigt die Lei tungen. Bei Luftabschluss in Verbindung mit Te peraturen über 100 °C tritt eine Vermind rung der mechanischen Eigenschaften d Silikonkautschuks auf.
Silikon-Schlauchleitungen mit Zugentlastungselement	H05SS-F oder H05SSD3T-K		

Tabelle 16.7.4 (Fortsetzung) Verwendung isolierter Starkstromleitungen für den Anschluss ortsveränderlicher Stromverbraucher; Leitungen mit Gummi-Isolierung

Leiter		Übliche Farben des Mantels	Anwendung	
Anzahl	Querschnittsbereich mm^2		Einsatz	Zulässige Beanspruchung
2 und 3	0,75 und 1	schwarz	In trockenen Räumen, wie Haushalten, Küchen und Büroräumen. Nicht in gewerblichen und landwirtschaftlichen Betrieben; jedoch zulässig in Schneiderwerkstätten und ähnlichen Betrieben.	Bei geringen mechanischen Beanspruchungen für den Anschluss von Elektrogeräten, z. B. Staubsauger, Bügeleisen, Küchengeräte, Lötkolben.
1 2 3 und 4 5 6 bis 36 6 bis 18	1,5 bis 500 1 bis 25 1 bis 300 1 bis 25 1,5 und 2,5 1,5 bis 4		In trockenen, feuchten und nassen Räumen sowie im Freien. In landwirtschaftlichen und feuergefährdeten Betriebsstätten. In explosionsgefährdeten Bereichen gemäß DIN VDE 0165.	Bei mittleren mechanischen Beanspruchungen für den Anschluss auch gewerblich genutzter Elektrogeräte und -werkzeuge, z. B. große Kochkessel, Heizplatten, Bohrmaschinen, Kreissägen, fahrbare Motoren oder Maschinen auf Baustellen. Für feste Verlegung, z. B. in provisorischen Bauten sowie direkte Verlegung auf Bauteilen von Hebezeugen, Maschinen.
1 2 3 und 4 5 6 bis 36 6 bis 18	1,5 bis 500 1 bis 25 1 bis 300 1 bis 25 1,5 und 2,5 1,5 bis 4		In trockenen, feuchten und nassen Räumen und vorübergehend im Freien. In landwirtschaftlichen und feuergefährdeten Betriebsstätten. In explosionsgefährdeten Bereichen gemäß DIN VDE 0165. Speziell für Anwendungsfälle, bei denen im Brandfall nur geringe Mengen von Rauch und korrosiven Gasen entstehen dürfen.	
2 3 4 5	0,75 bis 2,5 0,75 bis 6 0,75 bis 6 0,75 bis 2,5	grau	In trockenen, feuchten und nassen Räumen sowie im Freien.	Bei mittleren mechanischen Beanspruchungen und erhöhten Umgebungstemperaturen für den Anschluss von Koch- und Wärmegeräten, z. B. Herde, Elektrospeicherheizgeräte.
2 3 4 5	0,75 bis 2,5 0,75 bis 6 0,75 bis 6 0,75 bis 2,5	braun	In trockenen, feuchten und nassen Räumen sowie im Freien, bei hohen Umgebungstemperaturen oder bei Berührung mit heißen Oberflächen.	Für die feste Verlegung in oder an Leuchten in gewerblichen Anlagen bei mechanisch geschützter Verlegung und für die Verwendung an Geräten, die beim Gebrauch bewegt und geringen mechanischen Belastungen ausgesetzt sind.
2 3 4 5	0,75 und 1 0,75 und 1 0,75 und 1 0,75 und 1			Für die feste Verlegung in oder an Leuchten in gewerblichen Anlagen bei mechanisch geschützter Verlegung.

Bauart und Nennspannung U_0/U	Bauart-kurzzeichen	Norm	Hinweise
Flexible Aufzugs-steuerleitungen 300/500 V	H05VVH6-F H05VVD3H6-F	DIN EN 50214 / VDE 0283-2	Zulässige Betriebstemperatur: 70 °C Nicht für die Verwendung im Freien bestimmt.
	H05V3V3H6-F H05V3V3D3H6-F		Zulässige Betriebstemperatur: 70 °C
PVC-Flachleitungen 450/750 V	H07VVH6-F H07VVD3H6-F	DIN VDE 0281-404	Zulässige Betriebstemperatur: 70 °C Nicht für die Verwendung im Freien bestimmt.
Gummi-Flachleitungen 300/500 V	NGFLGÖU	DIN VDE 0250-809	Zulässige Betriebstemperatur: 60 °C
Gummischlauch-leitungen 0,6/1 kV	NSHTÖU	DIN VDE 0250-814	Zulässige Betriebstemperatur: 60 °C

Tabelle 16.7.5 Verwendung isolierter Starkstromleitungen für den Anschluss ortsveränderlicher Stromverbraucher; Leitungen für Hebezeuge, Leitungstrassen

Leiter		Übliche Farben des Mantels	Anwendung	
Anzahl	**Querschnittsbereich mm^2**		**Einsatz**	**Zulässige Beanspruchung**
4 bis 24	0,75 und 1	schwarz	In trockenen, feuchten und nassen Räumen nicht unter 0 °C oder über + 40 °C.	Als Steuerleitung für Aufzüge mit Einhängelängen bis 35 m und Fahrgeschwindigkeiten nicht über 1,6 m/s.
			In Innenräumen und im Freien ohne Einfluss von Regen, Schnee oder direktem Sonnenlicht, Umgebungstemperatur –15 °C bis + 40 °C.	Als Steuerleitung ohne Zugentlastungselemente für Aufzüge mit Einhängelängen bis 45 m und Fahrgeschwindigkeiten nicht über 4 m/s. Bei Fahrgeschwindigkeiten über 4 m/s bis einschließlich 6,3 m/s Leitungen mit Zugentlastungselementen verwenden.
3 bis 12 4 und 5	1,5 und 2,5 4 bis 25		In trockenen, feuchten und nassen Räumen nicht unter 0 °C oder über + 40 °C.	Bei mittleren mechanischen Beanspruchungen und betriebsmäßig starken Biegungen in einer Ebene, als Energie- und Steuerleitung, z. B. in Hebezeugen, Transportanlagen, Werkzeugmaschinen.
3 bis 24 3 bis 8 3 bis 7 3 und 4	1 bis 2,5 1 bis 4 1 bis 35 1 bis 95		In trockenen, feuchten und nassen Räumen sowie im Freien. In feuergefährdeten Betriebsstätten, auf Baustellen und in gewerblichen Betrieben. In explosions–gefährdeten Bereichen nach DIN VDE 0165.	
3 und 4 5 bis 7 vieladrig, vorzugsw. 12 und 18	1,5 bis 240 1,5 bis 95 1,5 bis 4		Im Tagebau und in Steinbrüchen.	Bei hohen mechanischen Beanspruchungen, vorzugsweise für zwangsweise Führung, z. B. Trommeln oder Umlenken, für Hebezeuge, Transport- und Förderanlagen.

Bauart und Nennspannung U_0/U	**Bauart-kurzzeichen**	**Norm**	**Hinweise**
Leitungstrossen 0,6/1 kV bis 3,6/6 kV	NTSWÖU	DIN VDE 0250-813	Zulässige Betriebstemperatur: 90 °C
Leitungstrossen 1,8/3 kV bis 8,7/15 kV 12/20 kV und 18/30 kV 20/35 kV	NTSCGEWÖU		

Tabelle 16.7.5 (Fortsetzung) Verwendung isolierter Starkstromleitungen für den Anschluss ortsveränderlicher Stromverbraucher; Leitungen für Hebezeuge, Leitungstrassen

Leiter		Übliche Farben des Mantels	Anwendung	
Anzahl	Querschnittsbereich mm²		Einsatz	Zulässige Beanspruchung
1 bis 4 3×..+3×../3 und 3×..+3×../3E und 3×../..KON	2,5 bis 185 2,5 bis 150	schwarz (1 kV) rot (ab 3 kV)	In trockenen, feuchten und nassen Räumen sowie im Freien. In feuergefährdeten Betriebsstätten, auf Baustellen und in gewerblichen Betrieben. In explosionsgefährdeten Bereichen nach DIN VDE 0165. Im Tagebau, in Steinbrüchen und im Bergbau unter Tage nach DIN VDE 0118 und auf Baustellen unter Tage (Tunnelbau).	Bei hohen mechanischen Beanspruchungen für den Anschluss von Hebezeugen, Transport- und Förderanlagen. Für zwangsweise Führung, wie z. B. betriebsmäßiges Auf- und Abwickeln auf Leitungstrommeln mit und ohne Umlenkung.
5 bis 7 vieladrig, vorzugsweise 12 und 18	2,5 bis 95 2,5 und 4	rot		

17 Erdung [540, 540 E]

Aufgabe der Erdung ist es, für alle mit der Erde verbundenen Teile ein gemeinsames Potential, das Erd- oder Nullpotential, zur Verfügung zu stellen. Man unterscheidet Erdungsanlagen für Schutz- und Funktionszwecke, die gemeinsam oder getrennt, je nach den Erfordernissen der elektrischen Anlage, verwendet werden. Daraus folgt, dass die Erdung die Bedingungen jeweils für die Schutz- und Funktionszwecke erfüllen muss. Bei einer gemeinsamen Anlage haben die Festlegungen für den Schutz Vorrang.

17.1 Erdungsanlage

Die Erdungsanlage muss so errichtet werden, dass der erforderliche Ausbreitungswiderstand des Erders erreicht wird und dauerhaft erhalten bleibt. Entsprechend den Bodenverhältnissen sollte ein möglichst niedriger Wert angestrebt werden. Erdfehler- und Erdableiterströme müssen ohne Gefahr, z. B. durch thermische oder elektrodynamische Beanspruchungen, abgeleitet werden können. Die verwendeten Betriebsmittel und Materialien der Erdungsanlage müssen den zu erwartenden äußeren Einflüssen (Korrosion, mechanische Beschädigungen) standhalten oder entsprechend geschützt werden. Dabei ist darauf zu achten, dass elektrochemische Korrosion bei Verbindungen von Erdern aus unterschiedlichen Werkstoffen und bei möglichen Verbindungen des Erders mit anderen in Erde vorhandenen Systemen vermieden wird.

17.2 Erder

Beispiele:

- Stab- oder Rohrerder
- Band- oder Seilerder
- Plattenerder
- Fundamenterder
- Metallbewehrung von im Erdreich eingebettetem Beton
- metallene Wasserrohrnetze (nur mit Zustimmung des Betreibers der Rohranlagen)
- unterirdische Konstruktionsteile, die in Erde eingebettet sind

Die Wirksamkeit des Erders ist abhängig von den örtlichen Bodenverhältnissen (spezifischer Erdwiderstand) und dem Ausbreitungswiderstand (Art und Zahl der Erder). Der Ausbreitungswiderstand kann berechnet oder, wenn für die Herstellung des Erders entsprechende Erfahrungen vorliegen, nach dem Einbringen des Erders gemessen werden.

Anforderungen:

- Art und Verlegungstiefe des Erders müssen so ausgewählt werden, dass das Austrocknen oder Gefrieren des Bodens den Erdungswiderstand des Erders nicht über den erforderlichen Wert erhöht (Mindesttiefe des Erders 0,8 m).
- Unter Berücksichtigung der Bodenverhältnisse muss die Ausführung des Erders und der Erderwerkstoffe so ausgewählt werden, dass sie den zu erwartenden Korrosionseinflüssen dauerhaft widerstehen. Dennoch sollte bei der Planung der Erdungsanlage ein mögliches Ansteigen des Erdungswiderstands infolge von Korrosionen berücksichtigt werden.
- Wasserrohrnetze dürfen nur mit Zustimmung des Betreibers als Erder benutzt werden und wenn sichergestellt wird, dass bei Änderung des Wasserrohrnetzes die Wirksamkeit des Erders erhalten oder auf andere Weise wieder hergestellt wird.
- Andere metallene Rohrleitungen (z. B. für Heizungsanlagen, brennbare Gase oder Flüssigkeiten) dürfen nicht als Erder benutzt werden. Dies schließt nicht aus, dass sie innerhalb der elektrischen Versorgungseinrichtung in den Potentialausgleich einzubeziehen sind.
- Metallene Umhüllungen für Kabelanlagen (Bleimäntel, metallene Gehäuse von Garnituren) können als Erder benutzt werden.
- Werkstoffe für Erder und ihre Mindestmaße unter Berücksichtigung der mechanischen Festigkeit und möglicher Korrosion sind in **Tabelle 17.1** angegeben.

Werkstoff	Oberfläche	Form	Mindestmaße				
			Durch-messer mm	Quer-schnitt mm	Dicke mm	Beschichtung/Mantel Einzelwert µm	Beschichtung/Mantel Mittelwert µm
Stahl	feuerverzinkt[1] und nicht rostend [2]	Band [3]		90	3	63	70
		Profil		90	3	63	70
		Rundstab für Tiefenerder	20			63	70
		Runddraht für Tiefenerder	10				50 [5]
		Rohr	25		2	47	
	mit Kupfermantel	Rundstab für Tiefenerder	15			2000	
	elektrolytisch verkupfert	Rundstab für Tiefenerder	17,3			254	300
Kupfer	blank	Band		50	2		
		Runddraht für Oberflächen-erder[7]		25[6]			
		Seil	1,8 für Einzeldraht	35			
		Rohr	20		2		
	verzinnt	Seil	1,8 für Einzeldraht	35		1	5
	verzinnt	Band [4]		50	2	20	40

Praxisnahe Ausführungen sind grau unterlegt

1) Verwendbar auch für Einbettung in Beton.
2) Beschichtung entfällt.
3) Band in gewalzter Form oder geschnitten und mit gerundeten Kanten.
4) Band mit gerundeten Kanten.
5) Bei Verzinkung im Durchlaufbad zz. fertigungstechnisch nur 50 µm herstellbar.
6) Bei sehr geringem Risiko einer Korrosion und einer mechanischen Beschädigung kann auch $16\ mm^2$ verwendet werden.
7) Ein Erder, der bis zu einer Tiefe von 0,5 m verlegt wird, gilt als Oberflächenerder.

Tabelle 17.1 Werkstoffe und ihre Mindestmaße bezüglich Korrosion und mechanischer Festigkeit bei blanker Verlegung in Erde
(Daten aus IEC 64/1134/CD (VDE 0100-540):2000-11, Tabelle 54 A)

17.3 Erdungsleiter

- Der Mindestquerschnitt des Erdungsleiters ist nach der **Tabelle 17.2** zu ermitteln.

Mindestquerschnitte von Erdungsleitern	**mechanisch geschützt**	**mechanisch ungeschützt**
mit Korrosionsschutz	wie Schutzleiterquerschnitt Abschnitt 18.1	16 mm^2 Cu 16 mm^2 Fe feuerverzinkt
ohne Korrosionsschutz	25 mm^2 Cu 50 mm^2 Fe feuerverzinkt	

Tabelle 17.2 Mindestquerschnitte von Erdungsleitern bei Verlegung in Erde

- Der Anschluss des Erdungsleiters an einen Erder muss zuverlässig und elektrotechnisch einwandfrei ausgeführt werden. Bei der Verwendung von Erdungsschellen darf weder der Erder noch der Erdungsleiter mechanisch beschädigt werden.

17.4 Haupterdungsklemme oder -schiene

In jeder Anlage muss eine Haupterdungsklemme oder Haupterdungsschiene für den Hauptpotentialausgleich vorgesehen werden. Damit verbunden werden

- Erdungsleiter
- Schutzleiter
- Hauptpotentialausgleichsleiter
- Erdungsleiter für Funktionszwecke, soweit vorhanden

Die Verbindungen müssen mechanisch fest und dauerhaft elektrisch gut leitend sein.

Es müssen Vorrichtungen an zugänglicher Stelle vorgesehen werden, um jeden Leiter einzeln von der Erdungsschiene trennen zu können. Um die Messung des Widerstands der Erdungsanlage zu ermöglichen, muss der Erdungsleiter von der Haupterdungsschiene getrennt werden. Das Lösen einer solchen Verbindung darf nur mit Werkzeug möglich sein.

Wenn die Haupterdungsklemme oder -schiene einer Anlage für Funktionserdungszwecke verwendet wird, ist sie für Zwecke der Informationstechnik der Verbindungspunkt zum Erder.

17.5 Verbindung zwischen Erdungsanlagen verschiedener Systeme

Wenn die Möglichkeit besteht, unabhängige Erdungen verschiedener Niederspannungsanlagen über Kommunikationseinrichtungen zu verbinden, sollten faseroptische Kabel bevorzugt werden. Wenn leitfähige Verbindungen vorgesehen sind, wird dringend empfohlen, nur geschirmte Kabel zu verwenden.

Außerdem sollte parallel zum geschirmten Kabel ein Kupferleiter geführt werden. Sein Querschnitt sollte dem eines Erdungsleiters entsprechen. Er kann isoliert (z. B. im Rohr) geführt oder auch direkt in Erde verlegt werden, um so als zusätzlicher Erder zu wirken.

18 Schutzleiter [540, 540 E]

18.1 Querschnitt

Ermittlung des Querschnitts durch Berechnung:

$$S = \frac{\sqrt{I^2 \cdot t}}{k}$$

S Querschnitt in mm^2

I Fehlerstrom, der durch die Schutzeinrichtung fließt, in A

t Ansprechzeit der Abschalteinrichtung in s. Die Berechnung gilt nur für Abschaltzeiten ≤ 5 s.

k Materialfaktor k in $A \cdot \sqrt{s}/mm^2$ nach **Tabelle 18.1**

Nach der Berechnung müssen Leiter mit dem ermittelten oder nächsthöheren Standardquerschnitt eingesetzt werden.

Ermittlung des Querschnitts nach Tabelle 18.2

Der Schutzleiterquerschnitt wird nach den Querschnitten der Außenleiter bemessen. Dies setzt voraus, dass Schutz- und Außenleiter aus demselben Material bestehen. Trifft das nicht zu, ist der Querschnitt des Schutzleiters auf dieselbe Leitfähigkeit umzurechnen, wie sie bei der Anwendung der **Tabelle 18.2** vorgegeben wird.

Mindestquerschnitt des Schutzleiters: Wenn der Schutzleiter getrennt vom Zuleitungskabel bzw. von der Versorgungsleitung verlegt wird, also nicht Bestandteil von Kabel oder Leitung ist, darf der berechnete oder nach Tabelle 18.2 ermittelte Querschnitt des Schutzleiters in keinem Fall kleiner sein als:

- 2,5 mm^2 mit mechanischem Schutz
- 4 mm^2 ohne mechanischem Schutz

Wenn ein Schutzleiter gemeinsam für mehrere Stromkreise verwendet wird, ist sein Querschnitt entsprechend dem Querschnitt des größten Außenleiters zu bemessen.

18.2 Arten von Schutzleitern

Als Schutzleiter dürfen verwendet werden:

- Leiter in mehradrigen Kabeln und Leitungen
- isolierte und blanke Leiter in gemeinsamer Umhüllung mit aktiven Leitern

k-Faktor $\frac{A \cdot \sqrt{s}}{mm^2}$	Leiter-material	Ausgangs-temperatur °C	Isoliermaterial			
			PVC	VPE EPR	Gummi	PE
isolierte Schutzleiter, getrennt verlegt	Cu Al St	30	143 95 52	176 116 64	159 105 58	
Schutzleiter als Ader von Kabeln und Leitungen	Cu Al St	PVC 70 VPE/EPR 90 Gummi 60	115 76 42	143 94 52	141 93 51	
Schutzleiter als Umhüllung von Kabeln und Leitungen	Cu Al St Bb	PVC 60 VPE/EPR 80 Gummi 55	141 93 51 26	128 85 46 23	144 95 52 26	
blanke Schutzleiter mit Berührung der Umhüllung von Kabel und Leitung	Cu Al St	30	159 105 58			138 91 50
Schutzleiter als Kanäle oder Rohre Mantelisolierung	St	PVC 50 VPE/EPR 60 Gummi 45	47	58	54	
			1)	2)	3)	
blanke Schutzleiter ohne Gefährdung benachbarter Teile	Cu Al St	30	228 125 85	159 105 58	138 91 50	

1) Verlegung sichtbar und im abgegrenzten Bereich
2) Normale Bedingungen
3) Feuergefährdung

Tabelle 18.1 Werte für *k*-Faktoren unter den angegebenen Parametern. Bei abweichenden Parametern muss der *k*-Faktor berechnet werden nach DIN VDE 0100-540, Anhang A.

Querschnitt des Außenleiters *S* mm²	Mindestquerschnitt des entsprechenden Schutzleiters mm²
$S \leq 16$	S
$16 < S \leq 35$	16
$S > 35$	$S/2$

Tabelle 18.2 Mindestquerschnitt des Schutzleiters in Abhängigkeit vom zugeordneten Außenleiterquerschnitt

- fest verlegte blanke oder isolierte Leiter
- metallene Mäntel, Schirme, Bewehrungen, Drahtgeflechte, Kabelbahnen und -kanäle sowie fremde leitfähige Teile, wenn eine dauerhafte durchgehende Verbindung und ein ausreichender Querschnitt vorhanden sind und an jeder dafür vorgesehenen Stelle Schutzleiter angeschlossen werden können. Für alle Anwendungen sind Maßnahmen gegen eine, wenn auch nur vorübergehende, Trennung der durchgehenden Verbindung vorzusehen.

Wasserleitungen und andere Rohrsysteme, z. B. für brennbare Gase oder Flüssigkeiten oder Konstruktionsteile unter mechanischer Beanspruchung, dürfen nicht als Schutzleiter oder Schutzpotentialausgleichsleiter verwendet werden.

Für die Erhaltung der elektrischen Eigenschaften der Schutzleiter sind nachstehende Anforderungen zu erfüllen:

- Keine Verschlechterung der elektrischen Eigenschaften durch mechanische und chemische Einflüsse sowie durch elektrodynamische Kräfte.
- Verbindungen müssen zum Besichtigen und Prüfen zugänglich sein. Ausnahme: vergossene oder gekapselte Verbindungen.
- Bei einer elektrischen Überwachung des Erdungswiderstands dürfen die Überwachungseinrichtungen nicht in den Schutzleiter eingefügt werden.

Für fest angeschlossene Verbrauchseinrichtungen mit einem Ableitstrom, der 10 mA überschreitet, muss ein verstärkter Schutzleiter (auch PEN-Leiter) mit einem Querschnitt von mindestens 10 mm^2 Cu oder 16 mm^2 Al vorgesehen werden, oder es ist ein zweiter Schutzleiter mit demselben Querschnitt zu verlegen wie der, der für den Schutz bei indirektem Berühren verlangt wird.

18.3 PEN-Leiter

Anforderungen:

- PEN-Leiter nur in fest installierten elektrischen Anlagen.
- Mindestquerschnitt 10 mm^2 Cu oder 16 mm^2 Al, bei konzentrischen Leitern eines Kabels auch 4 mm^2 Cu mit doppelten Anschlüssen an allen Verbindungen.
- Fremde leitfähige Teile dürfen nicht als PEN-Leiter verwendet werden.
- Um Streuströme zu vermeiden, muss der PEN-Leiter für die höchste zu erwartende Spannung isoliert sein. Ausnahme: innerhalb von Schaltgeräte-Kombinationen kann auf die Isolation verzichtet werden.
- Nach der Aufteilung des PEN-Leiters in PE und N dürfen Schutz- und Neutralleiter nicht wieder miteinander verbunden werden. Es sind getrennte Klemmen oder Schienen für PE und N vorzusehen. Der PEN-Leiter muss an die PE-Klemme oder PE-Schiene angeschlossen werden.

18.4 Verträglichkeit von Anlagen der Informationstechnik mit PEN-Leitern in Gebäuden, fremdspannungsarmer Potentialausgleich

In Gebäuden, in denen informationstechnische Anlagen vorgesehen sind oder erwartet werden, wird zur Vermeidung von möglichen Funktionsstörungen empfohlen, von der Stromquelle (Hausanschlusskasten, Transformator) an Schutzleiter PE und Neutralleiter N getrennt zu verlegen (TN-S-System), um so die Möglichkeit der elektromagnetischen Beeinflussung als Folge von Neutralleiterströmen durch die Schirme von Signalkabeln zu vermeiden oder zu minimieren, vgl. Bild 12.8.

Empfohlen wird:

- im ganzen Gebäude keine PEN anzuwenden
- in jedem Gebäudeabschnitt oder Stockwerk, in dem informationstechnische Anlagen vorgesehen sind, einen Potentialausgleich mit allen verfügbaren Schutzleitern, Rohrsystemen und Metallteilen der Gebäudekonstruktion herzustellen

PEN-Leiter dürfen nur eingesetzt werden, wenn andere gleichwertige Maßnahmen zur Verringerung der elektromagnetischen Beeinflussung der informationstechnischen Einrichtungen vorgesehen werden, wie z. B. Lichtwellenleiteroptik, elektrische Trennung oder Einrichtungen der Schutzklasse II (siehe Abschnitt 12.4).

19 Potentialausgleich [540, 540 E]

Nach Abschnitt 7.1 ist in jedem Gebäude oder in jeder Versorgungseinrichtung ein Hauptpotentialausgleich und in bestimmten Bereichen bzw. unter besonderen Bedingungen ein zusätzlicher Potentialausgleich herzustellen.

Leiter für den Hauptpotentialausgleich

Mindestquerschnitte

- 6 mm^2 Cu
- 16 mm^2 Al
- 50 mm^2 St

Der Querschnitt des Hauptpotentialausgleichsleiters muss mindestens halb so groß sein wie der Querschnitt des größten Schutzleiters unter Berücksichtigung der Mindestquerschnitte.

Leiter für den zusätzlichen Potentialausgleich

Mindestquerschnitte

- 2,5 mm^2 Cu mit mechanischem Schutz
- 4 mm^2 Cu ohne mechanischen Schutz

Der Querschnitt der Verbindungen zwischen zwei Körpern elektrischer Betriebsmittel muss mindestens so groß sein wie der kleinere Schutzleiterquerschnitt der beiden Betriebsmittel.

Der Querschnitt der Verbindungen zwischen einem Körper und einem fremden leitfähigen Teil muss mindestens dem Schutzleiterquerschnitt des Betriebsmittels entsprechen.

Überbrückung des Wasserzählers

Um mögliche Übergangswiderstände an Wasserzählern zu vermeiden, muss der Wasserzähler überbrückt werden, wenn der Potentialausgleichsleiter für die Wasserverbrauchsleitung in Wasserfließrichtung vor der Wasseruhr angeschlossen wird oder wenn die Wasserleitung für Erdungszwecke verwendet wird.

Der Querschnitt des Überbrückungsleiters muss so ausgelegt sein, wie es für seine Verwendung als Potentialausgleichsleiter oder Erdungsleiter erforderlich ist.

Erdfreier Potentialausgleich

Ein erdfreier Potentialausgleich wird bei der Anwendung der Schutztrennung bei mehreren Verbrauchsgeräten hinter einer Stromquelle, die die Bedingungen der Schutztrennung erfüllt, erforderlich, vgl. hierzu Abschnitt 7.7.

20 Erdung und Potentialausgleich für Anlagen der Informationstechnik [540 E, 548, 707 E]

Beispiele solcher Betriebsmittel und Anlagen:

- Fernmeldetechnik, Daten-Kommunikation, Datenverarbeitung
- Gleichstrom-Versorgungsnetze für die Informationstechnik
- Lokale Kommunikationsnetzwerke (LAN)
- Brand- und Feuermeldeanlagen
- Einbruchssicherungsanlagen
- Gebäudeautomatisierungsanlagen, digitale Steuerungssysteme
- Computergestützte Fertigungsanlagen (CAM)

Anforderungen zur Erdung und zum Potentialausgleich für Anlagen der Informationstechnik, für gleichartige Betriebsmittel, die mit den informationstechnischen Anlagen verbunden sind, und für andere elektronische Betriebsmittel, die leicht beeinflussbar sind:

- Für den zuverlässigen und sicheren Betrieb der informationstechnischen Betriebsmittel und Anlagen kann eine Funktionserdung erforderlich sein.
- Die Haupterdungsklemme oder -schiene eines Gebäudes kann als Funktionserdung verwendet werden.
- PELV-Stromkreise und berührbare leitfähige Teile von Betriebsmitteln der Schutzklassen II und III müssen aus Funktionsgründen an das Potentialausgleichssystem angeschlossen werden.
- Der Schutzleiter des Versorgungsstromkreises der Betriebsmittel der Informationstechnik darf für die Funktionserdung benutzt werden.
- Um Probleme der elektromagnetischen Verträglichkeit und in besonderen Fällen auch Überstromprobleme zu vermeiden, muss die Verträglichkeit von Anlagen der Informationstechnik mit PEN-Leitern in Gebäuden möglichst bereits bei der Planung berücksichtigt werden, vgl. hierzu Abschnitt 18.4.
- Schutzmaßnahmen gegen elektrolytische Korrosion müssen vorgesehen werden, wenn die Funktionserdungsleiter oder die kombinierten Funktionserdungs- und Schutzleiter Gleichströme übertragen.
- Um die Anlage der Informationstechnik möglichst auf dem kürzesten Weg mit der Haupterdungsklemme oder -schiene zu verbinden, darf von dort ausgehend

ein Erdungssammelleiter verlegt werden, an den die Leiter, die sonst bis zur Haupterdungsklemme geführt werden müssen, angeschlossen werden.

- Der Erdungssammelleiter sollte als Potentialausgleichs-Ringleiter auf der Innenseite der Außenwand eines Gebäudes leicht zugänglich verlegt werden, um den Anschluss der Potentialausgleichsleiter zu ermöglichen.
- Der Erdungssammelleiter ist zu bemessen wie der Leiter für den Hauptpotentialausgleich (vgl. Abschnitt 17.3).

  Häufig wird ein Kupferleiter mit einem Querschnitt von 50 mm^2 verwendet, um die Impedanz zwischen zwei Punkten so gering wie möglich zu halten und damit die Wirksamkeit des Potentialausgleichs zu verbessern.
- Der Erdungssammelleiter kann blank oder isoliert ausgeführt werden. Blanke Leiter müssen an den Befestigungsschellen und an Wanddurchführungen isoliert werden.
- Der Potentialausgleich auf jeder Etage eines Gebäudes oder in einem Abschnitt einer ausgedehnten Etage sollte unter Einbeziehung aller verfügbaren leitfähigen Teile (auch Konstruktionsteile und Bewehrungseisen des Gebäudes) nach Möglichkeit als Maschensystem ausgeführt werden.
- Potentialausgleichsleiter, die zugleich die Anforderungen für Schutzleiter erfüllen, müssen wie Schutzleiter gekennzeichnet werden, vgl. Abschnitt 15.2.
- Der Querschnitt des Funktionserdungsleiters muss mögliche Betriebs- und Fehlerströme (z. B. nach Angaben der Hersteller der Betriebsmittel) sowie den Spannungsfall berücksichtigen.
- Die Funktionserdungsleiter der Überspannungs-Schutzeinrichtungen werden auf dem kürzesten Weg mit dem Erdungssammelleiter verbunden.
- Der kombinierte Funktionserdungs- und Schutzleiter muss mindestens alle Bedingungen des Schutzleiters (Kapitel 18) und die des Funktionserdungsleiters erfüllen.
- Der kombinierte Funktionserdungs- und Schutzleiter darf auch als Gleichstrom-Rückleiter der Stromversorgung der informationstechnischen Betriebsmittel verwendet werden. Dabei dürfen keine Spannungen über den vereinbarten Grenzwerten von AC 50 V und DC 120 V auftreten.
- Aus Gründen des Korrosionsschutzes darf der Spannungsfall als dauernde Spannungsdifferenz in einem Gebäude 1 V nicht überschreiten, wobei parallele Strompfade bei der Berechnung unberücksichtigt bleiben müssen.
- Für Art und Ausführung des kombinierten Funktionserdungs- und Schutzleiters gelten alle Bedingungen des Schutzleiters nach Kapitel 18.
- Bei Signalübertragungen zwischen unterschiedlichen Bereichen des Potentialausgleichs sind faseroptische Systeme oder andere nicht elektrisch leitende Systeme zu bevorzugen.

21 Steckvorrichtungen, Schalter und Installationsgeräte [550]

Für den Netzanschluss elektrischer Betriebsmittel dürfen nur Steckvorrichtungen verwendet werden, die in der Übersichtsnorm DIN 49400 enthalten sind:

Stecker

- zweipolige runde und flache Ausführung ohne Schutzkontakt zum Anschluss an Schutzkontaktsteckdosen
- Schutzkontaktstecker in Normalausführung
- Schutzkontaktstecker in druckwasserdichter Ausführung
- Drehstrom-Stecker 3 P + N + ⏚ nach DIN 49446 oder DIN 49448 (Perilex)

Wandsteckdosen und Kupplungen (10 A, 16 A, 25 A)

- zweipolige Steckdose ohne Schutzkontakt
- zweipolige Steckdose mit Schutzkontakt
- zweipolige Kupplung mit Schutzkontakt
- Drehstrom-Steckdose und -Kupplung 3 P + N + ⏚ nach DIN 49445 oder DIN 49447 (Perilex)
- zweipolige Steckdose mit Schutzkontakt in druckwasserdichter Ausführung
- zweipolige Kupplung mit Schutzkontakt in druckwasserdichter Ausführung

Gerätesteckvorrichtungen (1 A, 6 A, 10 A, 16 A)

- zweipolig ohne Schutzkontakt
- zweipolig mit Schutzkontakt

Steckvorrichtungen für industrielle Anwendung nach DIN EN 60309-2 (VDE 0623-20)

- 16 A bis 125 A, > 50 V bis 690 V
- 16 A bis 32 A ≤ 50 V

Steckvorrichtungen (Stecker und Kupplungen) für den Einsatz unter erschwerten Bedingungen (z. B. auf Baustellen) nach DIN 40440 und DIN 40441 mit dem Bildzeichen ⟨T⟩, Anschluss von Gummischlauchleitungen H07RN-F3G 1 mm² oder NSSHÖU 3 × 1,5 mm² muss möglich sein.

Für besondere Anwendungsfälle sind Steckvorrichtungen in Sonderausführung zulässig, z. B. überflutbare oder explosionsgeschützte Ausführung, Bühnensteckvorrichtungen, Sonderausführungen zur Sicherung der Unverwechselbarkeit, Vielfachsteckvorrichtungen.

Anforderungen an Steckvorrichtungen:

- Zum Anschluss nicht arealgebundener Drehstrom-Verbrauchsmittel bis 32 A dürfen nur fünfpolige Steckvorrichtungen nach DIN EN 60309-2 (VDE 0623-20) verwendet werden. Dasselbe gilt für Drehstrom-Verlängerungsleitungen an beiden Enden.

  Für Steckvorrichtungen mit Nennströmen über 32 A wird keine bestimmte Polzahl festgelegt, da sie üblicherweise nur zum Anschluss von symmetrischen Verbrauchsmitteln benötigt werden.
- Steckvorrichtungen sind im Leitungszug so anzuschließen, dass die Steckerstifte im nicht gesteckten Zustand nicht unter Spannung stehen können.
- Die Steckvorrichtungen müssen so angeschlossen werden, dass sich ein Rechtsdrehfeld ergibt, wenn man die Steckbuchsen von vorn im Uhrzeigersinn betrachtet.
- Bei der Unterputzinstallation ist darauf zu achten, dass die Aderisolation der Anschlussleitung durch die Befestigungsmittel nicht beschädigt wird.
- Die Befestigung von Steckdoseneinsätzen muss so ausgeführt sein, dass beim Ziehen des Steckers die Steckdose nicht aus ihrer Verankerung herausgerissen wird. Beste Lösung: Schraubbefestigung.
- An einem Stecker darf nur eine bewegliche Leitung angeschlossen werden. Ausnahmen gelten für Sonderkonstruktionen.
- Steckdosen in Verbindung mit Lampenfassungen oder -sockel sind nicht zulässig.
- Schutzkontakt-Mehrfachsteckdosen mit starr angebauten Steckern dürfen nicht verwendet werden.

22 Niederspannungs-Stromversorgungsanlagen [551]

Ausführung der Stromerzeugungsanlagen

- Versorgt werden Anlagen:
  - ohne Anschluss zum Netz
  - alternativ zum Netz
  - parallel zum Netz
  - als Kombination aus den zuvor genannten Ausführungen
- Energiequellen
  - Verbrennungsmotoren
  - Turbinen
  - Elektromotoren
  - Photovoltaische Zellen
  - elektrochemische Akkumulatoren
  - andere Energiequellen
- Elektrische Eigenschaften
  - Synchrongeneratoren
  - Asynchrongeneratoren
  - statische Wechselrichter
- Anlass des Einsatzes
  - dauerhaft errichtete Anlagen
  - zeitweilig errichtete Anlagen
  - Stromversorgung für ortsveränderliche Betriebsmittel, die nicht an dauerhaft errichtete Anlagen angeschlossen sind

Anforderungen:

- Der zu erwartende Kurz- und Erdschlussstrom ist für jede mögliche Betriebsweise zu ermitteln.
- Der Wert des Bemessungskurzschluss-Ausschaltvermögens darf für keine der möglichen Betriebsweisen überschritten werden.
- Es darf keine Gefährdung oder Beschädigung der Betriebsmittel nach Anschluss oder einer Abweichung von Spannung oder Frequenz von Sollwerten eintreten.
- Es sind Maßnahmen vorzusehen, die die Stromversorgungsanlagen automatisch abschalten, wenn das Leistungsvermögen des Stromerzeugers überschritten wird.

- Wenn die Stromversorgungsanlage in einem Gebäude eingebaut wird, sind die Umgebungsbedingungen (bewegende Teile, hohe Temperatur, schädliche Gase) zu berücksichtigen.
- Bei Kleinspannungsstromkreisen SELV oder PELV sind die dafür festgelegten Anforderungen zu erfüllen (Kapitel 8).

  Die Anlagen sind so auszulegen, dass bei Ausfall einer oder mehrerer Stromquellen die vorgesehene Last von den in Betrieb bleibenden Stromquellen übernommen werden kann.
- Der Schutz bei indirektem Berühren ist so vorzusehen, dass er unabhängig von der Stromquelle oder einer Kombination von Stromquellen wirksam bleibt.
- Für den Schutz durch automatische Abschaltung der Stromversorgung sind die Abschnitte 7.1 bis 7.5 zu erfüllen.

  Bei Ersatzstromversorgungsanlagen darf im TN-System der Schutz durch automatische Abschaltung im TN-System nicht von der Erdung des Systems der Netzversorgung abhängig sein. Es muss für die Stromerzeugungsanlage ein geeigneter Erder vorgesehen werden.

  Bei Anlagen mit statischen Wechselrichtern kann ein zusätzlicher Potentialausgleich zwischen gleichzeitig berührbaren Körpern und fremden leitfähigen Teilen auf der Lastseite des statischen Wechselrichters erforderlich werden, wenn der Schutz bei indirektem Berühren auf dem automatischen Schließen der Umgehungsschalteinrichtung beruht und wenn das Ansprechen der Schutzeinrichtung auf der Speiseseite der Umgehungsschalteinrichtung nicht innerhalb der geforderten Zeit erfolgt.

  Der Potentialausgleichsleiter des zusätzlichen Potentialausgleichs muss die folgende Bedingung erfüllen

$$R \leq \frac{50\ \text{V}}{I_\text{a}}$$

R Widerstand der Potentialausgleichsleiter zwischen gleichzeitig berührbaren leitfähigen Teilen

I_a maximaler Strom im Falle eines Fehlers gegen Erde, der vom statischen Wechselrichter für eine Zeitdauer bis zu 5 s geliefert werden kann

Die Funktion der Schutzeinrichtungen darf durch die vom statischen Wechselrichter erzeugten Gleichströme oder durch die vorhandenen Filter nicht beeinträchtigt werden.

Bei transportablen Stromerzeugungsanlagen, die an beliebigen Orten zeitweise eingesetzt werden, sind zwischen getrennt angeordneten Betriebsmitteln Schutzleiter vorzusehen, die Teil einer geeigneten Anschlussleitung oder eines geeigneten Anschlusskabels sind. Die Schutzleiter müssen Kapitel 18 entsprechen. Für die automatische Abschaltung im Fehlerfall sind in TN- und TT-Systemen RCDs mit einem Bemessungsdifferenzstrom von höchstens 30 mA vorzusehen.

- Wenn Mittel zur Erfassung von Überströmen vorgesehen sind, müssen sie möglichst nahe an den Generatoranschlussklemmen angeordnet werden.

  Bei Parallelbetrieb mit dem Netz oder wenn mehrere Stromerzeugungsanlagen parallel arbeiten, sind die vagabundierenden Oberschwingungsströme so zu begrenzen, dass die Leiter nicht überlastet werden, z. B. durch die Auswahl der Stromerzeugungsanlagen mit Kompensationswicklungen oder durch eine geeignete Impedanz in der Verbindung zum Sternpunkt der Stromerzeugungsanlage.
- Wenn ein Parallelbetrieb mit dem Netz nicht vorgesehen ist, müssen geeignete Vorsichtsmaßnahmen getroffen werden, wie z. B. eine elektrische, mechanische oder elektromagnetische Verriegelung.

  In TN-Systemen ist es wünschenswert, auch den Neutralleiter der Anlage von dem des Netzes zu trennen.

  Wird der Neutralleiter nicht getrennt, sind RCDs so anzuordnen, dass es wegen der parallelen Neutralleiter-Erde-Verbindung nicht zu Fehlauslösungen kommt.
- Die Voraussetzungen für den Parallelbetrieb der Stromerzeugungsanlage mit dem Netz sind mit dem örtlichen Netzbetreiber abzustimmen.

23 Leuchten und Beleuchtungsanlagen [559, 559 E]

Leuchten und Beleuchtungsanlagen sind so auszuwählen und zu errichten, dass Personen und Nutztiere weder durch elektrischen Schlag noch Sachen durch zu hohe Temperaturen gefährdet werden. Die beim Betrieb entstehende Wärme muss hinreichend abgeführt werden.

Nachstehende Anforderungen sind zu erfüllen:

- Schutz gegen thermische Auswirkungen; bei der Auswahl der Leuchten sind nach Herstellerangaben zu berücksichtigen:
  - die maximal zulässige Leistung, die von der Leuchte abgestrahlt wird
  - das Brandverhalten der angrenzenden Materialien an der Befestigungsstelle und im thermisch beeinflussten Bereich
  - der Mindestabstand zu brennbaren Materialien, insbesondere zu solchen im angestrahlten Bereich

Leuchten sind nach ihrer Kennzeichnung zum Schutz vor Bränden in Abhängigkeit von Installationsorten bzw. -flächen nach **Tabelle 23.1** auszuwählen.

Erläuterungen zu den Kennzeichnungen:

▽F Leuchten, die auf nicht brennbaren, schwer oder normal entflammbaren Baustoffen angebracht werden; Entzündungstemperatur der Baustoffe ≥ 200 °C

▽M Leuchten mit Vorschaltgerät auf Einrichtungsgegenständen, die in ihrem Brandverhalten mindestens normal entflammbaren Baustoffen entsprechen

▽M ▽M Leuchten mit Vorschaltgerät mit begrenzter Oberflächentemperatur auf Einrichtungsgegenständen (z. B. Möbel), unter Einhaltung der Montageart nach Herstellerangaben

▽D Leuchten ohne vollständige Abdeckung, jedoch mit einer Abschirmung (z. B. Reflektor), die eine Ablagerung von brennbarem Staub auf der Lampe im Bereich der Fassung verhindert

▽F ▽F Leuchten mit dieser Kennzeichnung durften nur noch bis August 2005 hergestellt werden

 Lampenbetriebsgeräte (z. B. Vorschaltgeräte) außerhalb von Leuchten

Installationsorte/-flächen			Leuchten, Normen der Reihe DIN VDE 0710 bzw. Normen der Reihe DIN EN 60598 (VDE 0711)	Lampenbetriebsgeräte als unabhängiges Zubehör DIN VDE 0712
nicht brennbar			▽F, ▽̿F, ▽F▽F, ▽D, ▽M, ▽M▽M, ▽F (durchgestrichen) und Leuchten ohne diese Kennzeichen	(Π)
brennbar[a]			▽F, ▽̿F, ▽F▽F, ▽D, ▽M, ▽M▽M	(Π)▽110, (Π)▽130
besondere Bereiche	Überdeckung mit Wärmedämmung		▽̿F	(Π)▽̿F [b]
	Einrichtungsgegenstände (Möbel), DIN VDE 0100-724		▽M [c], ▽M▽M	(Π)▽130 [c], (Π)▽110
	Feuergefährdete Betriebsstätten, DIN VDE 0100-482		▽M▽M, ▽F▽F, ▽D	(Π)▽110
		Staub- und/oder Faseranfall	▽F▽F, ▽D [d]	(Π)▽F▽F [b], (Π)▽D [b]

Anmerkung: ▽F▽F-gekennzeichnete Leuchten durften nur noch bis 2005-08-01 hergestellt werden.

a) Schwer oder normal entflammbarer Baustoff nach DIN 4102.
b) Diese Kennzeichenkombinationen sind nicht genormt; die Sicherheitskriterien des Betriebsgeräts müssen denen der Leuchte entsprechen; Bestätigung vom Hersteller einholen.
c) Nur zulässig, wenn der Werkstoff mindestens normal entflammbar ist.
d) Nur zulässig, wenn Leuchten einschließlich der Lampen dem Schutzgrad IP5X genügen.

Tabelle 23.1 Auswahl von Leuchten und Lampenbetriebsgeräten in Abhängigkeit von Installationsorten/-flächen
(Tabelle aus E DIN VDE 0100-559:2004-09, Tabelle 559.4.1)

▽110	Lampenbetriebsgeräte mit einer maximalen Oberflächentemperatur von 110 °C, geeignet für Einrichtungsgegenstände
▽130	Lampenbetriebsgeräte mit einer maximalen Oberflächentemperatur von 130 °C, geeignet für normal entflammbare Baustoffe
◖… m|	Mindestabstand zur angestrahlten Fläche, damit die maximal zulässige Temperatur der Fläche von 90 °C nicht überschreitet

Weitere **Aufschriften (Kennzeichnung)** auf der Leuchte oder ihrer Verpackung sind u. a. zu beachten:

- zulässige Gebrauchslage, Montageart
- maximale Umgebungstemperatur
- IP-Schutzarten
- Bemessungsleistung der Lampe
- Mindestabstand zu beleuchteten Gegenständen
- Leuchten für rauen Betrieb
- baumustergeprüfte Leuchten für explosionsgefährdete Bereiche
- Leuchten zum Einsatz von Kopfspiegellampen
- Leuchten, die ausschließlich auf nicht brennbaren Baustoffen angebracht werden dürfen
- Verwendung von wärmefesten Anschlussleitungen

Aufhängevorrichtungen für Leuchten (z. B. Deckenhaken) müssen mindestens 5 kg tragen können. Beträgt die Masse der Leuchten mehr als 5 kg, muss der Errichter für ausreichende Befestigung der Leuchte Sorge tragen.

Zuleitungen für Wandleuchten müssen in Wanddosen enden. Übermäßige Zug- und Drehbelastung der Leiter muss vermieden werden.

Leuchten mit Entladungslampen ohne das Zeichen ▽F dürfen auf normal- und schwer entflammbaren Baustoffen nur mit einem Abstand von mindestens 35 mm zur Befestigungsfläche montiert werden. Dasselbe gilt für Vorschaltgeräte, die getrennt von der Leuchte eingebaut werden. Leuchten, die gegenüber der Befestigungsfläche nicht geschlossen sind, müssen auf der ganzen Fläche mit einem mindestens 1 mm dicken Blech abgedeckt werden.

Werden beim **Anschluss der Leuchten** die Zuleitungen oder isolierte Leiter von einer Leuchte zur anderen geführt, müssen die Leuchten für die „Durchgangsverdrahtung“ geeignet sein. Die Leitungen müssen nach der Temperatur-Kennzeichnung auf der Leuchte hinsichtlich ihrer Wärmebeständigkeit ausgewählt werden. Sind keine Temperaturangaben vorhanden, sind in jedem Fall wärmebeständige Leitungen zu verwenden.

Leuchtengruppen, die unter Mitführung eines gemeinsamen Neutralleiters auf die drei Außenleiter eines Drehstromnetzes verteilt werden, sind wie Drehstromverbrauchsmittel zu behandeln.

Kondensatoren zur Kompensation mit einer Gesamtkapazität über 0,5 µF dürfen nur in Verbindung mit Entladungswiderständen verwendet werden.

Zum **Schutz gegen elektrischen Schlag** sind bei Vorführständen von Leuchten (das sind dauerhafte Stände in Verkaufsräumen) die folgenden Schutzmaßnahmen anzuwenden:

- Schutz durch Abschaltung mit einer RCD mit $I_{\Delta N} \leq 30$ mA
- SELV-Versorgung

Durch geeignete **Lampenauswahl** oder Lampensteuerung ist bei der Beleuchtung von sich bewegenden Maschinenteilen der stroboskopische Effekt, der den Stillstand der bewegenden Teile vortäuscht, aus Sicherheitsgründen zu vermeiden.

In **feuergefährdeten Betriebsstätten** dürfen Leuchten mit der Kennzeichnung ▽D oder ▽M▽M verwendet werden. Bei Ablagerung von Stäuben oder Fasern müssen die Leuchten einschließlich Lampen der Schutzart IP5X, bei festen Stoffen IP4X entsprechen.

In **landwirtschaftlichen oder gartenbaulichen Betriebsstätten** sind wegen der Feuchtigkeit oder Nässe Leuchten mit der Kennzeichnung ▽D und der Schutzart IP4X einzusetzen. In der Nähe von leicht entzündlichen Stoffen (in Scheunen auf Stroh- oder Heuböden) muss ein mechanischer Schutz in ausreichendem Abstand zur Leuchte vorgesehen werden, oder die Leuchten sind in einem Bereich ohne unmittelbaren Kontakt mit den Erntegütern einzubauen. Sind die Leuchten nicht einzusehen, muss ein Schalter mit Kontrollleuchte an zugänglicher Stelle angebracht werden.

Beim **Ausfall der allgemeinen Stromversorgung** muss in bestimmten Bereichen (z. B. an Arbeitsplätzen und anderen baulichen Anlagen für Menschenansammlungen) eine Sicherheitsbeleuchtung vorgesehen werden, die nach Unterbrechung der Stromversorgung unverzüglich, automatisch und für eine vorgesehene Zeit einschaltet.

Die Sicherheitsbeleuchtung hat folgende Funktionen zu erfüllen:

- Beleuchtung und Kennzeichnung der Rettungswege und der Wege zu den Ausgängen
- ausreichende Beleuchtung der Brandbekämpfungs- und Meldeeinrichtungen
- Erlauben von Arbeiten in Verbindung mit Sicherheitsmaßnahmen

Planung, Errichtung und Betrieb der Sicherheitsbeleuchtung siehe DIN VDE 0108-100.

24 Elektrische Anlagen für Sicherheitszwecke [560, 560 E]

Die Versorgungseinrichtung für Sicherheitszwecke ist dazu bestimmt, die Funktion von Betriebsmitteln, die für die Sicherheit von Personen unerlässlich sind, beim Ausfall der allgemeinen Stromversorgung aufrechtzuerhalten. Deshalb wird für die Sicherheitsstromversorgung eine ausreichende Versorgungsdauer gefordert und von den Betriebsmitteln und Anlagen für Sicherheitszwecke erwartet, dass sie durch Konstruktion oder Errichtung bei einem Feuer während einer festgelegten Zeit ihren Betrieb aufrechterhalten. Es sind Schutzmaßnahmen zum Schutz bei indirektem Berühren ohne Abschaltung beim ersten Fehler zu bevorzugen, z. B. das IT-System mit Isolationsüberwachung. Anlagen und Betriebsmittel sind so anzuordnen, dass die regelmäßige Überprüfung und Instandhaltung erleichtert wird.

Es sind nachstehende Anforderungen zu erfüllen:

Stromquellen:

- Akkumulatoren-Batterien
- Primärelemente
- Generatoren, deren Antriebe von der allgemeinen Stromversorgung unabhängig sind
- zweite, unabhängige Netzeinspeisung

Die Stromquellen werden wie folgt eingeteilt:

- nicht selbsttätig anlaufend bzw. einschaltend, Einschalten erfolgt von Hand
- selbsttätig anlaufend bzw. einschaltend

Einteilung nach der Einschaltverzögerung bei selbsttätig anlaufenden oder einschaltenden Einrichtungen:

- unterbrechungslos (fortlaufende Stromversorgung)
- sehr kurze Unterbrechung ($\leq$ 0,15 s)
- kurze Unterbrechung ($\leq$ 0,5 s)
- mittlere Unterbrechung ($\leq$ 15 s)
- lange Unterbrechung (> 15 s)

Die Auswahl der Stromversorgungseinrichtung erfolgt je nach Anwendungsfall nach Verordnungen, behördlichen Auflagen oder nach Normen (siehe z. B. Kapitel 24, 50, 51).

- Wenn Betriebsmittel der Sicherheitseinrichtungen durch die allgemeine Stromversorgung versorgt werden, müssen sie beim Stromausfall automatisch auf die Sicherheitsstromversorgung umgeschaltet werden. Der jeweilige Schaltzustand muss an zentraler Stelle angezeigt werden.
- Die Stromquelle muss ortsfest aufgestellt und der Aufstellungsort, wenn notwendig, so belüftet werden, dass Gase, Rauch oder Dämpfe nicht in von Personen benutzte Bereiche gelangen.
- Zugang nur durch Elektrofachkräfte oder elektrotechnisch unterwiesene Personen.
- Keine Beeinträchtigung der Sicherheitsstromversorgung bei Fehlern in der allgemeinen Stromversorgung.
- Eine zweite Einspeisung aus dem Netz ist als Sicherheitsstromversorgung nur zulässig, wenn sichergestellt wird, dass beide Einspeisungen nicht gleichzeitig ausfallen.
- Die Sicherheitsstromversorgung kann auch für andere Zwecke eingesetzt werden, wenn dadurch ihre Verfügbarkeit nicht beeinträchtigt wird. Das gilt nicht für Verbrauchsmittel mit eingebauter Batteriestromversorgung.
- Wenn Parallelbetrieb mit dem Netz ausgeschlossen wird, sind geeignete Verriegelungsmaßnahmen vorzusehen, und es ist sicherzustellen, dass der Schutz gegen elektrischen Schlag und der Schutz bei Kurzschluss für jede Betriebsart wirksam ist.
- Ist ein Parallelbetrieb mit dem Netz vorgesehen, sind alle notwendigen Maßnahmen mit dem Netzbetreiber abzustimmen.

Sicherheitsstromkreise

Anforderungen:

- Von anderen Stromkreisen unabhängige Verlegung
- In feuergefährdeten Betriebsstätten dürfen nur schwer entflammbare Kabel und Leitungen verlegt werden
- Keine Verlegung in explosionsgefährdeten Bereichen
- Der Überlastschutz darf entfallen
- Schalt- und Steuergeräte müssen eindeutig gekennzeichnet und an zentralen Stellen zusammengefasst sein, die nur Elektrofachkräften oder elektrotechnisch unterwiesenen Personen zugänglich sind
- Alarmeinrichtungen müssen deutlich gekennzeichnet sein
- Störungen in einem Teil der Sicherheitsstromversorgungsanlagen dürfen nicht die Versorgung als Ganzes gefährden

Verbrauchsmittel

Anforderungen:

- Die festgelegten Mindestwerte der Beleuchtungsstärken für Treppen und Flure sind einzuhalten.
- Die Einschaltverzögerung der Stromquelle muss auf die verwendeten Lampen abgestimmt sein, damit die vorgesehene Beleuchtungsstärke eingehalten wird.
- Wenn Verbrauchsmittel an zwei verschiedene Stromkreise angeschlossen sind, darf ein Fehler in einem Stromkreis weder die Betriebszuverlässigkeit des anderen Stromkreises noch den Schutz gegen elektrischen Schlag beeinträchtigen. Evtl. müssen die Körper solcher Betriebsmittel an die Schutzleiter beider Systeme angeschlossen werden.

25 Prüfungen [600 E, 610]

Unter Prüfen versteht man alle Maßnahmen zur Feststellung, ob die gesamte elektrische Anlage normgerecht errichtet wurde, oder in Verbindung mit Wiederholungsprüfungen, ob die Anlage sich noch in Übereinstimmung mit den Errichtungsnormen befindet.

Prüfen umfasst Besichtigen, Erproben und Messen. Alle Prüfungen sind in ausführlichen Prüfberichten (Prüfprotokollen) zu dokumentieren. Die Berichte sollen alle Messdaten sowie die Ergebnisse der Prüfungen enthalten. Festzuhalten sind ferner die verwendeten Messgeräte, Messverfahren und Berechnungen, alle auftretenden Mängel und deren Beseitigung. Die Prüfprotokolle sind von den verantwortlichen Personen für Sicherheit, Planung, Errichtung und Prüfung der Anlage zu unterschreiben und dem Auftraggeber (Betreiber) zu übergeben.

Zur Vereinfachung können für bestimmte, sich häufig wiederholende Anlagentypen vorgedruckte Prüfprotokolle verwendet werden, die alle notwendigen Einzelprüfungen in der richtigen Reihenfolge auflisten.

Solche Vordrucke sind als Beispiele im Anhang zu VDE 0100-600 enthalten oder wurden in Verbindung mit Übergabeberichten vom ZVEH erarbeitet.

Für umfangreiche elektrische Arbeiten ist vor Beginn der Prüfungen eine Prüfplanung zu erstellen.

25.1 Nachweise vor der ersten Inbetriebnahme (Erstprüfung)

Die Erstprüfung dokumentiert den Zustand der elektrischen Anlage, soweit sinnvoll, bereits während ihrer Errichtung und nach der Fertigstellung. Festgestellte Mängel (Abweichungen von den Normen) sind sofort zu beseitigen, spätestens jedoch bevor die Anlage vom Betreiber in Betrieb genommen wird.

Besichtigen

Visuelle Überprüfung der Betriebsmittel und Anlagen vor dem Erproben und Messen:

- Nachweis der richtigen Auswahl der Betriebsmittel und Materialien
- Anlagen und Betriebsmittel müssen mit den Sicherheitsanforderungen aus den jeweiligen Betriebsmittel- und Errichtungsnormen sowie mit den Herstellerangaben übereinstimmen

- Die Anlagen und Betriebsmittel dürfen keine sichtbaren, die Sicherheit beeinträchtigenden Beschädigungen aufweisen
- Maßnahmen zum Schutz gegen elektrischen Schlag (Abdeckungen, Umhüllungen, Hindernisse, Abstände im Handbereich)
- Schutz gegen thermische Einflüsse, Maßnahmen gegen die Ausbreitung von Feuer (Brandabschottung)
- Auswahl der Kabel, Leitungen, Stromschienen (Belastbarkeit, Spannungsfall)
- Auswahl, Einbau und Einstellung von Schutz- und Überwachungseinrichtungen, Trenn- und Schaltgeräten
- Auswahl der Betriebsmittel unter Berücksichtigung äußerer Einflüsse
- Kennzeichnung der Neutral- und Schutzleiter
- Kennzeichnung der Stromkreise, Schutzeinrichtungen, Schalter, Klemmen
- Vorhandensein aller Warnhinweise
- Vorhandensein der Schaltungsunterlagen, Nachweis auf Vollständigkeit
- Ordnungsgemäße Leiterverbindungen
- Zugänglichkeit für Betrieb und Instandhaltung

Erproben und Messen

Erproben und Messen, um festzustellen, ob die Anlage ihren Zweck ordnungsgemäß erfüllt.

Erprobungen und Messungen sollten vorzugsweise in nachstehender Reihenfolge durchgeführt werden:

- Verbindungen des Hauptpotentialausgleichs, des zusätzlichen Potentialausgleichs, Durchgängigkeit der Leiter
- Isolationswiderstand der Anlage
- Schutz durch sichere Trennung der Stromkreise SELV, PELV und Schutztrennung
- Widerstände von isolierenden Fußböden und Wänden
- Schutz durch automatische Abschaltung der Stromversorgung
- Spannungspolarität, Phasenfolge der Außenleiter
- Spannungsfestigkeit
- Funktionsprüfung
- Thermische Einflüsse
- Spannungsfall

Prüfverfahren zum Erproben und Messen

Die nachfolgend aufgeführten Prüfverfahren sind Referenzverfahren. Andere Prüfverfahren können angewendet werden, wenn sie nicht zu ungenaueren Ergebnissen führen:

- **Durchgängigkeit der Leiter und der Verbindungen des Hauptpotentialausgleichs und des zusätzlichen Potentialausgleichs**

Messung mit einem Strom von mindestens 0,2 A mit einer Stromquelle, deren Leerlaufspannung zwischen 4 V und 24 V DC oder AC liegt.

- **Isolationswiderstand der elektrischen Anlage**

Messung zwischen jedem aktiven Leiter und Erde (Schutzleiter), in TN-Systemen auch zwischen aktiven Leitern und PEN-Leiter. Zur Vereinfachung können Außenleiter und Neutralleiter während der Messung miteinander verbunden werden.

Gemessen wird mit DC und einem Messstrom von 1 mA und einer Messspannung nach **Tabelle 25.1,** die auch die Mindestwerte des Isolationswiderstands enthält.

Wenn der Stromkreis elektronische Einrichtungen enthält, müssen Außenleiter und Neutralleiter während der Messung miteinander verbunden werden.

Bemessungsspannung des Stromkreises V	Messgleichspannung V	Isolationswiderstand MΩ
SELV, PELV ≤ 50	250	≥ 0,5
≤ 500 (außer SELV und PELV)	500	≥ 1,0
> 500	1000	≥ 1,0

Tabelle 25.1 Messgleichspannung und Mindestwerte des Isolationswiderstands

- **Schutz durch sichere Trennung der Stromkreise SELV, PELV und Schutztrennung**

Messung des Isolationswiderstands mit Messgrößen nach Tabelle 25.1

- **Widerstände von isolierenden Fußböden und Wänden**

Die Prüfungen müssen nur dann durchgeführt werden, wenn Mindestwerte für die Widerstände von Fußböden und Wänden vorgeschrieben sind (z. B. Elektrische Anlagen für Unterrichtsräume mit Experimentierständen, Kapitel 43).

Mindestens drei Messungen an unterschiedlichen Orten, eine Messung davon in 1 m Abstand von berührbaren leitfähigen Teilen.

Kurbelinduktor als Gleichspannungsquelle oder ein batteriebetriebenes Isolationsmessgerät mit einer Leerlaufspannung von

– 500 V bei einer Bemessungsspannung der elektrischen Anlage ≤ 500 V
– 1000 V bei einer Bemessungsspannung der elektrischen Anlage > 500 V

Es wird der Isolationswiderstand zwischen der Messelektrode und dem Schutzleiter oder der Erde gemessen.

Die Messung sollte vor der Oberflächenbehandlung mit Farbe, Überzügen oder Ähnlichem erfolgen.

Die Elektrode besteht aus einer quadratischen Metallplatte von 250 mm Seitenlänge und einem Quadrat aus feuchtem, wasserdurchlässigem Papier oder Stoff mit einer Seitenlänge von ungefähr 270 mm, von dem die Wassertropfen abgeschüttelt wurden, und das Papier oder der Stoff wird zwischen die Metallplatte und die zu messende Fläche gelegt. Während die Messung durchgeführt wird, ist bei Fußböden eine Kraft von ungefähr 750 N, bei Wänden eine Kraft von ungefähr 250 N auf die Elektrode aufzubringen.

Schutz durch automatische Abschaltung der Stromversorgung

Besichtigen:

- Haben Schutzleiter, Erdungsleiter und Potentialausgleichsleiter mindestens den geforderten Querschnitt, sind sie richtig verlegt, Anschluss- und Verbindungsstellen gegen Lockern gesichert, ggf. gegen Korrosion geschützt?
- Sind Schutzleiter, Neutralleiter und Außenleiter nicht verwechselt?
- Sind Festlegungen über Kennzeichnung, Anschlussstellen und Trennstellen der Schutz- und Neutralleiter eingehalten?
- Besteht Wirksamkeit der Schutzkontakte an Steckvorrichtungen (nicht verbogen, verschmutzt oder mit Farbe bestrichen)?
- Sind Schutz- und PEN-Leiter nicht schaltbar, sind in Schutz- und PEN-Leiter keine Überstrom-Schutzeinrichtungen vorhanden?
- Ist die Auswahl der Schutzeinrichtungen (Überstrom-, Fehlerstrom-Schutzeinrichtungen, Isolationsüberwachungseinrichtungen, Überspannungseinrichtungen) entsprechend den Vorgaben erfolgt?
- Im TT- und IT-System: Haben alle Körper, die gleichzeitig berührbar oder an eine gemeinsame Schutzeinrichtung angeschlossen sind, einen gemeinsamen Erder?
- Bei der Verwendung von Überstrom-Schutzeinrichtungen im TT-System: Ist sie so beschaffen, dass der Neutralleiter in keinem Fall vor den Außenleitern abschaltet und nach den Außenleitern einschaltet?
- Im IT-System: Ist kein aktiver Leiter direkt geerdet? Sind die Körper einzeln, in Gruppen oder in ihrer Gesamtheit mit einem Schutzleiter verbunden?

Erproben und Messen:

- Es sind die nach den Anforderungen vorgegebenen Mindestwerte der Erdungswiderstände zu überprüfen.

- Werden die maximal zulässigen Abschaltzeiten eingehalten, auch bei zwei gleichzeitig auftretenden Fehlern im IT-System?
- Im IT-System: Ist $R_A \cdot I_d \leq U_L$ oder $R_A \leq 15\ \Omega$?
- Erprobung der Isolationsüberwachungseinrichtung durch Betätigen der Prüftaste.
- Messung der Schleifenimpedanz, um festzustellen, ob im Fehlerfall der für die maximal zulässige Abschaltzeit erforderliche Abschaltstrom fließen kann. Im IT-System ist dabei ein Außenleiter an der Stromquelle zu erden.
- **Spannungsbegrenzung bei Erdschluss eines Außenleiters im TN-System**

$$\frac{R_B}{R_E} \leq \frac{U_L}{U_0 - U_L} \quad \text{(vgl. Abschnitt 7.2)}$$

Ist in Ausnahmefällen der Gesamterdungswiderstand des Netzes $R_B \geq 2\ \Omega$ (z. B. in Freileitungen nach Angaben des Netzbetreibers), so ist zu überprüfen, ob diese Bedingung erfüllt wird.

Dazu muss der Erdungswiderstand R_E der fremden leitfähigen Teile, über die ein Erdschluss entstehen kann, gemessen werden.

Dabei handelt es sich um Teile außerhalb der Verbraucheranlage, die nicht mit den PEN-Leitern verbunden sind. In die Gleichung ist der niedrigste Wert einzusetzen.

- **Prüfungen der Schleifenimpedanz**

Zu ermitteln ist die Schleifenimpedanz zwischen Außenleiter und Schutzleiter und zwischen Außenleiter und PEN-Leiter durch Messung oder Rechnung.

- **Schutz bei Kurzschluss**

Sind die Überstrom-Schutzeinrichtungen richtig ausgewählt und/oder eingestellt? Können sie den größten auftretenden Kurzschlussstrom rechtzeitig abschalten?

- **Prüfungen beim Einsatz von Fehlerstrom-Schutzeinrichtungen**

Es ist durch Erzeugen eines Fehlerstroms nachzuweisen, dass die Fehlerstrom-Schutzeinrichtung mindestens beim Erreichen ihres Bemessungsfehlerstroms auslöst und dabei die vereinbarte Berührungsspannung U_L nicht überschritten wird.

Es genügt, die Wirksamkeit der Schutzmaßnahme hinter der Fehlerstrom-Schutzeinrichtung an einer Stelle nachzuweisen, wenn alle anderen zu schützenden Anlagenteile über den Schutzleiter mit der Messstelle zuverlässig verbunden sind.

- **Prüfung der Drehfeldrichtung von Drehstromsteckdosen**

Es muss ein Rechtsdrehfeld vorhanden sein, wenn die Kontaktbuchsen von vorn im Uhrzeigersinn betrachtet werden.

- **Spannungspolarität**

Wenn einpolige Schalter im Neutralleiter nach den Normen verboten sind, muss durch eine Prüfung der Spannungspolarität festgestellt werden, dass alle etwa vorhandenen einpoligen Schalter in den Außenleitern eingebaut sind.

- **Spannungsfestigkeit**

Bei vor Ort errichteten Betriebsmitteln und Anlagen, die nicht typgeprüft sind, muss eine Prüfung auf Spannungsfestigkeit durchgeführt werden (in Anlehnung an DIN VDE 0660).

- **Funktionsprüfung**

Alle Betriebsmittel und Anlagen (Baugruppen, Schaltgerätekombinationen, Antriebe, Stelleinrichtungen, Verriegelungen usw.) müssen einer Funktionsprüfung unterzogen werden.

- **Spannungsfall**

Es ist rechnerisch nachzuweisen, dass der Spannungsfall zwischen Hausanschluss und Endverbraucher dauerhaft 4 % nicht überschreitet.

Die nachfolgende **Liste** enthält Anforderungen, deren Einhaltung beim Besichtigen einer Anlage zu überprüfen sind. Die Liste ist nicht vollständig. Sie muss je nach Art und Umfang der Anlagen erweitert werden.

Allgemeines

- Fachgerechte Elektroinstallation und richtige Materialauswahl
- Trennung der Stromkreise (keine Verbindung zwischen Neutralleitern von Stromkreisen)
- Kennzeichnung der Stromkreise (Neutral- und Schutzleiter in derselben Folge wie die Außenleiter)
- Wahrscheinliches Erfüllen der Abschaltzeiten durch die errichteten Schutzeinrichtungen
- Angemessene Anzahl von Stromkreisen
- Angemessene Anzahl von Steckdosen
- Richtige Kennzeichnung der Stromkreise
- Geeigneter Hauptschalter vorhanden
- Haupttrennvorrichtung für die Unterbrechung aller aktiven Leiter, soweit zutreffend
- Haupterdungsschiene vorhanden, leicht zugänglich und gekennzeichnet
- Richtige Kennzeichnung der Leiter
- Richtige Sicherungen oder Leitungsschutzschalter errichtet

- Alle Anschlüsse und Verbindungen sicher hergestellt
- Erdung der gesamten Anlage entsprechend den nationalen Normen
- Hauptpotentialausgleich mit Verbindungen zu anderen Versorgungssystemen und fremden leitfähigen Teilen
- Zusätzlicher Potentialausgleich z. B. in allen Räumen mit Badewannen oder Dusche vorhanden
- Aktive Teile, isoliert oder in Gehäusen

A Schutz bei indirektem Berühren (Fehlerschutz)

- Isolierung aktiver Teile
- Abdeckungen (Sicherheit und Angemessenheit prüfen)
- Umhüllungen: geeigneter Schutzgrad für die äußeren Einflüsse?
- Umhüllungen: sind Kabeleinführungen korrekt vorhanden?
- Umhüllungen: sind nicht verwendete Kabeleinführungen verschlossen?

B Betriebsmittel

1 Kabel und Leitungen sowie Anschlussleitungen

Nicht flexible Kabel und Leitungen sowie Anschlussleitungen

- Richtige Bauart
- Richtiger Bemessungsstrom
- Aderleitungen sind durch Einbringen in Installationsrohre, zu öffnende Kabelkanäle und nicht zu öffnende Kabelkanäle geschützt
- Kabel- und Mantelleitungen sind in zugelassenen Bereichen verlegt, oder ein zusätzlicher mechanischer Schutz ist vorhanden
- Geeignete Bauart bei direkter Sonneneinstrahlung
- Geeignete Bauart bei Erdverlegung
- Geeignet ausgewählte Bauart und Errichtung für die Verwendung auf Außenwänden
- Biegeradien in Übereinstimmung mit der Betriebsmittelnorm
- Richtige Verlegung und Befestigung
- Verbindungen elektrisch und mechanisch einwandfrei und angemessen isoliert
- Alle Adern sicher an Klemmen zugentlastet angeschlossen
- Anschlussklemmen in Gehäusen (berührungssicher)
- Installation so, dass leichter Austausch beschädigter Leiter möglich
- Installation so, dass eine zu starke mechanische Beanspruchung von Leitern und Klemmen vermieden wird

- Schutz gegen thermische Auswirkungen
- Ein Installationsrohr für die Leiter eines Stromkreises (Ausnahme siehe IEC 60364-5-52, 521.6)
- Leiteranschluss (Klemmen für den Leiterquerschnitt geeignet, ausreichender Druckkontakt?)
- Auswahl der Leiter entsprechend der Strombelastbarkeit und Spannungsfall bei Berücksichtigung der Verlegearten
- Kennzeichnung des Neutral- und Schutzleiters sowie des PEN-Leiters

Bewegliche Kabel und Leitungen sowie Anschlussleitungen

- Auswahl so, dass widerstandsfähig gegen Beschädigung durch Wärme
- Keine Verwendung von verbotenen Aderfarben
- Verbindungen, ausgeführt unter Verwendung von Kabelverbindern
- Anschlüsse an elektrischen Verbrauchsmitteln gesichert und so vorgesehen, dass Beanspruchung von Verbindungen verhindert ist
- Bei hängender Verlegung gewichtabhängig gestützt

Schutzleiter

- Schutzleiter vorgesehen an jedem Anschlusspunkt und Installationsgerät
- Flexible Installationsrohre mit einem Schutzleiter ausgestattet
- Mindestquerschnitt der Kupferleiter
- Isolierung, Umhüllung und Klemmen durch grün-gelbe Farbkombination gekennzeichnet
- Einwandfreie Verbindungen
- Leiter des Hauptpotentialausgleichs und des zusätzlichen Potentialausgleichs mit richtigem Querschnitt

2 Installationszubehör (Leuchten werden später behandelt)

Allgemeines (anwendbar auf jeden Zubehörtyp)

- Sichtbarer Hinweis auf Konformität mit der entsprechenden Produktnorm
- Gehäuse oder andere Umhüllung sicher befestigt
- Unterputzdosen putzbündig eingelassen
- Keine scharfen Kanten an Kabeleingängen, Kabelverschraubungen usw., die Kabel und Leitungen beschädigen können
- Aderleitungen und Adern von abgemantelten Kabeln und Leitungen nicht außerhalb von Gehäusen und Dosen
- Richtige Anschlüsse

- Leiter richtig gekennzeichnet
- Blanke Schutzleiter mit grün-gelben Fahnen gekennzeichnet
- Feste Klemmenverbindungen und alle Einzeldrähte der Leiter in die Klemmen eingeführt
- Zugentlastungen ordnungsgemäß angewendet, um mechanische Spannungen an den Klemmen zu vermeiden
- Strom richtig bemessen
- Eignung für die zu erwartenden äußeren Bedingungen

Steckdosen

- Richtige Montagehöhe über dem Fußboden oder der Arbeitsfläche
- Richtige Polarität
- Schutzleiter direkt an der Erdungsklemme der Steckdose angeschlossen bei Kabeln und Mantelleitungen

Verbindungsdosen

- Verbindungen für das Besichtigen zugänglich
- Verbindungen vor mechanischer Beschädigung geschützt

Anschlussdosen

- Außerhalb des Handbereichs von Personen, die baden oder duschen
- Korrekte Bemessung eingebauter Sicherungen

Herdanschlussdosen

- Seitlich angeordnet und niedrig genug, um zugänglich zu sein und um zu vermeiden, dass flexible Anschlussleitungen über den Herdplatten hängen
- Herdanschlussleitung zugentlastet, um mechanische Beanspruchung der Klemmen zu vermeiden

Beleuchtungssteuerungen

- Einpolige Schalter, nur in Außenleitern angeordnet
- Richtige Farbkennzeichnung oder Markierung der Leiter
- Erdung von metallenen Körpern, z. B. Metallabdeckplatte des Schalters
- Schalter außerhalb des Handbereichs von Personen, die baden oder duschen

Fester Anschluss von elektrischen Verbrauchsmitteln (einschließlich Leuchten)

- Installation entsprechend Herstelleranleitung
- Schutz gegen direktes Berühren (Basisschutz)

3 Installationsrohre

Allgemeines

- Sichtbare Kennzeichnung der Übereinstimmung mit der geeigneten Produktnorm
- Sichere Befestigung, Abdeckungen angebracht und angemessen gegen mechanische Beschädigung geschützt
- Anzahl an Kabeln und Leitungen für leichtes Einziehen nicht überschritten
- Ausreichende Anzahl von Verbindungsdosen für das Einziehen von Kabeln und Leitungen
- Biegeradien so, dass die Kabel und Leitungen nicht beschädigt werden
- Schutzgrad geeignet für die äußeren Einflüsse

Nicht flexible metallene Installationsrohre

- Anschluss an die Haupterdungsschiene
- Außen- und Neutralleiter in demselben Installationsrohr
- Installationsrohr für feuchte und korrosive Bedingungen geeignet

Flexible metallene Installationsrohre

- Getrennter Schutzleiter vorgesehen
- Angemessene Unterstützung und Anschlussstellen

Nicht flexible, nicht metallene Installationsrohre

- Vorkehrungen für Ausdehnen und Zusammenziehen
- Gehäuse und Befestigungen geeignet für das Gewicht abgehängter Leuchten bei der zu erwartenden Temperatur
- Schutzleiter vorgesehen

4 Zu öffnende Kabelkanäle

Allgemeines

- Sichtbare Kennzeichnung der Übereinstimmung mit der geeigneten Produktnorm
- Sicher befestigt und angemessen gegen mechanische Beschädigung geschützt
- Ausgewählt, errichtet und so verlegt, dass kein Schaden durch den Eintritt von Wasser verursacht wird
- Kabel und Leitungen bei senkrechter Verlegung richtig befestigt
- Geeigneter Schutzgrad für die äußeren Einflüsse und Orte

Zu öffnende metallene Kabelkanäle – zusätzliche Anforderungen

- Außenleiter und Neutralleiter in demselben Kabelkanal verlegt
- Gegen Feuchtigkeit oder Korrosion geschützt
- Richtig geerdet
- Verbindungen mechanisch einwandfrei und mit einer angemessenen Durchgängigkeit zu Abzweigungen

5 Verteilungen

- Sichtbare Kennzeichnung der Übereinstimmung mit der geeigneten Produktnorm
- Für den beabsichtigten Zweck geeignet
- Sicher befestigt und in geeigneter Weise beschriftet
- Nicht leitende Abdeckungen an Schaltgeräten und an Schutzleiteranschlüssen entfernt und – falls notwendig – nach Herstellung des Anschlusses wieder angebracht
- Richtig geerdet
- Zu erwartende Bedingungen berücksichtigt, d. h. geeignet für die vorgesehene Umgebung
- Richtiger IP-Schutzgrad angewendet
- Geeignet als Trenneinrichtung, soweit anwendbar
- Nicht im Handbereich von Personen, die baden oder duschen
- Notwendige Einrichtungen für das Trennen bei mechanischer Wartung, Not-Aus-Schaltungen und Betriebsschaltungen vorhanden
- Alle Anschlüsse gesichert
- Kabel und Leitungen richtig angeschlossen und gekennzeichnet
- Keine scharfen Kanten an Kabeleinführungen, Schraubenköpfen usw., die Kabel und Leitungen beschädigen können
- Alle Abdeckungen und Betriebsmittel ordnungsgemäß befestigt
- Angemessener Zugang und Platz zum Arbeiten
- Gehäuse für mechanische Beanspruchung und Brandschutz geeignet
- Schutz gegen direktes Berühren (Basisschutz)
- Richtiger Anschluss der Betriebsmittel
- Richtige Auswahl und Einstellung der Schutzeinrichtungen (Schutz bei Überstrom)
- Schutzeinrichtung separat jedem Stromkreis zugeordnet
- Richtige Befestigung der Kabel und Leitungen im Verteiler

6 Leuchten (Beleuchtungsauslässe)

- Richtig angeschlossen in einem geeignetem Zubehörteil oder mit einer geeigneten Vorrichtung
- Nicht mehr als eine flexible Leitung, ausgenommen, wenn ausgelegt für Mehrfachhängeleuchten
- Halterungen für flexible Leitungen vorhanden
- Kennzeichnung von Schaltdrähten
- Löcher in der Decke oberhalb Rosetten verschlossen, um die Ausbreitung von Feuer zu verhindern
- Geeignet für das aufgehängte Leuchtengewicht
- Geeignete Anordnung

7 Heizung

- Sichtbare Kennzeichnung der Übereinstimmung mit der geeigneten Produktnorm
- Isolierung der Schutzklasse II oder Schutzleiter angeschlossen

8 Schutzeinrichtungen

- Sichtbare Kennzeichnung der Übereinstimmung mit der geeigneten Produktnorm
- Fehlerstrom-Schutzeinrichtungen (RCDs) vorgesehen, wenn verlangt
- Selektivität zwischen Fehlerstrom-Schutzeinrichtungen (RCDs) berücksichtigt

C Kennzeichnung

Beschriftung

- Warnhinweise
- Gefahrenhinweise
- Kennzeichnung der Leiter
- Trenneinrichtungen
- Schaltgeräte
- Schaltpläne und Beschreibungen
- Schutzeinrichtungen

25.2 Wiederkehrende Prüfungen

Die wiederkehrenden Prüfungen werden mit dem Ziel durchgeführt, die Betriebsmittel und Anlagen in ihrem ordnungsgemäßen Zustand zu erhalten, d. h., es ist zu prüfen, ob die Betriebsmittel und Anlagen noch mit den Errichtungsnormen übereinstimmen, die zum Zeitpunkt der Errichtung gültig waren.

Überprüft werden vor allem bestehende Anlagen in Verbindung mit Änderungen, Erweiterungen und bei Nutzungsänderungen.

Die Prüflisten orientieren sich an den Kenngrößen und speziellen Charakteristika der Anlage sowie an betrieblichen Erfahrungswerten. Die Ergebnisse der wiederkehrenden Prüfungen können vor allem in ausgedehnten elektrischen Anlagen, z. B. bei industrieller Anwendung, in Verbindung mit laufenden Überwachungen und Instandhaltungsmaßnahmen durch Elektrofachkräfte, ermittelt werden.

Je nach Anlagenart und Nutzung sind aus den Prüfungen vor der ersten Inbetriebnahme die für die Sicherheit und Zuverlässigkeit der Anlagen wichtigsten Einzelprüfungen als Wiederholungsprüfungen auszuwählen. Dazu zählen die Überprüfung der Schutzmaßnahmen und der Isolationswiderstände sowie die Erprobung (Funktionsprüfung) von sicherheitstechnischen Einrichtungen (z. B. RCDs, Verriegelungen, Not-Schaltungen).

Die Häufigkeit der wiederkehrenden Prüfung einer Anlage wird empfohlen unter Berücksichtigung der Art der Anlage und ihrer Betriebsmittel, ihrer Verwendung und des Betriebs, der Häufigkeit, des Umfangs und der Qualität der Wartung und der äußeren Einflüsse, denen die Anlage ausgesetzt ist. Die Zeitspanne wird häufig in Verordnungen und behördlichen Anforderungen festgelegt, z. B. durch die Unfallverhütungsvorschriften BGV A3. Die wiederkehrende Prüfung kann auch durch laufende betriebliche Überwachung und Wartung durch Elektrofachkräfte ersetzt werden. Dabei müssen geeignete Nachweise zur Verfügung gehalten werden.

Wiederkehrende Prüfungen elektrischer Anlagen in Wohnungen werden nach längeren Zeiträumen (z. B. nach zehn Jahren), bei Änderung der Wohnungsnutzung oder beim Mieterwechsel empfohlen.

26 Anforderungen für Betriebsstätten, für Orte/ Räume und Anlagen besonderer Art

Entsprechend der Gliederung der Normenreihe DIN VDE 0100 (Abschnitt 1) wird in den Schriftstücken der Gruppen 100 bis 600 das Errichten der elektrischen Anlagen unter „normalen Bedingungen“ beschrieben, die üblicherweise für den Betrieb der Anlagen gelten und für die die einzelnen Betriebsmittel entsprechend ihren Bestimmungen ausgelegt sind.

In der Gruppe 700 werden nun in Anpassung an die Besonderheiten bestimmter Betriebsstätten, Räume und Anlagen die Grundbestimmungen entweder verschärft, erweitert oder in Einzelfällen aufgehoben. Dies setzt voraus, dass die zusätzlichen Festlegungen sich an den sicherheitstechnischen Voraussetzungen für Starkstromanlagen in ihrer jeweiligen Umgebung mit den dort anzutreffenden Umwelteinflüssen und Betriebsverhältnissen orientieren.

Die unterschiedlichen Einflüsse lassen sich unterteilen in:

- Einwirkungen der Umgebung auf die Betriebsmittel (mögliche Schädigung der Betriebsmittel) durch Staub, Feuchtigkeit, Korrosion, mechanische Beanspruchung und durch die Netzverhältnisse.
- Auswirkungen der Betriebsmittel auf die Umgebung (mögliche Gefährdung der Umgebung) durch die Funktion der Betriebsmittel, durch verminderten Körperwiderstand, erhöhte Brandgefahr, besondere menschliche Verhaltensweisen, leitfähige Umgebung bei begrenzter Bewegungsfreiheit, fehlenden Schutz gegen direktes Berühren.

In der Praxis treten solche von den normalen Bedingungen abweichenden Einflüsse selten einzeln unabhängig voneinander auf, sondern in Kombination.

Die nachfolgenden Abschnitte 27 bis 51 nennen für die besonderen Anwendungsfälle die zusätzlichen oder von den bisher beschriebenen Festlegungen abweichende Anforderungen, die zu erfüllen sind. Soweit keine Angaben gemacht werden, gelten die Festlegungen in den Abschnitten 1 bis 25. Von dieser Regel wird bei älteren Ausgaben der Gruppe 700 insoweit abgewichen, als Festlegungen der Gruppen 100 bis 600 in den Teilen der Gruppe 700 teilweise wiederholt werden. Dies ist dann auch in den Abschnitten 27 bis 53 dieses Buchs entsprechend wiedergegeben.

27 Räume mit Badewanne oder Dusche [701, 701 E]

Anwendungsbereich

Die Festlegungen gelten für elektrische Anlagen an Orten mit einer fest eingebauten Badewanne oder Dusche und für die angrenzenden Bereiche. Sie gelten nicht für Einrichtungen, die für den Notfall vorgesehen sind, z. B. Notduschen in Laboratorien.

Für medizinische Zwecke oder für behinderte Personen können spezielle Anforderungen zusätzlich erforderlich sein.

Einteilung in Bereiche mit unterschiedlichen Anforderungen

- Bereich 0: Das Innere der Bade- oder Duschwanne

  Bei Duschen ohne Wanne entfällt der Bereich 0
- Bereich 1: Begrenzung durch den Fertigfußboden und die waagrechte Fläche in 225 cm Höhe über dem Fertigfußboden, evtl. auch höher, wenn der fest eingebaute Wasserauslauf höher als 225 cm ist. Als senkrechte Begrenzung gilt die äußere Umrandung der Bade- oder Duschwanne. Bei Duschen ohne Wanne wird ein Abstand von 120 cm vom Mittelpunkt der festen Wasseraustrittsstelle an der Wand oder Decke festgelegt.

  Der Raum unterhalb der Bade- oder Duschwanne liegt außerhalb der definierten Bereiche, wenn er nur mit Werkzeug zugänglich ist. Er gehört zum Bereich 1, wenn er offen, also ohne Werkzeug erreichbar ist.
- Bereich 3: Waagrechte Begrenzung im Bereich 1, die senkrechte Begrenzung liegt 60 cm parallel von der äußeren Grenze des Bereichs 1 entfernt.

Fest angebrachte Abtrennungen können die Bereiche einschränken.

Die genaue Anordnung der Bereiche kann beispielhaft den **Bildern 27.1 bis 27.6** entnommen werden. Die **Bilder 27.7 und 27.8** zeigen die Bereiche nach dem Entwurf DIN VDE 0100-701 von Februar 2004.

Schutz gegen direktes Berühren

In den Bereichen 0, 1 und 2 muss für alle elektrischen Betriebsmittel der Schutz gegen direktes Berühren unabhängig von der Höhe der Nennspannung durch Isolierung, Abdeckung oder Umhüllung sichergestellt werden.

Anwendung von SELV mit der Schutzart IP2X oder IPXXB oder einer Isolierung, die einer effektiven Prüfwechselspannung von 500 V mindestens 1 min standhält.

Bild 27.1

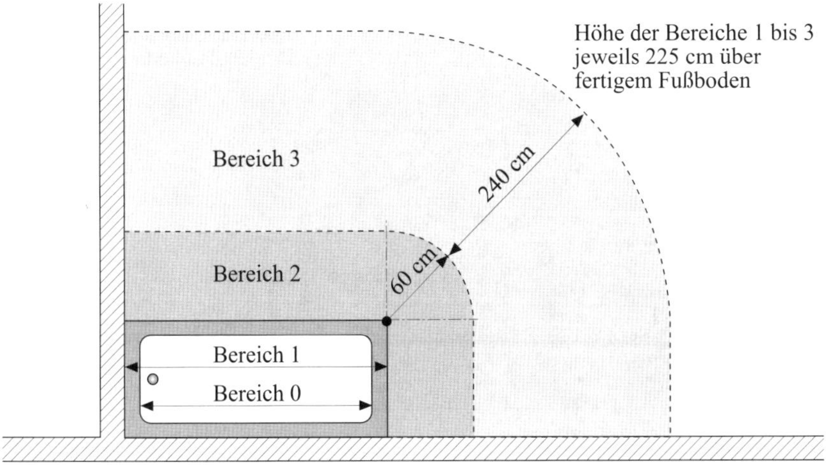

Bild 27.2

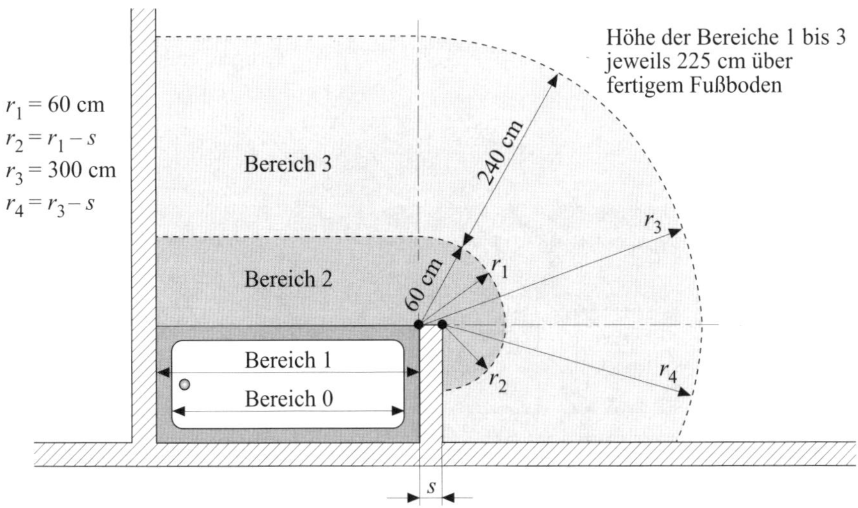

Bilder 27.1 bis 27.6 Beispiele der Bereichseinteilung für Orte mit Badewanne und Dusche

Bild 27.3

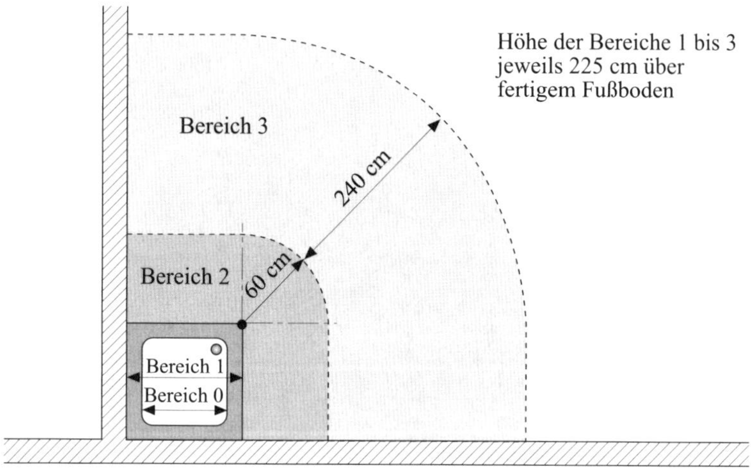

Bild 27.4

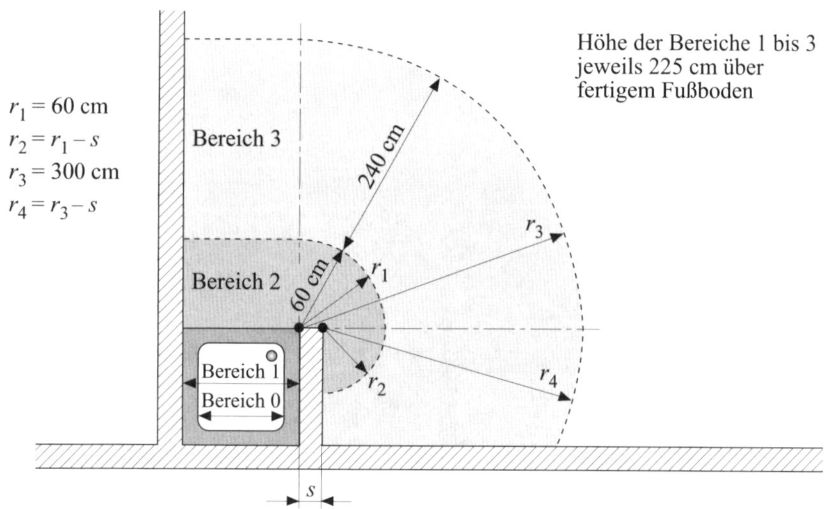

Bilder 27.1 bis 27.6 Beispiele der Bereichseinteilung für Orte mit Badewanne und Dusche

Bild 27.5

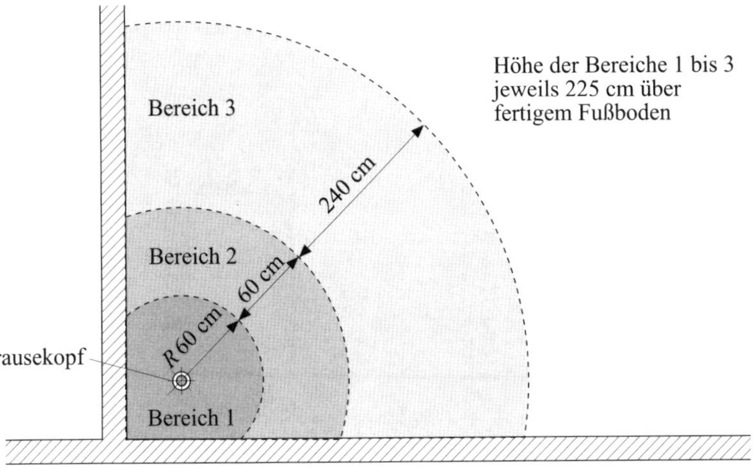

Bild 27.6

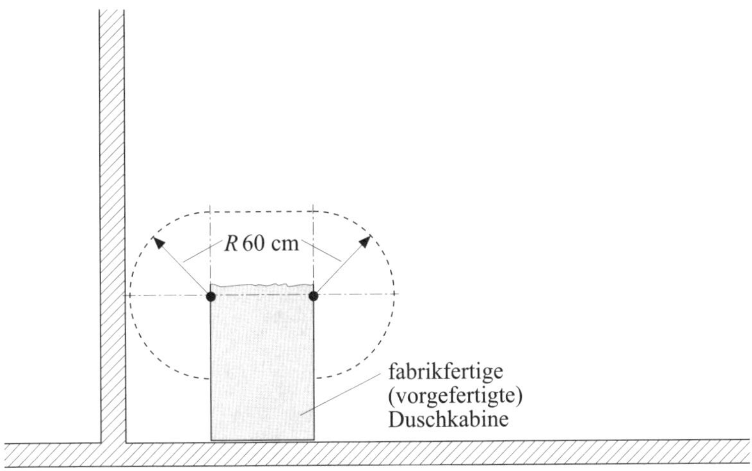

Bilder 27.1 bis 27.6 Beispiele der Bereichseinteilung für Orte mit Badewanne und Dusche

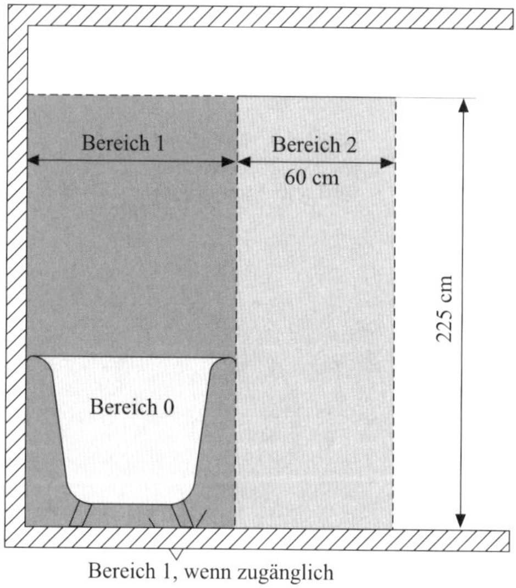

1) Seitenansicht, Badewanne

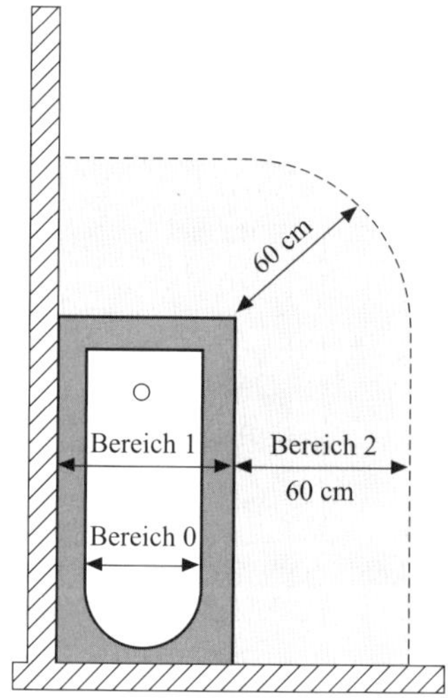

2) Draufsicht

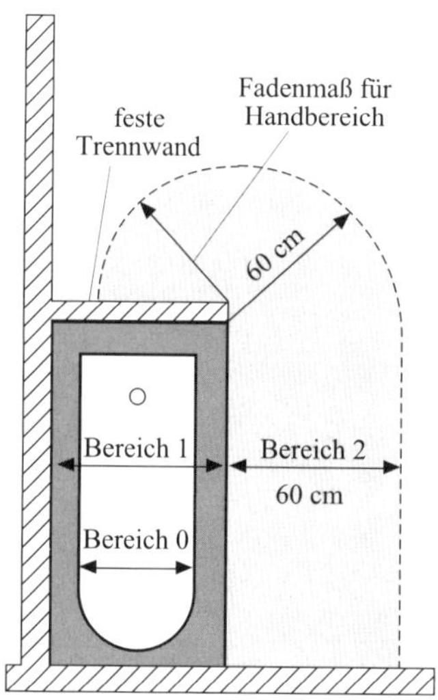

3) Draufsicht (mit fest angebrachter Abtrennung und Radius für den Handbereich um die Abtrennung)

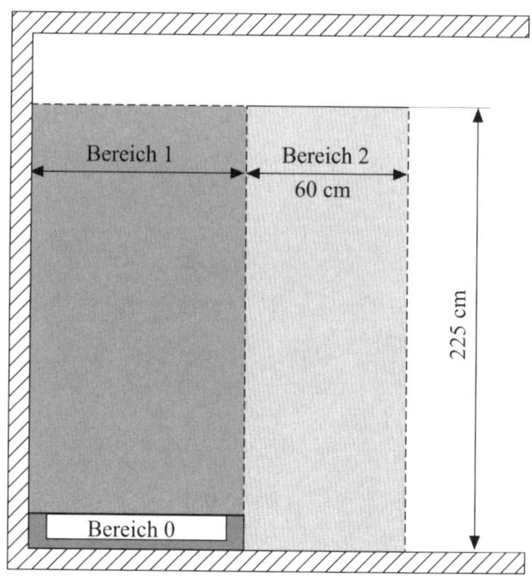

4) Seitenansicht, Dusche

Bild 27.7 Abmessungen der Bereiche in Räumen mit Badewanne und Dusche

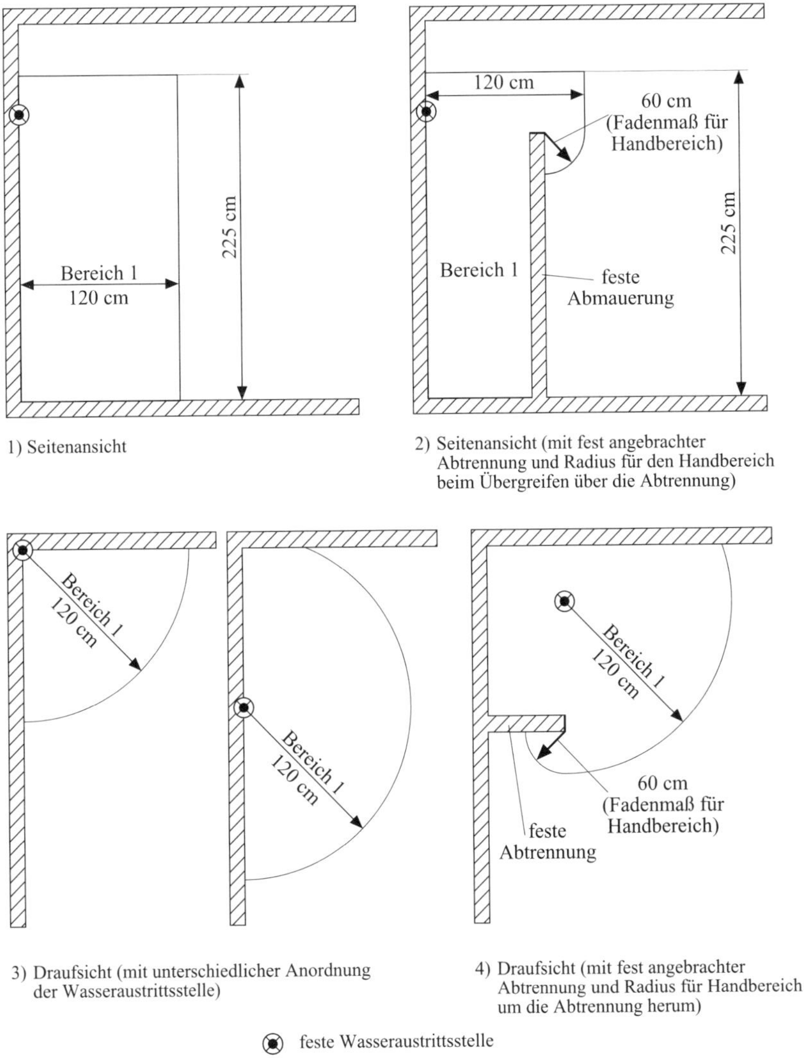

Bild 27.8 Abmessung von Bereich 1 bei Räumen mit Dusche ohne Wanne

Schutz bei indirektem Berühren

Fremde leitfähige Teile in Räumen mit Badewannen und Duschen sind in einem zusätzlichen Potentialausgleich einzubeziehen, z. B.:

- Teile der Frischwasserversorgung und Abwassersysteme
- Heizungs- und Klimaanlagen
- Teile der Gasversorgung

Außerdem sind alle Teile über einen Potentialausgleichsleiter (Mindestquerschnitt 4 mm^2 Cu) mit der Schutzleiterschiene oder mit der Hauptpotentialausgleichsschiene zu verbinden.

Zusätzlicher Schutz durch Fehlerstrom-Schutzeinrichtungen (RCDs)

In Räumen mit Badewannen oder Duschen müssen alle Stromkreise mit einer oder mehreren Fehlerstrom-Schutzeinrichtungen (RCDs) mit einem Bemessungsdifferenzstrom $I_{\Delta N} \leq 30$ mA geschützt sein. Ausnahme: Stromkreise für Wassererwärmer.

RCDs werden nicht gefordert beim Schutz durch SELV oder PELV.

Nicht erlaubt sind

- Schutz durch nicht leitende Räume
- Schutz durch erdfreien örtlichen Potentialausgleich
- Schutz durch Schutztrennung mit mehr als einem Stromverbraucher

Äußere Einflüsse

Schutzart elektrischer Betriebsmittel

- Bereich 0: IPX7
- Bereich 1: IPX4, für Duschen ohne Wanne bis 10 cm über dem Fußboden IPX7
- Bereich 2: IPX4, bei Strahlwasser z. B. für Reinigungszwecke IPX5

Kabel- und Leitungsanlagen

Kabel- und Leitungsanlagen dürfen in Räumen mit Badewannen und Duschen am gesamten Ort und in Wänden oder Abtrennungen, die die Bereiche 0, 1 oder 2 begrenzen, nur dann errichtet werden, wenn sie elektrische Betriebsmittel in diesen Bereichen versorgen, einen Schutzleiter enthalten und in einer Tiefe von 6 cm verlegt werden.

Elektrische Verbrauchsmittel (z. B. Wassererwärmer) im Bereich 1 müssen senkrecht von oben oder waagrecht durch die Wand von der Rückseite angeschlossen werden.

Für Kabel- und Leitungsanlagen, die andere Stromkreise außerhalb der Räume für Badewannen und Duschen versorgen, wird ebenfalls bis zur Oberfläche von Wänden und Abtrennungen der Bereiche 0, 1 und 2 eine Restwanddicke von mindestens 6 cm gefordert. Kann diese Forderung nicht erfüllt werden, ist eine der nachstehenden Maßnahmen vorzusehen:

- Stromkreise mit der Schutzmaßnahme SELV oder PELV
- Zusätzlicher Schutz mit Fehlerstrom-Schutzeinrichtung mit einem Bemessungsdifferenzstrom $I_{\Delta N} \geq 30$ mA
- Schutz der Kabel und Leitungen durch metallene und geerdete Abdeckung, Schutzrohr oder -kanal

Schalt- und Steuergeräte, Zubehör

Bereich 0: Einsatz nicht erlaubt

Bereich 1: Geeignete Anschlussdosen für Verbrauchsmittel, die im Bereich 1 erlaubt sind.

Zubehör zu SELV- oder PELV-Stromkreisen mit einer Bemessungsspannung von AC 25 V und DC 60 V (z. B. für Signal- und Kommunikationseinrichtungen). Die Stromquelle muss außerhalb der Bereiche 0, 1 und 2 angeordnet werden.

Bereich 2: Zubehör zu Verbrauchsmitteln, die im Bereich 2 erlaubt sind, jedoch keine Steckdosen.

Zubehör zu SELV- und PELV-Stromkreisen. Die Stromquelle muss außerhalb der Bereiche 0, 1 und 2 angeordnet werden.

Rasiersteckdoseneinheiten.

Zubehör zu Signal- und Kommunikationseinrichtungen, die durch SELV oder PELV geschützt sind.

Elektrische Verbrauchsmittel

Bereich 0: Fest und dauerhaft verbundene Betriebsmittel, die nach den entsprechenden Normen und Herstellerangaben im Bereich 0 eingesetzt werden dürfen und die durch SELV oder PELV mit einer Bemessungsspannung, die AC 12 V oder DV 30 V nicht überschreitet, geschützt sind.

Bereich 1: Fest angeschlossene, nach den Normen der Herstellerangaben für den Bereich 1 geeignete Verbrauchsmittel.

z. B. Whirlpooleinrichtungen

Duschpumpen

Ventilatoren

Handtuchtrockner

Wassererwärmer

Betriebsmittel, geschützt durch SELV oder PELV mit einer Bemessungsspannung AC 25 V oder DC 60 V

Elektrische Fußbodenheizsysteme

Es dürfen nur Heizkabel oder -leitungen mit metallener Umhüllung oder mit feinmaschigem Metallgitter verwendet werden. Metallene Umhüllung oder Metallgitter müssen mit dem Schutzleiter des versorgenden Stromkreises verbunden werden. Es können auch Heizsysteme mit der Schutzmaßnahme SELV eingesetzt werden. Nicht erlaubt ist für Fußbodenheizsysteme der Schutz durch Schutztrennung.

28 Becken von Schwimmbädern und andere Becken [702]

Die Anforderungen gelten für elektrische Anlagen in Schwimmbädern, in Verbindung mit Planschbecken und für Springbrunnen. Zu unterscheiden sind Becken, die durch Personen betreten oder nicht betreten werden. Es werden drei Bereiche mit unterschiedlichen Anforderungen festgelegt:

- **Bereich 0**
  Innerhalb des Beckens einschließlich Nischen in den Wänden, Wasserfällen oder Fontänen.
- **Bereich 1**
  Vom Rand des Beckens bis zu 2 m Abstand und bis 2,5 m über dem Fußboden oder der Standfläche.

  Dazu gehören auch Startblöcke, Sprungtürme und -bretter, Rutschbahnen und andere Einrichtungen, die von Personen betreten werden, jeweils in einem Abstand von 1,5 m.
- **Bereich 2**
  Von 2 m bis 3,5 m um das Becken mit einer Höhe bis zu 2,5 m über dem Fußboden bzw. der Standfläche. Der Bereich kann ebenfalls um besondere Einrichtungen wie im Bereich 1 erweitert werden.

  Für Springbrunnen und nicht begehbare Becken entfällt der Bereich 2.

Die genaue Anordnung der Bereiche ist den **Bildern 28.1 bis 28.4** zu entnehmen.

Bild 28.1

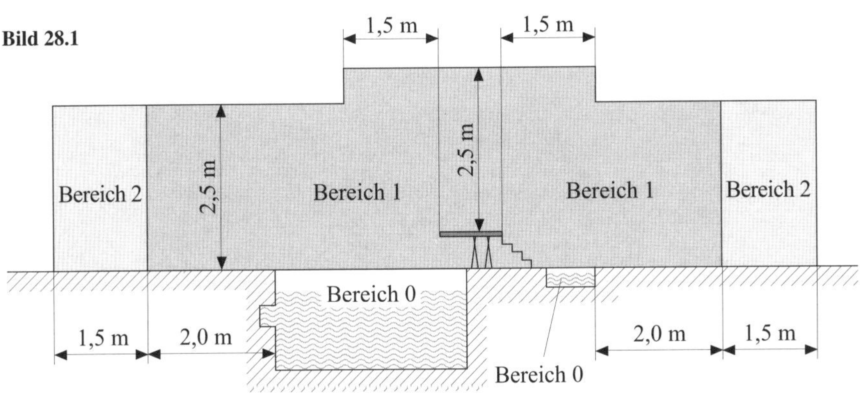

Bilder 28.1 bis 28.4 Beispiele der Bereichseinteilung für Schwimmbäder und andere Becken

Bild 28.2

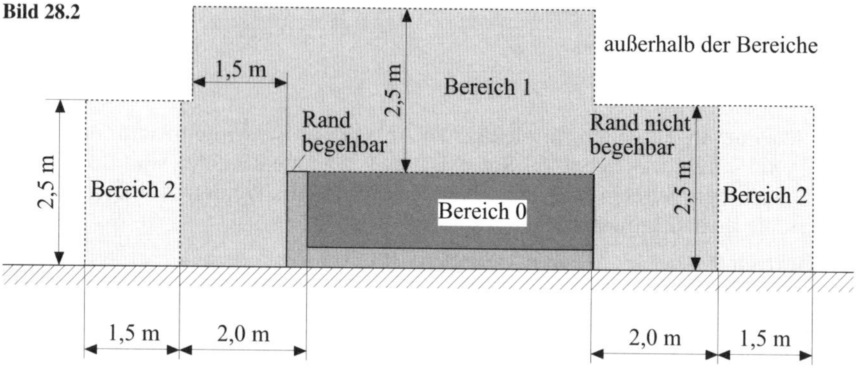

Bild 28.3

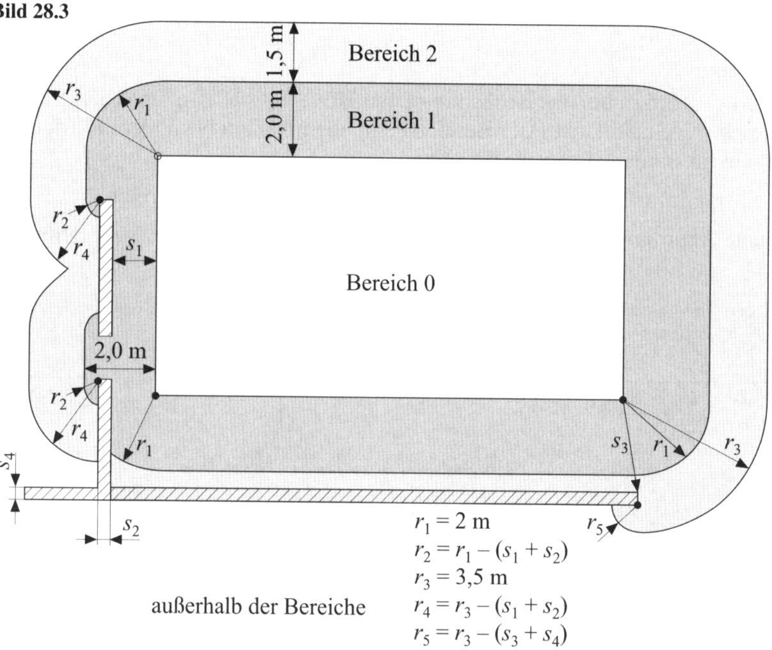

Bilder 28.1 bis 28.4 Beispiele der Bereichseinteilung für Schwimmbäder und andere Becken

Bild 28.4

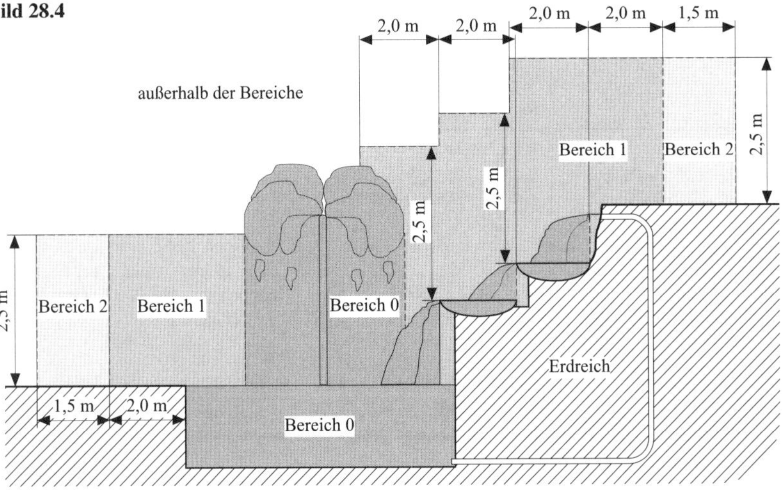

Bilder 28.1 bis 28.4 Beispiele der Bereichseinteilung für Schwimmbäder und andere Becken (Bilder 28.1 bis 28.4 aus DIN VDE 0100-702:2003-11, Bilder 702 A bis D)

Schutz gegen elektrischen Schlag

- Bei Anwendung von SELV ist immer der Schutz gegen direktes Berühren (Basisisolierung) durch Isolierung (Prüfspannung 500 V für 1 min) oder durch Abdeckung IPXXB (fingersicher) herzustellen.
- Schutzmaßnahmen durch Hindernisse, durch Abstand, durch nicht leitende Räume und durch erdfreien örtlichen Potentialausgleich sind nicht anwendbar.
- Schutz bei indirektem Berühren nach **Tabelle 28.1.**

Äußere Einflüsse

Bereich 0:	IPX8	
Bereich 1:	IPX4	für Innenräume und Außenbereiche
	IPX5	in Fällen, in denen Strahlwasser für Reinigungszwecke eingesetzt wird
Bereich 2:	IPX2	für Innenräume
	IPX4	für Außenbereiche
	IPX5	in Fällen, in denen Strahlwasser für Reinigungszwecke eingesetzt wird

Kabel- und Leitungsanlagen

- Vorzugsweise werden Kabel und Leitungen mit einer Isolierung ohne jegliche metallische Abdeckung (z. B. Leitungen in Rohren aus Kunststoff) verwendet.

Bereiche	Einsatzort und Betriebsmittel	Schutzmaßnahmen		
		SELV[1] **bei einer maximalen Nennspannung**	**automatische Abschaltung**	**Schutztrennung** [1] **Anzahl der Verbrauchsmittel**
0	Schwimmbecken	AC 12 V, DC 30 V	nicht erlaubt	nicht erlaubt
	Nicht begehbare Becken	AC 50 V, DC 120 V	RCD $I_{\Delta N} \leq 30$ mA	1
	Betriebsmittel im Becken, wenn keine Personen im Bereich 0 sind	AC 50 V, DC 120 V[2]	RCD $I_{\Delta N} \leq 30$ mA	1[2]
1	Schwimmbecken	AC 12 V, DC 30 V	nicht erlaubt	nicht erlaubt
	Nicht begehbare Becken	AC 50 V, DC 120 V	RCD $I_{\Delta N} \leq 30$ mA	1
	Schalter, Steckdosen, Leuchten – Schwimmbäder mit kleinem Umgebungsbereich	AC 25 V, DC 60 V	RCD $I_{\Delta N} \leq 30$ mA	1
		AC 50 V, DC 120 V	RCD $I_{\Delta N} \leq 30$ mA	1
2	Schwimmbecken	AC 50 V, DC 120 V[2]	RCD $I_{\Delta N} \leq 30$ mA	1[2]
	Schalter und Steckdosen	AC 50 V, DC 120 V[2]	RCD $I_{\Delta N} \leq 30$ mA	1[2]

1) Stromquelle außerhalb der Bereiche 0, 1 und 2
2) Stromquelle außerhalb der Bereiche 0 und 1, im Bereich 2 zulässig, wenn der versorgende Stromkreis durch RCD $I_{\Delta N} \leq 30$ mA geschützt ist

Tabelle 28.1 Schutz gegen elektrischen Schlag
(Daten aus DIN VDE 0100-702:2003-11, Tabelle A1)

- Metallene Umhüllung und Abdeckungen von Kabeln und Leitungen müssen in den zusätzlichen Potentialausgleich einbezogen werden.
- In den Bereichen 0 und 1 dürfen nur Kabel und Leitungen verlegt werden für die Versorgung von Betriebsmitteln, die in diesen Bereichen angeordnet sind.
- In Becken für Springbrunnen müssen die Kabel oder Leitungen auf dem kürzest möglichen Weg zu den elektrischen Betriebsmitteln geführt werden. Im Bereich 1 ist ein mechanischer Schutz vorzusehen. Es sind Kabel oder Leitungen auszuwählen, die für dauernden Kontakt mit Wasser geeignet sind (Normenreihe DIN VDE 0282 und Herstellerangaben).
- In den Bereichen 0 und 1 dürfen keine Abzweig- und Verbindungsdosen vorgesehen werden, ausgenommen für SELV-Stromkreise im Bereich 1.

Schalt- und Steuergeräte

- In den Bereichen 0 und 1 dürfen keine Schalt- und Steuergeräte und keine Steckdosen angeordnet werden.
- Wenn es in kleinen Schwimmbädern nicht möglich ist, Schalter und Steckdosen außerhalb des Bereichs 1 anzubringen, dürfen sie im Bereich 1, aber außerhalb des Handbereichs (z. B. 1,25 m Abstand von der Grenze des Bereichs 0 und

0,3 m über dem Fußboden) angeordnet werden, vorausgesetzt sie haben keine metallische Oberfläche oder Metallabdeckung und werden geschützt durch:

- SELV ≤ 25 V AC bzw. ≤ 60 V DC (Stromquelle außerhalb der Bereiche 0 und 1) oder
- RCD, $I_{\Delta N}$ ≤ 30 mA oder
- Schutztrennung mit einzeln zugeordneten Trenntransformatoren (außerhalb der Bereiche 0 und 1)

- Im Bereich 2 sind Steckdosen nur zulässig, wenn ihre Stromkreise wie folgt geschützt sind:
  - SELV ≤ 50 V AC bzw. ≤ 120 V DC (Stromquelle außerhalb der Bereiche 0, 1 und 2) oder Stromquelle im Bereich 2 mit RCD $I_{\Delta N}$ ≤ 30 mA oder
  - RCD, $I_{\Delta N}$ ≤ 30 mA oder
  - Schutztrennung mit einzeln zugeordneten Trenntransformatoren (außerhalb der Bereiche 0, 1 und 2) oder Stromquelle im Bereich 2 mit RCD $I_{\Delta N}$ ≤ 30 mA

Betriebsmittel

Festlegungen für Betriebsmittel in Schwimmbädern

- In den Bereichen 0 und 1 dürfen nur fest angebrachte Verbrauchsgeräte angeordnet werden, die für die besondere Verwendung in Schwimmbädern hergestellt sind.
- Verbrauchsmittel, die nur in Betrieb sind, wenn sich keine Person im Bereich 0 befindet, können in allen Bereichen über Stromkreise versorgt werden mit den Schutzmaßnahmen SELV, RCD mit $I_{\Delta N}$ ≤ 30 mA oder Schutztrennung mit nur einem Verbrauchsgerät.
- Flächenheizungen sind im Fußboden zulässig, geschützt durch SELV oder RCD $I_{\Delta N}$ ≤ 30 mA mit geerdetem Metallgitter oder metallischer Abdeckung, die mit dem zusätzlichen Potentialausgleich verbunden sind.
- Unterwasserscheinwerfer nur hinter unabhängigen Glasscheiben. Sie müssen von hinten bedienbar sein. Es darf keine leitfähige Verbindung zwischen den Körpern der Unterwasserscheinwerfer und anderen leitfähigen Teilen der Konstruktion der unabhängigen Glasscheibe (Bullauge) und deren Umgebung entstehen.
- Betriebsmittel in den Bereichen 0 und 1 von nicht begehbaren Becken müssen eine mechanische Schutzvorrichtung (z. B. Gitterabdeckung) haben, die nur mit Werkzeug entfernt werden kann. Leuchten müssen fest angebracht werden. Bei der Schutzmaßnahme durch automatische Abschaltung sollten nur Betriebsmittel der Schutzklasse I verwendet werden.
- Besondere Anforderungen für Betriebsmittel im Bereich 1 (z. B. Filteranlagen) mit SELV ≤ 12 V AC oder 30 V DC:

Anordnung in einem Gehäuse aus Isolierstoff als mechanischen Schutz, Zugang nur mit Werkzeug oder Schlüssel, Versorgungskabel und Haupttrenneinrichtung müssen der Schutzklasse II oder einem gleichwertigen Schutz entsprechen. Das Öffnen des Gehäuses muss zwangsläufig zur Abschaltung aller aktiven Leiter führen. Schutz für den Versorgungsstromkreis:

- SELV ≤ 25 V AC, ≤ 60 V DC oder
- RCD mit $I_{\Delta N} \leq 30$ mA oder
- Schutztrennung

Stromquellen sind außerhalb der Bereiche 0, 1 und 2 anzuordnen.

- Für kleine Schwimmbäder, bei denen es nicht möglich ist, Leuchten außerhalb des Bereichs 1 vorzusehen, dürfen Leuchten auch im Bereich 1 angebracht werden, allerdings außerhalb des Handbereichs, 1,25 m von der Grenze des Bereichs 0 entfernt. Schutz durch SELV, RCD $I_{\Delta N} \leq 30$ mA oder Schutztrennung. Die Leuchten müssen der Schutzklasse II entsprechen und einen mechanischen Schutz gegen mittlere mechanische Beanspruchungen aufweisen.

29 Räume mit elektrischen Sauna-Heizgeräten [703, 703 E]

Dabei handelt es sich um Räume, in denen während des Saunabetriebs die Luft auf hohe Temperaturen erwärmt wird und die relative Luftfeuchte üblicherweise niedrig ist.

Nicht zum Anwendungsbereich „Räume mit elektrischen Sauna-Heizgeräten" gehören Dampfsaunen (Dampfbäder nach Kapitel 47) und fabrikfertige Saunaeinrichtungen (nach DIN VDE 0700-53).

Schutz gegen elektrischen Schlag

Bei Anwendung von SELV ist immer der Schutz gegen direktes Berühren (Basisisolierung) durch Isolierung (Prüfspannung 500 V für 1 min) oder durch Abdeckung, mindestens IP2X, herzustellen.

Schutz durch Hindernisse oder Abstand bzw. durch nicht leitende Räume oder durch örtlichen Potentialausgleich ist nicht zulässig.

Betriebsmittel

Die Betriebsmittel müssen mindestens der Schutzart IP24 entsprechen.

Für Betriebsmittel sind nachstehende Anforderungen zu erfüllen:

- **Bereich 1**
  Es dürfen nur Betriebsmittel angeordnet werden, die zu dem Sauna-Heizgerät gehören.
- **Bereich 2**
  Es bestehen keine besonderen Anforderungen hinsichtlich der Wärmefestigkeit der dort verwendeten Betriebsmittel.
- **Bereich 3**
  Umgebungstemperatur von 125 °C. Kabel und Leitungen müssen einer Temperatur von 170° C standhalten.
- **Bereich 4**
  Es dürfen nur verwendet werden Leuchten und die Anschlussleitungen sowie Steuereinrichtungen (Thermostate, thermische Auslöser) mit deren Anschlussleitungen. Diese Materialien müssen für hohe Temperaturen geeignet sein, ohne dass Überhitzungen, z. B. bei der Leuchte, entstehen. Temperaturbeständigkeit wie im Bereich 3.

Anordnung der Bereiche siehe **Bild 29.1.**

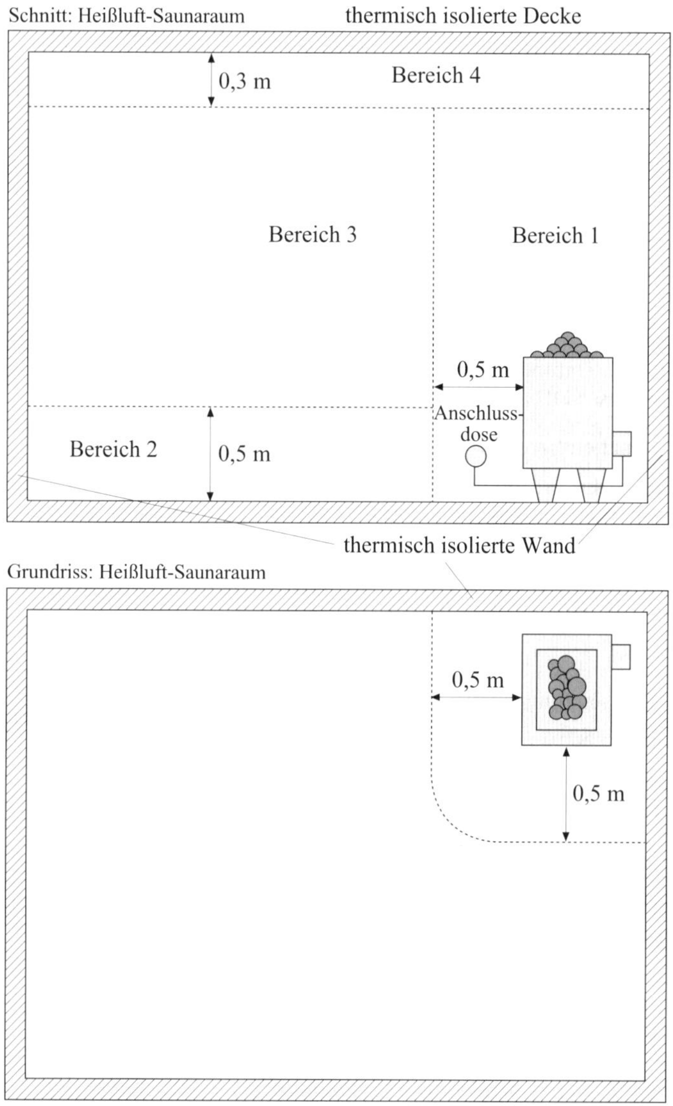

Bild 29.1 Bereichseinteilung für Heißluft-Saunaraum
(Bild aus DIN VDE 0100-703:1992-06, Bild 1)

Im Entwurf DIN VDE 0100-703:2003-01 entfällt der Bereich 4. Die Bereiche 1 und 3 werden bis zur Decke geführt. Steuereinrichtungen (Thermostate und thermische Auslöser) müssen im Abstand bis zu 0,3 m unter der Decke angebracht werden. Ihre Temperaturbeständigkeit muss dem Bereich 3 entsprechen.

Kabel und Leitungen

Kabel und Leitungen müssen schutzisoliert sein, ohne Metallmäntel und keine Verlegung in metallischen Rohren.

Schaltgeräte und Steckdosen

Schaltgeräte, die nicht im Saunaheizgerät integriert sind, müssen außerhalb des Saunaraums angebracht werden.

Steckdosen im Saunaraum sind nicht zulässig.

Einbau einer Temperaturbegrenzungseinrichtung im Bereich 4 bzw. 30 cm unterhalb der Decke, die das Saunaheizgerät abschaltet, wenn die Temperatur 140° C erreicht hat.

30 Baustellen [704, 704 E]

Elektrische Anlagen auf Baustellen sind zeitlich begrenzt bestehende Einrichtungen für die Durchführung von Arbeiten auf Hoch- und Tiefbaustellen sowie bei Metallbaumontagen. Zu den Baustellen gehören auch Bauwerke und Teile von solchen, die aus- und umgebaut, abgebrochen oder in Stand gesetzt werden.

Die Festlegungen gelten nicht für Verwaltungsräume von Baustellen und den Einsatz von jeweils einzeln genutzten Geräten, wie z. B. handgeführte Elektrowerkzeuge, Schweißgeräte oder schutzisolierte Betonmischer. Sie gelten ebenfalls nicht für Verwaltungs- oder ähnliche Räume auf Baustellen sowie für elektrische Einrichtungen in Bergbau- und Steinbruchbetrieben.

Elektrische Anlagen auf Baustellen sind so auszuwählen, dass bei bestimmungsgemäßer Verwendung Personen und Sachen nicht gefährdet werden.

Einspeisungen, Speisepunkt

Die Baustelle darf von einem oder mehreren Speisepunkten aus versorgt werden. Als Speisepunkt gelten z. B. der Baustelle zugeordnete Abzweige ortsfester Verteilungen, Transformatoren, Baustellenverteiler oder auch Niederspannungs-Stromerzeugungsanlagen. Auch Steckdosen in Hausinstallationen können als Speisepunkt verwendet werden, wenn sie die geforderten Schutzmaßnahmen erfüllen.

Schutzmaßnahmen gegen elektrischen Schlag

- Für Stromkreise mit den Schutzmaßnahmen SELV oder PELV ist unabhängig von der Höhe der Nennspannung Schutz gegen direktes Berühren (z. B. Isolierung) vorzusehen.
- Zusätzliche Schutzmaßnahmen für Stromkreise mit Steckdosen und fest angeschlossene, in der Hand gehaltene elektrische Verbrauchsmittel mit jeweils einem Bemessungsstrom ≤ 32 A:
  - RCD mit $I_{\Delta N} \leq 30$ mA oder
  - SELV oder
  - Schutztrennung mit separatem Trenntransformator für jede Steckdose oder für jedes Verbrauchsmittel.
- Für Stromkreise zur Versorgung von Steckdosen mit Bemessungsströmen über 32 A müssen RCDs mit $I_{\Delta N} \leq 500$ mA verwendet werden.

Schalt- und Steuergeräte

Schaltgerätekombinationen müssen den Anforderungen nach DIN VDE 0660-501 entsprechen:

- Jede Verteilung muss Betriebsmittel zum Schalten und Trennen enthalten.

- Es müssen Einrichtungen zum Ausschalten im Notfall vorgesehen werden, die alle aktiven Leiter ausschalten, um Gefahren zu beseitigen.
- Schaltgeräte zum Trennen müssen in der Aus-Stellung gesichert werden können, z. B. durch Abschließen.
- Das Zusammenschalten verschiedener Einspeisungen muss durch geeignete Einrichtungen verhindert werden, z. B. bei Netzeinspeisungen mit Versorgungseinrichtungen für Sicherheitszwecke oder mit Ersatzstromversorgungsanlagen.

Schutzeinrichtungen in Verteilungen

Im Verteilerschrank sind vorzusehen:

- Überstrom-Schutzeinrichtungen
- Einrichtungen zum Schutz bei indirektem Berühren
- Steckdosen, falls gefordert

Steckvorrichtungen (siehe Kapitel 21)

- Stecker, Steckdosen und Kupplungen sollten vorzugsweise der Norm DIN EN 60309-2 (VDE 0623-20) für industrielle Anwendung entsprechen.

Kabel- und Leitungssysteme

- Kabel und Leitungen sollten Baustraßen und Gehwege nicht kreuzen, oder es muss ein besonderer mechanischer Schutz vorgesehen werden, der Beschädigungen durch Baufahrzeuge und Maschinen verhindert.
- Bei frei hängenden Leitungen sind die Verbindungsstellen von Zug zu entlasten.
- Flexible Leitungen zum Anschluss der Betriebsmittel oder als Verlängerungsleitungen müssen mindestens der Bauart H07RN-F oder einer gleichwertigen Bauart entsprechen.

Schutzarten

Die Schutzarten der zu verwendenden Betriebsmittel müssen nach DIN VDE 0100-510 ausgewählt werden. Danach gilt:

Betriebsmittel	Mindestschutzart
Verteiler	IP43
Installationsschalter, Steckvorrichtungen, Abzweigdosen	IPX4
Schalt- und Steuergeräte, Anlass- und Regelwiderstände, elektrische Maschinen außerhalb von Schaltanlagen und Verteiler	IP44
Schweißstromquellen	IP23
Handgeführte Elektrowerkzeuge	IP2X
Stromerzeugungsanlagen	IP23
Leuchten	IPX3
Handleuchten	IPX5
Wärmegeräte	IPX4

31 Landwirtschaftliche und gartenbauliche Betriebsstätten [705, 705 E]

Elektrische Anlagen in landwirtschaftlichen und gartenbaulichen Anwesen sind ortsfeste Einrichtungen sowohl im Freien auf Bauernhöfen und Gärtnereien als auch in Innenräumen, wie z. B. Ställen, Aufzucht- und Bruträumen, Heuböden, Speichern für Stroh, Räumen für Futterzubereitung, zur Lagerung von Düngemitteln und Getreide, Gewächshäusern. Die Festlegungen gelten teilweise auch für Wohnungen, Verwaltungs- und Verkaufsräume, soweit diese in gemeinsamen Gebäuden mit landwirtschaftlichen oder gärtnerischen Betriebsstätten untergebracht sind und leitfähige Verbindungen (z. B. durch Schutzleiter oder fremde leitfähige Teile) bestehen.

Schutz gegen elektrischen Schlag

- Bei Anwendung von SELV oder PELV ist immer der Schutz gegen direktes Berühren (Basisisolierung), durch Isolierung (Prüfspannung 500 V für 1 min) oder durch Abdeckung IPXXP (fingersicher) herzustellen.
- Bei der Schutzmaßnahme TN-System ist hinter dem Speisepunkt für die gesamte Installationsanlage das TN-S-System anzuwenden.

  Wird in TT-Systemen eine dauernde Aufrechterhaltung der Versorgung verlangt, müssen RCDs der Bauart S entsprechen oder zeitverzögert abschalten.
- Für den Schutz bei indirektem Berühren durch automatische Abschaltung ist unabhängig von der Art der Erdverbindung für alle Stromkreise mit Steckdosen, Fehlerstrom-Schutzeinrichtungen (RCDs) mit einem Bemessungsdifferenzstrom $I_{\Delta N} \leq 30$ mA vorzusehen. Für alle anderen Stromkreise sind RCDs mit $I_{\Delta N} \leq 300$ mA zu verwenden.
- Als Schutzmaßnahmen gegen elektrischen Schlag sind nicht erlaubt:
  - Schutz durch Hindernisse
  - Schutz durch Abstand
  - Schutz durch nicht leitende Räume
  - Schutz durch erdfreien örtlichen Potentialausgleich
- Im Standbereich der Tiere müssen unter Einbeziehung der Metallgitter im Fußboden alle durch Tiere berührbaren Körper der elektrischen Betriebsmittel (z. B. Melkmaschinen) und alle fremden leitfähigen Teile (z. B. Baustahlmatten, Gitter, Bewehrungen) durch einen zusätzlichen Potentialausgleich untereinander und mit Schutzleiter und Fundamenterder der Anlage verbunden werden.

- Der Schutzpotentialausgleichsleiter besteht aus
  - feuerverzinktem Bandstahl, mindestens 30 mm × 3,5 mm oder
  - feuerverzinktem Rundstahl, mindestens 8 mm Durchmesser

  Lösbare Verbindungen des Schutzpotentialausgleichsleiters müssen zugänglich bleiben. Die Anordnung des Potentialausgleichssystems ist zu dokumentieren.
- Für die elektrische Anlage sind Übersichtsschaltpläne und eine geeignete Dokumentation anzufertigen und dem Betreiber auszuhändigen.

Schutz gegen thermische Einflüsse, Brandschutz

- Der Brandschutz muss durch Fehlerstrom-Schutzeinrichtungen mit $I_{\Delta N} \leq 300$ mA sichergestellt werden.
- Heizgeräte für die Tieraufzucht müssen sicher befestigt und mit ausreichendem Abstand zu den Tieren (Verbrennungsgefahr) und zu brennbaren Materialien (Brandgefahr) montiert werden.
- Heizstrahler müssen zur bestrahlten Fläche einen Mindestabstand von 50 cm haben, sofern der Hersteller nicht größere Abstände vorschreibt.
- Für den Brandschutz ist Kapitel 10 zu beachten. Ferner gelten nachstehende Festlegungen:
- Es dürfen nur solche Betriebsmittel eingebaut werden, die für den Betrieb in den feuergefährdeten Räumen erforderlich sind, ausgenommen dabei sind Kabel- und Leitungsanlagen.
- Es muss verhindert werden, dass Gehäuse durch Staubablagerung unzulässig hohe Temperaturen annehmen oder dadurch eine Brandgefahr entsteht.
- In Räumen mit Brandrisiko müssen Leiter für Stromkreise mit Kleinspannung mit einer zusätzlichen Abdeckung oder Umhüllung (IPXXD oder IP4X) versehen werden oder eine geeignete Umhüllung aus Isolierstoff haben, z. B. Kabel und Leitungen der Bauart H07RNF.
- Bei allen Betriebsmitteln sind die Gebrauchsanweisungen der Hersteller zu beachten.
- Schutzeinrichtungen für den Schutz bei Überlast sind immer am Anfang der Kabel- und Leitungssysteme anzuordnen.
- Steckvorrichtungen dürfen nur an solchen Stellen eingebaut werden, die eine Berührung mit brennbaren Materialien ausschließen. Sie müssen gegen mechanische Beschädigung geschützt werden, z. B. durch Abdeckungen, Einbau in Gebäudenischen.
- Leuchten sind entsprechend den Umgebungsbedingungen, dem Anbringungsort, ihrer Schutzart und Oberflächentemperatur auszuwählen, z. B. mit der Kennzeichnung ▽F oder ▽D dann nur in Verbindung mit der Schutzart IP54 für Leuchten einschließlich Lampe.

- Leuchten sind mit ausreichend großem Sicherheitsabstand zu brennbaren Materialien anzubringen (vergleiche Abschnitt 23 und Herstellerangaben).
- Die Auswahl der Betriebsmittel muss so erfolgen, dass ihr voraussehbarer Temperaturanstieg im normalen Betrieb und im Fehlerfall keinen Brand verursachen kann.
- Schaltgeräte für Schutzmaßnahmen, für Steuerung und für Trennung müssen außerhalb von feuergefährdeten Betriebsstätten eingebaut werden, oder es müssen Umhüllungen vorgesehen werden mindestens mit der Schutzart IP4X, wenn kein Staub auftritt, oder IP5X, wenn Staub anfällt.
- Kabel und Leitungen, die frei verlegt sind, also nicht eingebettet sind in nicht brennbare Materialien, dürfen keinen Brand übertragen können. Dies wird erreicht z. B. durch Kabel und Leitungen mit PVC-Mantel.
- Kabel und Leitungen, die feuergefährdete Räume durchqueren, für den Betrieb dort aber nicht notwendig sind, müssen vor Überlast und Kurzschluss geschützt sein und in den Räumen keine Klemmen und Verbinder haben, es sei denn, dass diese in schwer entflammbarer Umhüllung eingebaut sind.
- Motoren, die nicht dauernd überwacht werden, müssen durch eine von Hand rückstellbare Schutzeinrichtung (z. B. Motorstarter) gegen zu hohen Temperaturanstieg geschützt werden.
- Kabel- und Leitungsanlagen, die feuergefährdete Räume oder Orte versorgen, müssen bei Überlast und Kurzschluss durch Schutzeinrichtungen geschützt sein, die außerhalb dieser Räume oder Orte vorgesehen sind.
- PEN-Leiter dürfen für Stromkreise, die feuergefährdete Räume versorgen, nicht verwendet werden.

Auswahl der Betriebsmittel

- Elektrische Betriebsmittel müssen der Schutzart IP44 entsprechen.
- Leitungen für feste Verlegungen: NYM oder gleichwertige Leitungen oder Kabel mit Kunststoffmantel.
- Kabel und Leitungen in Ställen müssen so verlegt werden, dass Tiere sie nicht erreichen und beschädigen können.
- Kabel oder Leitungen innerhalb der befahrbaren Bereiche: Kabel in Erde, mechanisch geschützt in einer Tiefe von mindestens 0,6 m, oder Mantelleitungen für selbsttragende Aufhängung, Verlegehöhe mindestens 6 m.
- Installationsrohre und -kanäle müssen einen verstärkten Schutz gegen mechanische Beanspruchung haben.
- Not-Schaltgeräte (z. B. Not-Halt) dürfen nicht in Reichweite von Tieren angebracht werden. Sie müssen leicht zugänglich sein. Ihr Zugang darf nicht durch Tiere behindert werden.

- Für die elektrische Anlage muss in jedem Gebäude oder in Teilen des Gebäudes eine einzige Trenneinrichtung vorgegeben werden, die alle aktiven Leiter abschaltet. Das gilt auch für zeitweise genutzte Stromkreise, z. B. während der Erntezeit. Die Trenneinrichtung muss für den jeweiligen Teil der Anlage gekennzeichnet werden. RCDs dürfen als Trenneinrichtung verwendet werden.
- Elektrozäune brauchen einen ausreichenden Abstand von Freileitungen, um mögliche Induktionsströme zu vermeiden.
- Bei Intensivtierhaltung sind zusätzliche Einrichtungen erforderlich bei Ausfall der elektrischen Energie (Kapitel 24), z. B. für ausreichende Belüftung, separate Stromversorgung, Ersatzstromquelle, Überwachungseinrichtungen.

32 Leitfähige Bereiche mit begrenzter Bewegungsfreiheit [706, 706 E]

Elektrische Anlagen in leitfähigen Bereichen mit begrenzter Bewegungsfreiheit sind ortsfeste elektrische Betriebsmittel und Stromquellen für bewegliche Betriebsmittel in Bereichen,

- deren Begrenzungen im Wesentlichen aus Metallteilen bestehen
- in denen Personen mit ihrem Körper großflächig mit den leitfähigen Teilen in Berührung stehen und eine Unterbrechung der Berührung nur eingeschränkt möglich ist

Die elektrischen Anlagen und Betriebsmittel sind so auszuwählen, dass von ihnen in solchen Bereichen für Personen keine Gefahren ausgehen.

Schutz gegen elektrischen Schlag

- Bei Anwendung von SELV und PELV ist immer der Schutz gegen direktes Berühren (Basisisolierung) durch Isolierung (Prüfspannung 500 V für 1 min) oder durch Abdeckung IPXXB (fingersicher) herzustellen.
- Zum Schutz gegen elektrischen Schlag dürfen nur folgende Schutzmaßnahmen angewendet werden:

  Bei der Stromversorgung handgeführter Elektrowerkzeuge oder ortsveränderlicher Messgeräte:

  - SELV oder
  - Schutztrennung mit nur einem einzigen Verbrauchsmittel hinter dem Trenntransformator

  Bei der Stromversorgung von Handleuchten:

  - SELV oder
  - Leuchtstofflampen mit eingebautem Transformator sind zugelassen

  Bei der Versorgung fest angebrachter Anlagen und Betriebsmittel:

  - SELV oder
  - PELV mit zusätzlicher Potentialausgleichsverbindung zwischen Körpern, allen leitfähigen Teilen innerhalb des leitfähigen Bereichs mit begrenzter Bewegungsfreiheit und der Verbindung des PELV-Systems mit Erde
  - Schutz durch automatische Abschaltung, wobei die Körper der ortsfesten Betriebsmittel über einen zusätzlichen Potentialausgleich mit der leitfähigen Umgebung verbunden werden müssen

- Schutz durch Betriebsmittel der Schutzklasse II; der Stromkreis wird mit einer RCD mit $I_{\Delta N} \leq 30$ mA zusätzlich geschützt. Die Schutzart der Betriebsmittel muss der Umgebung angepasst sein
- Schutztrennung mit nur einem einzigen Verbrauchsmittel hinter dem Trenntransformator

- Sicherheitsstromquellen und Transformatoren müssen außerhalb der leitfähigen Bereiche angeordnet werden, es sei denn, sie sind Teil der fest angebrachten Anlagen.
- Wenn eine Betriebserdung für bestimmte Betriebsmittel erforderlich ist, müssen alle Körper und fremden leitfähigen Teile innerhalb des leitfähigen Bereichs mit begrenzter Bewegungsfreiheit und die Erdung für Funktionszwecke (Betriebserdung) in einen Potentialausgleich einbezogen werden.
- Schutz durch Hindernisse und Schutz durch Abstand sind nicht erlaubt.

33 Caravans und Motorcaravans [708, 721, 721 E, 754 E]

Elektrische Anlagen in Caravans und Motorcaravans sind Einrichtungen zur Versorgung bewohnbarer Freizeitfahrzeuge mit elektrischer Energie mit Nennspannungen bis 230/400 V. Ein Beispiel für den Aufbau der Anlage zeigt **Bild 33.2**. Weitere Beispiele siehe E DIN VDE 0100-754.

Anforderungen an Anschlussvorrichtungen (Bild 33.1)

- Die Anschlussvorrichtung besteht aus einem Stecker mit Schutzkontakt nach DIN VDE 0623-20 (vgl. Kapitel 21), beweglichen Leitungen, Bauart H07RN-F oder gleichwertig mit Schutzleiter, Länge 25 m, Mindestquerschnitt 2,5 mm^2, mit der Adernkennzeichnung PE grün-gelb, N hellblau und einer Kupplungssteckdose nach DIN VDE 0623-1 (vgl. Kapitel 21).

Anforderungen an elektrische Anlagen von Caravans

- Als Schutz gegen elektrischen Schlag dürfen der Schutz durch Hindernisse oder Abstand sowie der Schutz durch nicht leitende Räume nicht angewendet werden.
- Beim Schutz durch automatische Abschaltung müssen alle Kabel- und Leitungsanlagen einen Schutzleiter enthalten, der mit dem Schutzkontakt der Anschlussdose (Gerätestecker), mit allen Körpern der elektrischen Betriebsmittel und mit den Schutzkontakten der Steckdosen im Caravan verbunden ist.
- Bei Anwendungen des TN-Systems darf kein PEN-Leiter vorgesehen werden.
- Berührbare leitfähige Teile des Caravans müssen möglichst an mehreren Stellen, damit eine durchgehende Verbindung sichergestellt ist, mit dem Schutzleiter verbunden werden. Querschnitt des Potentialausgleichsleiters: 4 mm^2 Cu.
- Zu verwendende Leitungsbauarten für die elektrische Anlage in Caravans:

  Aderleitungen mit feindrähtigen Leitern (H05RN-F oder gleichwertig) in Isolierrohren, mehrdrähtige Leiter (H07V-R) in Isolierrohren, Gummischlauchleitung mit Polychloropren-Mantel (H05RN-F oder gleichwertig).

Bemessungsstrom **A**	**Querschnitt** **mm^2**
16	2,5
25	4
32	6
63	16
100	35

Tabelle 33.1 Querschnitte von flexiblen Kabeln und Leitungen für die Caravanverbindung

- Querschnitt: Entsprechend der Leistung, jedoch mindestens 1,5 mm^2 Cu, evtl. Wärmestau berücksichtigen.
- Einadrige Schutzleiter müssen isoliert sein.
- Wegen der Erschütterungen sind Kabel- und Leitungsanlagen gegen mechanische Beschädigung zu schützen.

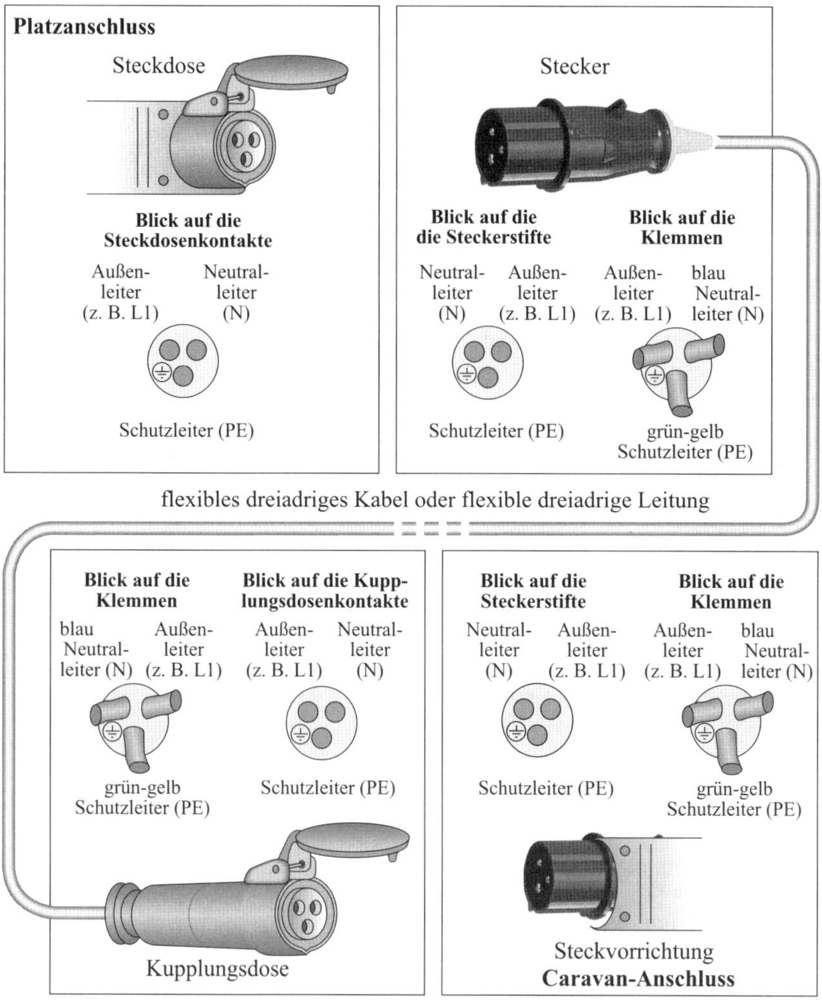

Bild 33.1 Beispiel für eine Caravan-Stromversorgung zwischen Caravan-Stellplatz und Caravan (Bild aus E DIN VDE 0100-709:1990-03, Bild B.1)

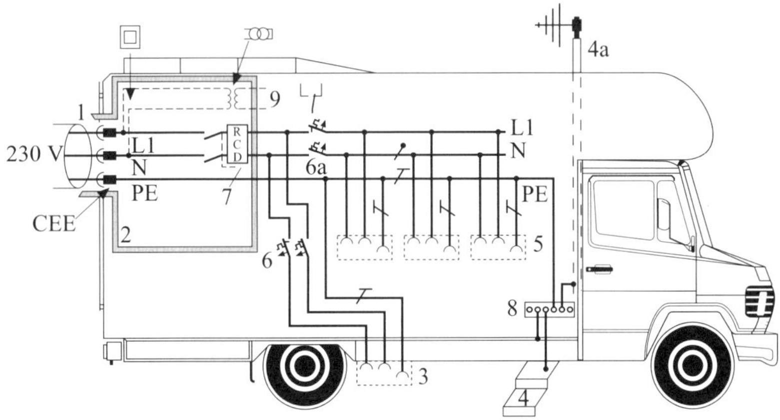

Legende

1) Verbindung des Caravans/Motorcaravans zu einer festen elektrischen Anlage
2) Ausführung in Schutzklasse II oder gleichwertiges Gehäuse bis zur ersten Schutzeinrichtung für die automatische Abschaltung der Stromversorgung
3) Steckdose für Verbrauchsmittel außerhalb des Caravans, Motorcaravans
4) Leitfähige Treppe, falls vorhanden
4a) Antennenmast, falls vorhanden
5) Steckdosen zur Verwendung innerhalb des Caravans, Motorcaravans
6) Überstrom-Schutzeinrichtungen, Selektivauswahl
6a) Überstrom-Schutzeinrichtung
7) Fehlerstrom-Schutzeinrichtung (RCD) mit einem Bemessungsdifferenzstrom ≤ 30 mA
8) Haupterdungsklemme oder Schiene
9) Fahrzeugstartverriegelung (optional)
10) Wechselrichter mit Ausgangstransformator oder Generator
11) Schalteinheit zur sicheren Umschaltung Netz, Wechselrichter oder Generator
12) Not-Ausschaltung (optional)

Bild 33.2 Verbindung zur festen elektrischen Anlage, in der die Schutzmaßnahme wirksam ist, unabhängig vom System nach Art der Erdverbindungen
(Bild aus E DIN VDE 0100-754:2005-02, Bild B.1a)

- Leitungen der Kleinspannungsstromkreise sind von anderen Stromkreisen getrennt zu verlegen.
- Alle Leitungen, die nicht in Rohren oder Kanälen verlegt sind, müssen mit Isolierschellen befestigt sein: senkrechte Leitungsführung mit einem Abstand von höchstens 40 cm, waagrecht höchstens 25 cm. In zugänglichen Bereichen müssen Leitungen aus einem Stück bestehen.
- Anschlüsse und Verbindungen in geeigneten Dosen, durch die ein mechanischer Schutz sichergestellt ist. Anschlüsse müssen isoliert sein, wenn die Abdeckung ohne Werkzeug entfernt werden kann.

Leitungsrohre, -kanäle und Verbindungsdosen müssen aus nicht brennbaren Werkstoffen bestehen.

- In Behältern (Schrank oder abgeteilter Raum) zur Aufnahme von Gasflaschen dürfen Kabel und Leitungen weder vorhanden sein noch durch sie hindurchgeführt werden.

Caravan-Anschluss

- Für den Anschluss wird eine Gerätesteckvorrichtung nach DIN VDE 0623-20 (vgl. Kapitel 21) mit Schutzleiter verwendet. Sie muss an zugänglicher Stelle, außen in einer Nische so hoch wie möglich, jedoch nicht höher als 1,80 m, untergebracht und mit einem Deckel verschlossen sein **(Bild 33.1).**

  Hinweise für die Herstellung des Stromversorgungsanschlusses siehe **Tabelle 33.2**.

  Es sind in unmittelbarer Nähe folgende Daten anzugeben: Bemessungsspannung, Bemessungsstrom, Bemessungsfrequenz.

- Im Caravan an einer leicht zugänglichen Stelle muss ein Hauptschalter vorhanden sein, mit dem die gesamte Anlage (alle aktiven Leiter einschließlich Neutralleiter) abgeschaltet werden kann.

Beim Anschließen

1. Vor der Verbindung der Caravan-Anlage mit dem Netz prüfe Folgendes:
   a) ist die Stromversorgung, die an der Stromversorgungseinrichtung am Caravanstellplatz zur Verfügung steht, geeignet für die elektrische Anlage und die Geräte des Caravans und
   b) Spannung und Frequenz und Strom
   c) ist der Haupttrennschalter des Caravans in der Aus-Stellung
2. Öffne die Abdeckung am Gerätestecker, der am Caravan vorhanden ist, und stecke die Kupplung des flexiblen Kabels der flexiblen Leitung darauf.
3. Stecke den Stecker des Versorgungskabels in die elektrische Steckdose, die an der Stromversorgungseinrichtung am Caravanstellplatz vorgesehen ist.

Das flexible Versorgungskabel/die flexible Versorgungsleitung des Caravans muss vollständig abgewickelt sein, um Beschädigung durch Überhitzung zu vermeiden.

4. Schalte den Haupttrennschalter am Caravan ein.
5. Überprüfe die Funktion der Fehlerstrom-Schutzeinrichtung (RCD), die im Caravan eingebaut ist, durch Drücken der Prüftaste und schalte wieder ein.

In Zweifelsfällen oder wenn nach Durchführung des vorgenannten Verfahrens die Versorgung nicht verfügbar ist, frage den Caravan-Stellplatz-Betreiber.

Beim Ausschalten

6. Schalte die Haupttrenneinrichtung des Caravans aus, und entferne das Kabel oder die Leitung.

Wiederkehrende Prüfung

Die elektrische Anlage des Caravans sollte vorzugsweise alle drei Jahre und, wenn der Caravan häufig benutzt wird, jährlich durch einen kompetenten Elektriker besichtigt und geprüft werden, der einen Bericht über den Zustand ausstellen sollte.

Tabelle 33.2 Hinweise für die Herstellung des Stromversorgungsanschlusses

- Ein Hinweisschild in der Nähe des Hauptschalters mit folgenden Angaben:
  - Beschreibung des Anschluss- bzw. Abtrennvorgangs
  - Maßnahmen für den Fehlerfall
  - Anweisungen für das Wechseln der Sicherungen
  - Empfehlung einer regelmäßigen Prüfung
- Alle Stromkreise müssen gegen Überlast geschützt sein.
- Installationsgeräte (Lampenfassungen, Schalter) dürfen keine berührbaren Metallteile enthalten.
- Steckdosen nur mit Schutzkontakt.
- Kleinspannungssteckdosen müssen gegenüber anderen Steckverbindungen unverwechselbar sein.
- Steckdosen und andere Installationsgeräte im Freien müssen der Schutzart IP55 entsprechen.
- Alle Verbrauchsmittel müssen mit einem Schalter am Gerät oder in der Nähe des Betriebsmittels vom Netz trennbar sein.
- Leuchten sollten vorzugsweise als Einbauleuchten mit der Konstruktion oder Auskleidung des Caravans verbunden sein.
- Besondere Anforderungen für Leuchten, die für Lampen mit unterschiedlichen Bemessungsspannungen vorgesehen sind:
  - Besondere unverwechselbare Lampenfassungen für jede Spannung, Kennzeichnung der Lampenspannung und -leistung
  - bei gleichzeitigem Betrieb der Lampen darf kein Schaden eintreten
  - sichere Trennung der Stromkreise und Anschlussklemmen
- Bemessungsspannungen für Kleinspannungsstromkreise

DC	AC
12 V	12 V
24 V	24 V
48 V	42 V
	48 V

- Für Kleinspannungsstromkreise sind unverwechselbare Steckvorrichtungen zu verwenden.
- Elektrische Anlagen in Räumen mit Dusche (vgl. Kapitel 27).

34 Plätze für Wohnwagen/Caravans, Campingplätze, Marinas und ähnliche Bereiche [708, 708 E, 709 E, 720 E, 721, 721 E]

Elektrische Einrichtungen für die Versorgungen von Caravanplätzen, Marinas und ähnlichen Bereichen mit einer maximalen Nennspannung einphasig von AC 230 V und dreiphasig von AC 400 V.

Schutz gegen elektrischen Schlag

Bei der Anwendung der Schutzmaßnahme Schutztrennung erfolgt die Versorgung durch einen fest errichteten Trenntransformator. Nur ein Wasserfahrzeug darf mit der Sekundärwicklung des Trenntransformators verbunden sein.

Die Körper der getrennten Stromkreise dürfen nicht mit Schutzleitern oder Körpern anderer Stromkreise, also auch nicht mit dem Schutzleiter der Landversorgung, verbunden sein.

Erfolgt der Schutz bei indirektem Berühren durch automatische Abschaltung mit Fehlerstrom-Schutzeinrichtung (RCD), dürfen nur zwei Steckdosen durch eine RCD mit $I_{\Delta N} \leq 30$ mA geschützt werden. Jeder Endstromkreis zur Versorgung von Mobilheimen muss einzeln durch eine RCD $I_{\Delta N} \leq 30$ mA geschützt werden.

Schutz durch Hindernisse, Abstand, nicht leitende Räume oder durch erdfreien örtlichen Potentialausgleich ist nicht erlaubt.

Kabel- und Leitungsanlagen

Verteilungsstromkreise auf Caravanplätzen sind vorzugsweise unterirdisch mit einer Mindesttiefe von 50 cm mit zusätzlich mechanischem Schutz zu verlegen. Auch frei gespannte Leiter, die isoliert sein müssen, sind möglich, Mindesthöhe 6 m über dem Grund in allen Bereichen, in denen Fahrzeuge bewegt werden, in anderen Bereichen mindestens eine Höhe von 3,5 m.

Für Marinas sind Kabel- und Leitungssysteme nur mit Kupferleitern anwendbar. Sie müssen so ausgewählt und errichtet werden, dass mechanische Beschädigungen durch Tiden oder durch Bewegungen der schwimmenden Konstruktion verhindert werden. Wasser muss durch Gefälle oder Entwässerungslöcher abfließen können.

Zu verwendende Kabel- und Leitungssysteme:

- Kabel und Leitungen mit thermoplastischer oder Elastomer-Isolierung in Umhüllungen aus schweren nicht metallischen Rohren oder schweren oder strapazierfähigen galvanisierten Rohren

- Mineralisolierte Kabel und Leitungen mit schützender PVC-Abdeckung
- Kabel mit Armierung und verfüllt mit thermoplastischem oder elastomerischem Material

Materialauswahl in Abhängigkeit äußerer Einflüsse

• Wasserschutz	Spritzwasser	IPX4
	Strahlwasser	IPX5
	Wasserwellen	IPX6
• Fremdköper	Eindringen kleiner Fremdköper IP3X	
• Staub in nennenswerter Menge, korrosiver Staub	Betriebsmittel sind zu schützen gegen verschmutzende Substanzen und korrosive Atmosphäre	
• Mechanische Beanspruchung	Schutz durch geeignete Standortwahl der Betriebsmittel, durch mechanischen Schutz durch Einsatz geeigneter Betriebsmittel	

Schutz bei Überstrom

- Jede Steckdose muss durch eine eigene Überstrom-Schutzeinrichtung geschützt werden. Ihr Bemessungsstrom darf nicht größer sein als der Bemessungsstrom der Steckdose.
- Endstromkreise für die Versorgung von Mobilheimen müssen einzeln durch eine Überstrom-Schutzeinrichtung geschützt sein.

Steckdosen

Für Steckdosen und ihre Gehäuse gilt:

- Mindestens IP44, bei Strahlwasser bzw. Wasserwellen IP45 bzw. IP46
- Steckdosen müssen so nah wie möglich am Stellplatz bzw. am Anlegeplatz angeordnet werden, um lange Verbindungsleitungen zu vermeiden
- Maximal vier Steckdosen in einem Gehäuse
- Jede Steckdose darf nur eine Einheit (Freizeitfahrzeug, Zelt, Wassersportfahrzeug) versorgen
- Steckdosen auf Caravanplätzen müssen zwischen 0,5 m und 1,5 m vom Boden errichtet werden
- Für Steckdosen auf Marinas gilt eine Höhe von 1 m über dem höchsten Wasserspiegel, für schwimmende Pontons reichen 0,3 m mit entsprechendem Spritzwasserschutz

Mit dem Entwurf DIN IEC 60364-7-709 (VDE 0100-709) vom Oktober 2005 für „Marinas und ähnliche Bereiche“ ist ein Normenentwurf veröffentlicht worden, der später DIN VDE 0100-721 teilweise ersetzen soll. Wichtige Änderungen bzw. Ergänzungen sind:

- Endstromkreise dürfen keine PEN-Leiter enthalten.
- Schutztrennung ist als Schutz bei indirektem Berühren zulässig mit einem fest errichteten Trenntransformator, an den nur ein Wassersportfahrzeug angeschlossen werden darf. Der Schutzleiter der Landversorgung darf dabei nicht mit dem Potentialausgleich des Wassersportfahrzeugs verbunden werden.
- Jede Steckdose muss durch eine eigene Fehlerstrom-Schutzeinrichtung (RCD) mit $I_{\Delta N} \leq 30$ mA geschützt werden.
- Steckdosen mit einem Nennstrom über 16 A und dreiphasiger Versorgung sind zulässig.

35 Ausstellungen, Shows und Stände [711, 722, 740]

Es sind besondere Anforderungen an vorübergehend zu errichtende elektrische Anlagen für Gebäude, Vergnügungseinrichtungen und Buden auf Messegeländen, für Vergnügungsparks, Zirkusse, fliegende Bauten, Wagen und Wohnwagen nach Schaustellerart zur Sicherheit der Benutzer zu beachten. Die Betriebsmittel müssen so ausgewählt und die Anlagen so errichtet werden, dass Personen, Nutztiere und Sachen nicht gefährdet werden.

Die Versorgung erfolgt aus einem Stromkreisverteiler, der entweder dauerhaft als fester Anschlusspunkt zur Verfügung steht oder vorübergehend für den Anschluss errichtet wird. Nennversorgungsspannung maximal AC 230/400 V, DC 500 V. Der Anschluss kann auch an schutzisolierten Betriebsmitteln mit Überstrom-Schutzeinrichtungen, wie z. B. Hausanschlusskästen oder Baustromverteilern, hergestellt werden. Ferner ist die Versorgung über einen Ersatzstromerzeuger möglich. Wenn nur ein Stromkreis gebraucht wird, kann eine zweipolige Schutzkontakt-Steckdose in der Hausinstallation verwendet werden.

Für fliegende Bauten nach Schaustellerart ist ein definierter Speisepunkt mit Steckdosen, Überstrom-Schutzeinrichtungen und RCD erforderlich, sofern nicht ein einzelner Stromkreis über eine zweipolige Schutzkontakt-Steckdose versorgt werden kann.

Schutz gegen elektrischen Schlag

- Es wird empfohlen, Versorgungskabel und -leitungen an ihrem Speisepunkt durch Fehlerstrom-Schutzeinrichtungen (RCDs) mit $I_{\Delta N} \leq 30$ mA zu schützen, um erhöhte Risiken durch Beschädigung von Kabeln und Leitungen zu begrenzen.
- Steckdosenstromkreise bis 32 A und alle Endstromkreise (außer Notbeleuchtung) müssen mit RCDs $I_{\Delta N} \leq 30$ mA geschützt sein.
- Alle leitfähigen Teile von Buden, Ständen und elektromechanisch betriebenen Vergnügungseinrichtungen müssen über Potentialsausgleichsleiter mit Erde und den Schutzleitern dauerhaft verbunden werden (siehe Kapitel 19).
- Im TN-System ist nur TN-S zulässig.
- Schutz durch Hindernisse, Abstand, erdfreien Potentialausgleich oder nicht leitende Räume ist nicht erlaubt.
- Bei SELV- und PELV-Stromkreisen müssen die Leiter isoliert werden oder durch Abdeckungen oder Umhüllungen mit einer Schutzart mindestens IP4X oder

IPXXD geschützt werden. Die Isolierung muss einer Prüfwechselspannung von 500 V 1 min lang standhalten.

Brandschutz

- Elektrische Betriebsmittel wie Glühlampen, Leuchten, Scheinwerfer oder Geräte mit hoher Oberflächentemperatur müssen an ausgewählten Orten nach vorgegebenen Normen oder Herstellerangaben montiert und im Betrieb überwacht werden. Sie müssen von Gegenständen, die eine Ausbreitung von Feuer bewirken können, ausreichend Abstand halten.
- Eine Ansammlung elektrischer Geräte, die übermäßig Wärme erzeugen (z. B. Schaukästen, Leuchtschriften, Standeinrichtungen), darf nur dort eingebaut werden, wo für eine ausreichende Be- und Entlüftung gesorgt wird.
- Hinsichtlich des Brandschutzes sind spezielle Sicherheitsanforderungen zu erfüllen, wenn die Aktivitäten und Umgebungsbedingungen dies verlangen (z. B. Explosionsgefahr beim Verkauf von Feuerwerkskörpern).
- Stromkreise für die Versorgung eigenständiger, vorübergehender Einrichtungen, wie z. B. Stände, Fahrzeuge im Außenbereich, müssen mit einer schnell erreichbaren und leicht erkennbaren Trenneinrichtung abgeschaltet werden können (Trennschalter, Leistungsschalter, Fehlerstrom-Schutzeinrichtung, die zum Trennen geeignet sind).

Schutz bei Überstrom

- Geeignete Schutzeinrichtungen zum Schutz bei Überstrom sind für alle Stromkreise am Speisepunkt der Anlage anzuordnen.

Auswahl und Errichtung elektrischer Betriebsmittel

- Steuer- und Schutzeinrichtungen müssen in geschlossenen Gehäusen eingebaut sein, die nur mit Schlüssel oder Werkzeug geöffnet werden können. Ausgenommen sind Bedieneinrichtungen für Laien.
- Kabel und Leitungen, für die Gefahren mechanischer Beschädigung bestehen, müssen entsprechend geschützt werden.
- Leiter von Kabeln und Leitungen müssen aus Kupfer sein und einen Mindestquerschnitt von 1,5 mm^2 Cu haben (siehe DIN VDE 0281 oder DIN VDE 0282).
- Flexible Kabel und Leitungen dürfen in öffentlichen Bereichen nicht verlegt werden, es sei denn, sie sind gegen mechanische Beschädigung geschützt.
- Kabel- und Leitungsanlagen für Einrichtungen

  ohne Feueralarmsystem

  - flammwidrige Kabel und Leitungen nach DIN VDE 0482-265, DIN VDE 0482-266, DIN VDE 0482-268. Die Bauarten H07ZZ-F, NHMH erfüllen z. B. diese Anforderungen

- ein- oder mehradrige unbewehrte Kabel und Leitungen in metallenen oder nicht metallenen Rohren oder Kanälen (Schutzart mindestens IP4X), die einen Feuerschutz bieten

mit Feueralarmsystem

- Kabel und Leitungen der Bauarten H05VV, H05VVF, H05RNF, NYM

Es wird empfohlen, die Auswahl der Kabel und Leitungen mit dem Betreiber und der örtlichen Bauaufsicht abzustimmen.

- Verbindungen in Kabel- und Leitungsanlagen dürfen nur für den Anschluss innerhalb eines Stromkreises ausgeführt werden. Dafür sind Steckverbinder nach DIN VDE 0628, DIN VDE 0606-200, DIN VDE 0620 oder Verbindungen in einem Gehäuse mit der Schutzart IP4X oder IPXXD zu verwenden.

  Um Zug auf Klemmen zu vermeiden, muss die Verbindung zugentlastet sein.
- Leuchten im Handbereich (unterhalb 2,5 m über Fußbodenniveau müssen so angebracht oder geschützt sein, dass sie weder Personen gefährden noch Werkstoffe entzünden können (siehe Kapitel 38).
- Illuminationsflachleitungen mit Lampenfassungen dürfen nur als fabrikfertige Einheiten verwendet werden.
- Anlagen mit elektrischen Entladungslampen und einer Nennversorgungsspannung höher als AC 230/400 V müssen außerhalb des Handbereichs errichtet werden oder ausreichend geschützt sein. Montageflächen und Abdeckungen für Entladungslampen (z. B. Leuchtröhrenschriften) sowie für ihre Steuereinrichtungen dürfen nicht entzündbar sein. Es ist ein separater Stromkreis vorzusehen, der über einen Not-Aus-Schalter mit entsprechender Kennzeichnung und Anordnung (nach den Anforderungen der örtlichen Behörden) schaltbar sein muss.
- Für Motoren, die zu einer Gefahr führen können, müssen allpolige Trenneinrichtungen in ihrer Nähe vorgesehen werden.
- Der Einbau von Transformatoren für Kleinspannung muss außerhalb des Handbereichs erfolgen. Es ist für ausreichende Belüftung zu sorgen. Eine manuelle rückstellbare Schutzeinrichtung muss den Sekundärstromkreis von jedem Transformator schützen.
- Alle vorübergehend errichteten Anlagen müssen nach jeder Montage vor Ort überprüft werden (vergleiche Kapitel 25).

36 Photovoltaik-Anlagen [712 E]

Die Anforderungen gelten für elektrische Anlagen von Photovoltaik-Versorgungssystemen (PV-System), die ausschließlich für den Parallelbetrieb mit einer aus dem öffentlichen Versorgungsnetz gespeisten Installationsanlage vorgesehen sind. Die verwendeten Begriffe sind im **Bild 36.1,** das die Struktur einer PV-Anlage zeigt, dargestellt.

Erdverbindungen

- PV-Systeme ohne einfache oder sichere Trennung mit einem TN- oder TT-System:

  Es dürfen auf der Gleichspannungsseite aktive Leiter nicht geerdet werden.
- Einfache oder sichere Trennung zwischen der Wechsel- und Gleichspannungsseite:

  Es darf auf der Gleichspannungsseite des PV-Wechselrichters ein aktiver Leiter geerdet werden.

Schutz gegen elektrischen Schlag

- Schutz durch SELV oder PELV

  SELV ist nicht anwendbar, wenn wegen des Schutzes bei Überspannung eine Erdung der leitfähigen Konstruktionsteile erforderlich ist.
- Die Leerlaufgleichspannung des PV-Generators unter Standardbezugsbedingungen (SRC)[1)] darf 120 V bei SELV oder PELV nicht übersteigen.
- Auf den Schutz bei indirektem Berühren kann für den PV-Generator unabhängig von der Höhe der Spannung verzichtet werden, wenn er in einer abgeschlossenen elektrischen Betriebsstätte errichtet oder mindestens 2,50 m über der Zugangsebene angeordnet ist.

  In der Umgebung des PV-Generators sind Warnschilder anzubringen.
- Der Schutz durch automatische Abschaltung der Stromversorgung auf der Gleichspannungsseite des PV-Wechselrichters ist normalerweise nicht möglich, da die geforderte Abschaltzeit nicht eingehalten werden kann.
- Anforderungen auf der Wechselspannungsseite des PV-Wechselrichters:

  Der PV-Wechselrichter muss mit der Versorgungsseite der Schutzeinrichtungen der Verbraucheranlage verbunden sein.

---

1) SRC Standard Reference Conditions

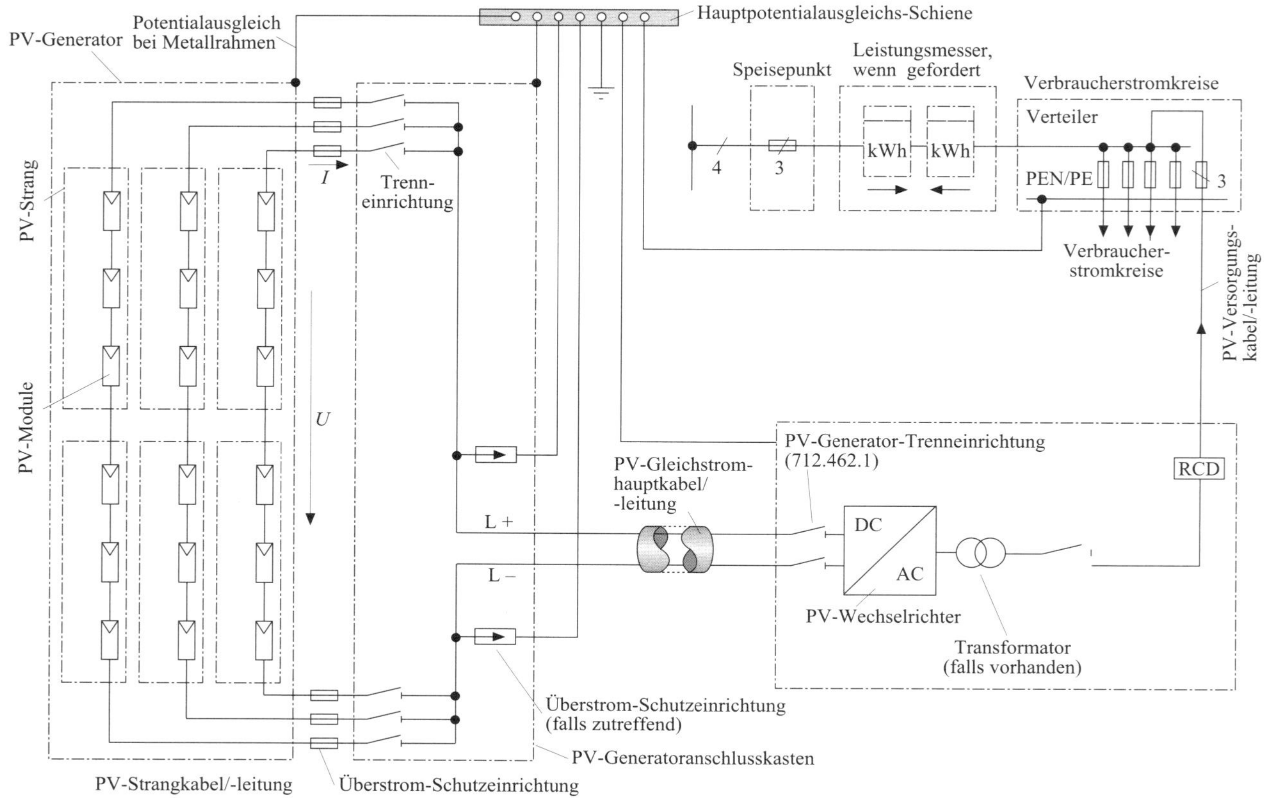

Bild 36.1 Struktur und Betriebsmittel einer PV-Anlage (Bild aus E IEC 64/1123/CD (VDE 0100-712):2000-08, Bild 1)

Die Abschaltung auf der Wechselspannungsseite muss nach den Bedingungen der Abschnitte 7.1 bis 7.4 erfolgen.

Die Spannung auf der Wechselspannungsseite wird im Fehlerfall in 5 s auf 50 V begrenzt.

- Für die Gleichspannungsseite der PV-Anlage sollte vorzugsweise Schutz durch Schutzklasse II oder gleichwertige Isolierung angewendet werden.
- Falls das Gehäuse des PV-Wechselrichters nicht der Schutzklasse II entspricht, ist ein zusätzlich örtlicher Potentialausgleich wegen eines möglichen Fehlers auf der Gleichspannungsseite des Wechselrichters erforderlich, der die berührbaren, fremden, leitfähigen Teile mit dem Gehäuse des PV-Wechselrichters verbindet.
- Schutz durch nicht leitende Räume auf der Gleichspannungsseite des PV-Wechselrichters und Schutz durch erdfreien örtlichen Potentialausgleich ist nicht anwendbar.

Weitere Anforderungen:

- Die PV-Strangkabel oder -leitungen müssen bei einem Strang den 1,25-fachen Wert des Kurzschlussstroms unter Standardprüfbedingungen ($I_{SC\ STC}$) dauernd führen können, den zweifachen Wert bei zwei oder mehr Strängen.

  Für PV-Array-Kabel oder -leitungen gilt der zweifache Wert, für PV-Gleichstromhauptkabel oder -leitungen der 1,25-fache Wert des betreffenden Generators. Bei parallelen Kabeln oder Leitungen für den Anschluss einzelner PV-Module kann der Schutz bei Überlast entfallen, wenn sie den Kurzschlussstrom der parallel geschalteten Module dauernd führen können.
- Zwischen PV-Generator und PV-Wechselrichter ist eine leicht erreichbare Trenneinrichtung (Strom- und Spannungsdaten nach Angaben des Herstellers) vorzusehen. Liegen keine Herstellerangaben vor, gilt, dass die Schalteinrichtung für den 1,25-fachen Wert des Kurzschlussstroms unter Standardprüfbedingungen und den 1,15-fachen Wert der Spannung des unbelasteten Stromkreises unter Standardprüfbedingungen ($U_{OC\ STC}$) ausgelegt sein muss.
- Wenn die Gleichspannung des unbelasteten Stromkreises 120 V übersteigt, sollten PV-Module mit der Schutzklasse II oder mit gleichwertiger Isolierung eingesetzt werden.
- Werden Sperrdioden eingesetzt, muss ihre Sperrspannung für $2 \cdot U_{OC\ STC}$ bemessen sein.
- Fehlerstrom-Schutzeinrichtungen (RCDs) dürfen nicht durch DC-Fehlerströme beeinflusst werden.
- Leitungen und Kabel auf der Gleichstromseite müssen so ausgelegt werden, dass das Risiko eines Erdschlusses oder Kurzschlusses minimiert wird (Verstärkung durch Verlegen von Einleiterkabeln oder -leitungen).

- Die Anzahl der Verbindungen auf der Gleichstromseite sollte so gering wie möglich sein.
- Beim Fehlen eines Blitzschutzes für die Betriebsmittel sollten die Außenleiter L+ und L- des PV-Gleichstromhauptkabels oder der -leitung durch Überspannungs-Schutzeinrichtungen, vorzugsweise vom Typ Metalloxid, in der Nähe des PV-Wechselrichters geschützt werden.
- Bei der Auswahl der Trenneinrichtung zwischen PV-Anlage und der öffentlichen Stromversorgung muss das Netz als Stromquelle und die PV-Anlage als Last betrachtet werden.
- Folgende Warnhinweise sind vorzusehen am Schaltschrank mit den PV-Versorgungskabeln oder -leitungen:
  - „Sicherungen dürfen nicht entfernt und Trenneinrichtungen dürfen nicht unter Lastbedingungen geschaltet werden“, wenn solche Einrichtungen im Gleichspannungsbereich des PV-Wechselrichters angeordnet sind.
  - „Eine aktive Stromquelle ist angeschlossen“

  Am PV-Generatoranschlusskasten:
  - „Aktive Teile im PV-Generatoranschlusskasten können nach dem Trennen vom PV-Wechselrichter unter Spannung stehen“.

37 Möbel [724]

Bei den elektrischen Anlagen in Verbindung mit Möbeln oder ähnlichen Einrichtungsgegenständen (z. B. Holzabdeckungen, Zierleisten) handelt es sich um Kabel- und Leitungssysteme, die mit der elektrischen Anlage von Gebäuden fest verbunden sind oder bei vorgefertigten Möbeln, z. B. über Steckvorrichtungen, angeschlossen werden. Beispiele solcher Einrichtungen sind Betten, Glasschränke, Tisch- und Ladenschaukästen, Vitrinen, in denen elektrische Betriebsmittel wie Leuchten, Steckdosen, Schaltgeräte, Kabel und Leitungen angebracht sind.

Die Betriebsmittel und deren Zubehör sind so auszuwählen und zu errichten, dass sie den Anforderungen der besonderen Umgebung hinsichtlich der Verbindungsstellen, der mechanischen Einflüsse und der Brandgefahr entsprechen.

Anforderungen:

- Einphasige Versorgung mit einer Bemessungsspannung $\leq$ 240 V und einem maximalen Betriebsstrom von 16 A.
- Kabel und Leitungen für die feste Verbindung mit den elektrischen Anlagen des Gebäudes.
- Flexible Gummi- oder PVC-isolierte Kabel und Leitungen für den Anschluss über Steckverbindungen.
- Kabel und Leitungen, die bewegt werden, müssen flexibel ausgeführt sein.
- Mindestquerschnitt 1,5 mm^2 Cu, bei flexiblen Kabeln oder Leitungen darf der Querschnitt bis auf 0,75 mm^2 Cu verringert werden, wenn sie keine Steckdosen versorgen und ihre Länge 10 m nicht überschreitet.
- Zur Vermeidung von Beschädigungen müssen Kabel und Leitungen an den Wänden befestigt oder in Hohlräume der Möbel verlegt werden.
- Es sind Zugentlastungen an den Einführungen und Verbindungen vorzusehen.
- Zu verhindern sind Beschädigungen durch scharfe Kanten oder bewegliche Teile.
- Die zu verwendenden Betriebsmittel und Materialien müssen die Anforderungen für Hohlwände erfüllen (vgl. Kapitel 10).
- Höchsttemperaturen von Leuchten, Lampen und anderen Betriebsmitteln:
  - im üblichen Betrieb 90 °C
  - im Fehlerfall 115 °C
- Es sind die Anweisungen der Hersteller hinsichtlich Einbaulage, Befestigungsplätze und Sicherheitsabstände zu beachten.

- Beim Einsetzen von Lampen ist ihre jeweils angegebene höchstzulässige elektrische Leistung zu beachten.
- Zur Vermeidung von Wärmestaus und der damit verbundenen Brandgefahr müssen elektrische Betriebsmittel beim Schließen von Türen, Klappen oder Ähnlichem automatisch abschalten (Beispiel: Beleuchtung am Klappbett).

38 Beleuchtungsanlagen im Freien [714]

Es handelt sich um ortsfeste Beleuchtungsanlagen, die im Freien aufgestellt sind.

Beispiele:

- Beleuchtungsanlage für Straßen, Parks, Plätze, Sportstätten, Denkmäler
- Flutlichtanlagen
- Telefonzellen, Haltestellenunterkünfte, Hinweistafeln, Verkehrszeichen, Stadtpläne (Einrichtungen mit integrierter Beleuchtung)

Nicht erfasst sind:

- der Teil der öffentlichen Beleuchtungsanlagen, der Bestandteil des öffentlichen Netzes ist
- vorübergehende Girlandenbeleuchtung
- Straßenverkehrs-Signalanlagen
- außen am Gebäude angebrachte Leuchte, die direkt vom Leitungssystem dieses Gebäudes versorgt wird

Speisepunkt einer Beleuchtungsanlage im Freien ist der Übergabepunkt der elektrischen Energie vom Stromversorger oder von dem Punkt des Stromkreises, von dem ausschließlich die Beleuchtungsanlage versorgt wird.

Die Verbraucheranlage (Endstromkreis) beginnt hinter der Überstrom-Schutzeinrichtung zwischen Netz und Leuchte (z. B. im Mastfuß der Leuchte). Für diesen Teil der Anlage gelten dann die beschriebenen Anforderungen.

Für Leuchten in Schwimmbädern oder Springbrunnen gelten DIN VDE 0100-702 (siehe Kapitel 28).

Es gelten nachstehende **Anforderungen:**

Schutzarten

Mindestschutzart für Beleuchtungsanlagen IP33. Eine höhere Schutzart kann den Instandhaltungsaufwand (Reinigung) verringern.

Schutz gegen elektrischen Schlag

- Alle aktiven Teile müssen gegen direktes Berühren durch Isolierung, Abdeckung oder Umhüllung geschützt sein.
- Gehäuse, in denen sich aktive Teile befinden, dürfen nur mit Werkzeug oder Schlüssel zu öffnen sein. Bis zu einer Höhe von 2,5 m über der Grundfläche

müssen die aktiven Teile hinter der Tür mindestens nach IP2X oder IPXXB abgedeckt werden.

- Bei Leuchten mit einer Höhe von weniger als 2,8 m über der Grundfläche darf der Zugang zur Lichtquelle nur mit Werkzeug möglich sein.
- Schutz bei indirektem Berühren durch nicht leitende Räume oder durch erdfreien örtlichen Potentialausgleich ist nicht zulässig.
- In der Nähe der Beleuchtungsanlage befindliche Metallteile (Zäune, Gitter usw.) brauchen nicht mit der Erdungsklemme verbunden zu werden.
- Es wird empfohlen, Beleuchtungsanlagen durch RCDs mit $I_{\Delta N} \leq 30$ mA zu schützen, da die Sicherheit von Personen im Allgemeinen wichtiger ist als die Beleuchtung der jeweiligen Einrichtungen.
- In TT-Systemen mit einem Erder mit niedrigem Widerstand kann auch der Schutz durch automatische Abschaltung mit einer Überstrom-Schutzeinrichtung angewendet werden.
- Bei Leuchten der Schutzklasse II dürfen die leitfähigen Teile des Lichtmastes nicht absichtlich mit der Erdungsanlage verbunden werden, es sei denn, der Lichtmast ist nicht Bestandteil der schutzisolierten Außenleuchte.
- Bei der Anwendung des Schutzes durch automatische Abschaltung oder durch Schutzisolierung der Betriebsmittel sind die jeweiligen Bedingungen nach Kapitel 7 zu erfüllen.
- Elektrische Anlagen für die Beleuchtung müssen zur Unterscheidung von anderen Versorgungssystemen in geeigneter Weise gekennzeichnet sein.
- Der Spannungsfall des Einschaltstroms sollte berücksichtigt werden.

39 Kleinspannungs-Beleuchtungsanlagen [715 E]

Als Kleinspannungs-Beleuchtungsanlagen gelten Beleuchtungseinrichtungen, die mit einer Bemessungsspannung von höchstens 50 V AC oder 120 V DC betrieben werden.

Anforderungen:

Schutz gegen elektrischen Schlag

- Es ist nur SELV zu verwenden. Bei blanken Leitern ist die Spannung auf 25 V AC bzw. 60 V DC zu begrenzen.
- Als Stromquelle müssen Trenntransformatoren oder Vorschaltgeräte mit sicherer Trennung in kurzschlussfester Ausführung verwendet werden

  Kennzeichnungen: , 
- Parallelbetrieb auf der Sekundärseite der Transformatoren ist bei gleicher Charakteristik und gleichen Bemessungsdaten zulässig, wenn sie auch auf der Primärseite parallel geschaltet sind und eine gemeinsame Trenneinrichtung besitzen.

Schutz bei Überstrom

Eine Überlast-Schutzeinrichtung für Kleinspannungsstromkreise ist entweder auf der Primärseite oder vorzugsweise auf der Sekundärseite vorzusehen.

Der Schutz auf der Primärseite ist zugleich auch Schutz bei Kurzschluss.

Der Überlastschutz darf keine selbstständig zurückstellende Temperaturbegrenzung besitzen und darf nur in einem der beiden Leiter unter den folgenden Bedingungen eingebaut werden:

- der Überstromschutz muss auf die Spannungsquelle abgestimmt sein
- die Möglichkeit eines Kurzschlusses zwischen Spannungsquelle und Überlast-Schutzeinrichtung ist zu minimieren, z. B. durch Betriebsmittel der Schutzklasse II

Brandschutz

- Bei der Montage der Betriebsmittel sind die jeweiligen Herstellerangaben zu beachten.
- Leuchten ohne -Kennzeichnung dürfen nicht auf entflammbaren (brennbaren) Oberflächen montiert werden.

- Bei nicht isolierten aktiven Leitern ist eine besondere Schutzeinrichtung vorzusehen, die den Stromkreis bei plötzlichem Leistungsanstieg abschaltet, oder es sind Transformatoren in kurzschlussfester Ausführung zu verwenden.
- Diese besondere Schutzeinrichtung übernimmt auch den Brandschutz, und sie muss nachstehende Anforderungen erfüllen:
  - dauernde Überwachung des Leistungsbedarfs der Stromverbraucher
  - automatische Abschaltung innerhalb von 0,3 s im Kurzschluss- oder Fehlerfall, wenn der Fehler eine Leistungsanhebung von 60 W bewirkt, gleichgültig, ob der Fehler bei Volllast, Teillast oder beim Einschalten auftritt

Kabel- und Leitungssysteme

Zulässige Verlegearten

- Isolierte Leiter in Elektro-Rohren oder -Kanalsystemen
- Leitungen
- Flexible Leitungen
- Stromkreise für Kleinspannungs-Beleuchtungssysteme als Bau-Sets nach DIN EN 60598-2-23 (VDE 0711-223)
- Stromschienensysteme nach DIN EN 60570 (VDE 0711-300), DIN EN 60570-2-1 (VDE 0711-301)

Bei zugänglichen Teilen der Beleuchtungsanlagen sind Maßnahmen zum Schutz gegen Verbrennungen zu beachten (vgl. Abschnitt 9.2).

Metallene Gebäudeeinrichtungen, z. B. Rohrleitungen, Teile von Möbeln, dürfen als aktive Teile nicht verwendet werden.

Für blanke Leiter gilt:

- Bemessungsspannung bis 25 V AC bzw. 60 V DC.
- Die Gefahr eines Kurzschlusses muss durch geeignete Herstellung, Errichtung oder Kapselung auf eine Minimum begrenzt werden.
- Mindestquerschnitt der verwendeten Leiter 4 mm^2.
- Leistung der Stromversorgungsgeräte maximal 200 VA.
- Keine Berührung der Leiter mit brennbarem Material.
- Um mögliche Kurzschlüsse zu verhindern, ist mindestens eine Anschlussstelle zu isolieren.
- Träger- und Profilleiter für Leuchten müssen für das fünffache Gewicht der angeschlossenen Leuchten, mindestens jedoch für 10 kg, ohne Formänderungen ausgelegt sein.

- Leiteranschlüsse und Verbindungen sind als Schraubverbindungen oder als schraubenlose Verbindungen herzustellen (DIN EN 60998-2-2 (VDE 0613-2-2)).
- Trägerleiter müssen an Wänden und Decken durch isolierende Vorrichtungen befestigt werden.
- Schneidklemmen und Anschlussseile mit Gegengewichten, die über frei hängende Leiter gelegt werden, sind nicht zulässig.

Mindestquerschnitte

- Mindestquerschnitte 1,5 mm^2 Cu, bei flexiblen Leitungen bis 3 m Länge auch 1,0 mm^2 Cu.
- Mindestquerschnitt für flexible frei hängende Leitungen oder isolierte Leiter 4 mm^2 Cu.

Spannungsfall

In Kleinspannungs-Beleuchtungsanlagen ist der Spannungsfall besonders zu beachten, da relativ hohe Ströme fließen und die häufig verwendeten Niedervolt-Halogenlampen und ihr Lichtstrom sehr spannungsempfindlich sind. Wenige Prozente Spannungsfall führen bereits zu einem Lichtstromrückgang von mehr als 20 %.

Weitere Anforderungen:

- Leuchten nach der Normenreihe DIN EN 60598 (VDE 0711).
- Schutzeinrichtungen müssen auf die Stromquelle abgestimmt sein.
- Schutzeinrichtungen müssen fest montiert und leicht erreichbar sein.
- Der Aufbau des Stromkreises muss deutlich sichtbar oder aus Schaltplänen erkennbar sein.

40 Hilfsstromkreise [725]

Hilfsstromkreise sind Stromkreise, die in Verbindung mit den Hauptstromkreisen zusätzliche Funktionen, z. B. zum Regeln, Steuern, Verriegeln, Melden, Messen, übernehmen. Hilfsstromkreise werden eingesetzt für die Signalbildung, Signalein- und -ausgabe, Signalverarbeitung, Anzeige und Aufzeichnung von Betriebs- und Grenzwerten elektrischer und physikalischer Größen, von Störungen, Schaltzuständen und ähnlichen Kriterien.

Stromversorgung

- direkt vom Hauptstromkreis
- vom Hauptstromkreis über einen Transformator
- von einer unabhängigen Stromquelle

Beim Einsatz von elektronischen Betriebsmitteln im Hilfsstromkreis sollte die Versorgung über einen Transformator mit sicherer Trennung oder von einer unabhängigen Stromquelle aus erfolgen.

Weitere Anforderungen:

- Transformatoren sollten zwischen Außenleitern angeschlossen werden.
- Werden mehrere Transformatoren eingesetzt, sind diese so anzuschließen, dass auf der Sekundärseite Phasengleichheit besteht.
- Bei geerdeten Hilfsstromkreisen sollte die Verbindung zur Erde in der Nähe der Stromquelle (Transformator) liegen, leicht zugänglich, für Testzwecke auftrennbar und ihre Zugehörigkeit zum Anschluss erkennbar sein.
- Ein geerdeter Hilfsstromkreis muss von einem Transformator mit getrennter Wicklung oder einer unabhängigen Spannungsquelle versorgt werden.
- Mindestwerte des einzuhaltenden Isolationswiderstands (vgl. Abschnitt 25.1):

Bemessungs-spannung V	**Isolations-widerstand** Ω
≤ 50	≥ 0,25
≤ 500	≥ 0,5
> 500	≥ 1,0

- Die Versorgung des Hilfsstromkreises in direkter Verbindung zum Hauptstromkreis eines TN- oder TT-Systems erfolgt zwischen Außenleiter und Neutralleiter.
- In einem IT-System mit verteiltem Neutralleiter müssen die angeschlossenen Betriebsmittel zwischen Außenleiter und Neutralleiter für die verkettete Spannung isoliert werden.
- Der Hilfsstromkreis beginnt mit und ohne Verwendung von Transformatoren an der ersten Überstrom-Schutzeinrichtung, die vom Hauptstromkreis abzweigt.

Schutzmaßnahmen

- Der Schutz bei Überlast kann entfallen.
- Kabel und Leitungen müssen gegen Kurzschluss geschützt werden; dies kann beim Einsatz von Transformatoren auch auf der Primärseite erfolgen, wenn der Schutz damit auch auf der Sekundärseite erfüllt wird. Allerdings sollten dann Kabel und Leitungen so verlegt werden, dass das Risiko des Kurzschlusses auf ein Minimum reduziert wird.
- Hinter Trenntransformatoren dürfen mehrere geerdet betriebene Hilfsstromkreise durch eine gemeinsame einpolige Schutzeinrichtung geschützt sein.
- Auch ungeerdet betriebene Hilfsstromkreise dürfen einpolig abgesichert werden, wenn der Leiter mit dem kleinsten Querschnitt durch die Schutzeinrichtung mit dem größten Bemessungsstrom geschützt ist.
- Die Verwendung zweipoliger Schutzeinrichtungen kann allerdings vorteilhaft sein, Fehler zu finden und zu beseitigen.
- In mit Batterie versorgten Hilfsstromkreisen müssen in allen ungeerdeten Leitern Schutzeinrichtungen zum Schutz bei Kurzschluss eingebaut werden.
- Ein gemeinsamer Rückleiter mehrerer Hilfsstromkreise ist zulässig, wenn dessen Querschnitt für die Summe der auftretenden Ströme bemessen ist.
- Die Betriebsmittel und ihre Schaltelemente müssen nach Angaben der Hersteller gegen Kurzschluss geschützt werden.

Spannungen

- Spannungsschwankungen von –15 % bis +10 % und Abweichungen von der Bemessungsfrequenz von ±2 % dürfen die Funktion der Betriebsmittel nicht beeinträchtigen.
- Die während des normalen Betriebs in der Hand gehaltenen Betriebsmittel sollten mit einer Spannung betrieben werden, die nicht höher ist als 230 V.

Querschnitte

- Mindestquerschnitte nach Abschnitt 16.3 dürfen nur für Verbindungen innerhalb von Betriebsmitteln unterschritten werden, wenn die Betriebsmittelnormen dies ausdrücklich zulassen und ein ordnungsgemäßer Anschluss gewährleistet ist.

- Kleinere Querschnitte sind bei der Auslegung des Schutzes bei Kurzschluss zu beachten.
- In Hilfsstromkreisen mit Kleinspannung müssen die besonderen Anforderungen des Spannungsfalls berücksichtigt werden.

Einfacher Erdschluss

Bei einem einfachen Erdschluss (Isolationsfehler) muss die Sicherheitsfunktion aufrechterhalten bleiben.

Doppelerdschluss

Ein Doppelfehler darf nicht zu einer Fehlfunktion führen. Dazu sind folgende Maßnahmen erforderlich:

- In geerdeten Hilfsstromkreisen erfolgt eine Abschaltung in ≤ 5 s.
- Um eine Abschaltung in PELV-Stromkreisen sicherzustellen, müssen alle Körper mit dem Schutzleiter verbunden werden, der zur Erdung des Hilfsstromkreises verwendet wird, z. B. auch der Schutzleiter des Primärsystems.
- In ungeerdeten Hilfsstromkreisen ist unabhängig von der Höhe der Spannung eine Isolationsüberwachungseinrichtung vorzusehen.
- Um Fehlfunktionen zu vermeiden, sollte der Innenwiderstand der Isolationsüberwachungseinrichtung möglichst hoch und der Messstrom entsprechend klein sein.
- Die Isolationsüberwachungseinrichtung sollte bei PELV-Stromkreisen mit demselben Erdungsleiter verbunden werden, an dem die Körper der Betriebsmittel angeschlossen sind.

Hilfsstromkreise ohne direkte Verbindung zum Hauptstromkreis

Elektrische Einrichtungen, wie z. B. Haltespulen, Leuchtanzeigen, elektromagnetische Verriegelungseinrichtungen usw., müssen direkt verbunden sein:

- entweder mit dem geerdeten Leiter geerdeter Hilfsstromkreise oder
- mit dem ungeerdeten Leiter in ungeerdeten, einpolig geschalteten Hilfsstromkreisen

Ausnahmen sind zulässig für Schaltelemente von Schutzrelais (z. B. Überstromrelais), die zwischen dem geerdeten Leiter und der Spule bzw. zwischen dem ungeerdeten Leiter und der Spule angeordnet werden, wenn z. B. solche Verbindungen im selben Gehäuse untergebracht sind oder eine Vereinfachung der externen Steuereinrichtungen bedeuten.

Hilfsstromkreise mit direkter Verbindung zum Hauptstromkreis

Gefordert werden zweipolige Schaltelemente, wenn der Hilfsstromkreis mit zwei ungeerdeten Außenleitern verbunden ist.

Ist der Hilfsstromkreis an einem Ende mit dem geerdeten Neutralleiter verbunden, dann sind die Anforderungen für Hilfsstromkreise ohne direkte Verbindung zum Hauptstromkreis zu erfüllen.

Signalausgänge mit Strombegrenzung

Um einen sicheren Betrieb zu gewährleisten, muss der Signalstromkreis sowohl in geerdeten als auch in ungeerdeten Hilfsstromkreisen mit Strombegrenzung in den Signalausgängen und/oder elektronischem Schutz bei Kurzschluss innerhalb von ≤ 5 s abschalten.

Ableitströme

Die erwarteten Ableitströme müssen kleiner sein als der kleinste Auslösestrom der Betriebsmittel, Um dies sicherzustellen, müssen die zu verwendenden Betriebsmittel sorgsam ausgewählt und die Kabel- und Leitungslängen entsprechend begrenzt werden. Zu beachten sind Herstellerangaben bezüglich der Ableitströme.

Abschaltung im Falle von Personengefährdung

Im Falle von Personengefährdung muss eine zusätzliche Funktion eines Hilfsstromkreises, die so direkt wie möglich auf die Schaltgeräte des Hauptstromkreises wirkt, eine Abschaltung sicherstellen.

Diese Funktion muss auch dann vorgesehen werden, wenn nur ein Hilfsstromkreis vorhanden ist. Dann ist seine Funktion mit der Sicherheitsfunktion in einem Stromkreis zu koordinieren.

41 Bewegliche und ortsveränderliche elektrische Anlagen [717]

Bewegliche und ortsveränderliche elektrische Anlagen sind Einrichtungen in selbst angetriebenen oder gezogenen Fahrzeugen oder in Containern, Kabinen oder auf Rahmen befestigt für wiederkehrende Transporte.

Anwendungsbeispiele: Einsatz für Rundfunkübertragung, medizinischer Einsatz, für Werbung, Feuerwehr, Werkstätten.

Die Anforderungen gelten nicht für Generatorsätze, Marinas, Wassersportfahrzeuge, Caravans, Elektrofahrzeuge, bewegliche Maschinen nach DIN EN 60204-1 (VDE 0113-1).

Nachstehende Anforderungen sind zu erfüllen:

Stromversorgung

- Versorgung aus einer elektrischen Anlage (Netz) mit wirksamen Schutzmaßnahmen.
- Versorgung aus einem Niederspannungsgeneratorsatz (z. B. als Bestandteil des Fahrzeugs).
- Versorgung über einen Trenntransformator.
- Versorgung aus zwei voneinander unabhängigen Stromquellen (z. B. Netz und Generatorsatz), Parallelbetrieb muss durch geeignete Maßnahmen verhindert werden.

Schutz gegen elektrischen Schlag

- Schutz durch Anordnung aktiver Teile außerhalb des Handbereichs ist nicht erlaubt.
- Schutz für alle Steckdosen zur Versorgung von Betriebsmitteln außerhalb der beweglichen oder transportablen elektrischen Anlage:
  - SELV
  - PELV
  - Schutztrennung
  - RCD mit $I_{\Delta N} \leq 30$ mA
- Bei Netz- oder Generatorsatzeinspeisung sind beim Schutz durch automatische Abschaltung in TN- oder TT-Systemen als Abschalteinrichtung RCDs vorzusehen, z. B. in der Bauart S, um Fehlauslösungen zu vermeiden.

- Hinter einem Trenntransformator ist der Schutz durch automatische Abschaltung im TN- oder IT-System anzuwenden.
- In allen Fällen sind vor der Schutzeinrichtung für die automatische Abschaltung Betriebsmittel der Schutzklasse II (Schutzisolierung oder gleichwertige Isolierung) einzusetzen.
- Es wird empfohlen, innerhalb der beweglichen oder transportablen elektrischen Anlagen kein TN-C-System zu verwenden.
- Körper und fremde leitfähige Teile der elektrischen Anlage sowie Rahmen, Konstruktionsteile, Rohrsysteme und die Schutzleiter des inneren TN-, TT- oder IT-Systems müssen durch einen Potentialausgleichsleiter in feindrähtiger Ausführung miteinander verbunden werden.
- Im TN-System ist der Sternpunkt mit der leitfähigen Gehäusekonstruktion und den Körpern der elektrischen Betriebsmittel zu verbinden.
- Im IT-System sind die Körper der elektrischen Betriebsmittel untereinander und mit der Gehäusekonstruktion zu verbinden.

Für Betriebsmittel der Schutzklasse I außerhalb der beweglichen oder transportablen elektrischen Anlage müssen die Schutzleiter mit einem Erder mit einem entsprechenden Erdungswiderstand verbunden werden.

Kennzeichnung

Ein Kennzeichnungsschild an gut sichtbarer Stelle muss die Art der Einspeisung angeben. Ferner sollte ein Schaltplan der Anlage vorhanden sein.

Kabel und Leitungen

- Für die Versorgung der beweglichen oder transportablen elektrischen Anlage dürfen verwendet werden:
  - gummiumhüllte Kabel oder Leitungen
  - PVC-isolierte, einadrige, nicht umhüllte Leiter in Rohren aus Isoliermaterial
- Mechanischer Schutz und vorbeugende Maßnahmen, z. B. an den Einführungsstellen, sollen dafür sorgen, dass keine Beschädigungen auftreten.
- Mindestquerschnitt 1,5 mm^2 Cu.

Steckvorrichtungen (vgl. Kapitel 21)

- Für die Einspeisungen sind Steckvorrichtungen nach DIN EN 60309-1 (VDE 0623-1) vorzusehen, Gehäuse aus Isolierstoff, Schutzgrad IP54.

42 Unterrichtsräume mit Experimentiereinrichtungen [723]

Elektrische Anlagen in Unterrichtsräumen zum Experimentieren sind Einrichtungen in Ausbildungsstätten, Schulen, in Vorlesungs- und Praktikumsräumen von Hochschulen, die der Wissensvermittlung durch Vorführen und Üben dienen. Die nachfolgenden Anforderungen gelten nicht für Einrichtungen, die nur mit vollständigem Schutz gegen direktes Berühren und Schutz bei indirektem Berühren über Steckvorrichtungen oder fest angeschlossen versorgt werden.

Die elektrischen Anlagen müssen so errichtet werden, dass die von ihnen ausgehenden Gefahren für den Experimentierenden weitgehend vermieden werden.

Im Einzelnen gelten folgende Anforderungen:

Speisepunkte

An der Einspeisung müssen Schaltgeräte zum Trennen und Einrichtungen für Not-Aus-Schaltung vorgesehen werden.

Schaltgeräte

- Es müssen Schaltgeräte zum Trennen vorhanden sein, die alle nicht geerdeten Leiter gleichzeitig schalten.
- Schaltgeräte müssen gegen unbefugtes Schalten gesichert werden können.
- Experimentiereinrichtungen dürfen einzeln, in Gruppen oder zentral geschaltet werden, wenn ihre Einrichtungen jeweils übersichtlich angeordnet sind.
- Es muss eine Not-Aus-Schaltung für jede Experimentiereinrichtung vorgesehen werden, die im Gefahrenfall alle Stromkreise der Experimentierstände eines Raums unterbricht.
- Nach Betätigung der Not-Aus-Schaltung muss das Schaltgerät gegen unbefugtes Wiedereinschalten gesichert werden.
- Die Not-Aus-Schaltung muss mindestens an allen Ausgängen angeordnet werden.

Schutz gegen elektrischen Schlag

- Vorzugsweise SELV oder PELV, soweit der beabsichtigte Zweck dies zulässt.
- Bei Wechselspannung > 50 V ist der Schutz durch automatische Abschaltung im TN- oder TT-System mit RCDs mit $I_{\Delta N} \leq 30$ mA (Typ B nach DIN VDE 0664-100, Typ A, wenn nicht mit glatten Gleichfehlerströmen zu rechnen ist) erforderlich.

- Bei Anwendung des IT-Systems muss die Isolationsüberwachungseinrichtung bei Unterschreitung des zulässigen Isolationswerts (mindestens 50 Ω/V) abschalten, und es darf auf Fehlerstrom-Schutzeinrichtungen (RCDs) verzichtet werden. Je nach Art der durchzuführenden Experimente kann es wegen der Summe der Ableitströme sinnvoll sein, RCDs in Endstromkreisen oder für Gruppen von Experimentiereinrichtungen vorzusehen.
- Für einpolige Anschlussstellen sind berührungssichere Steckbuchsen zu verwenden.
- Außerhalb von Experimentierständen sind Anschlussstellen (Steckdosen) mit dem Hinweis „Für Experimentierzwecke geeignet" zu versehen.

  Es ist darauf zu achten, dass die allgemeine Versorgung und Betriebsmittel, durch deren Ausschaltung eine Gefahr entstehen kann (z. B. Beleuchtung, Lüftung, Absaugeinrichtungen, Kühlung), bzw. Betriebsmittel, deren kontinuierlicher Betrieb nicht unterbrochen werden sollte (z. B. registrierende Messungen, PCs, Programmiergeräte), nicht in die Not-Aus-Schaltung einbezogen werden.

  Steckdosen außerhalb der Not-Aus-Schaltung müssen mit „Not-Aus nicht wirksam" gekennzeichnet werden.
- Fremde leitfähige Teile im Handbereich der Experimentiereinrichtungen sind über Potentialausgleichsleiter miteinander und mit dem Schutzleiter an zentraler Stelle, z. B. in der Verteilung, zu verbinden.

43 Bedienungs- und Wartungsgänge [729, 729 E][1)]

Zum Aufstellen und Anschließen von Schaltanlagen und Verteilern gehören Auswahl, Transport, Aufstellen, Zusammenbau von Transporteinheiten, Befestigen, Einbeziehen in eine Schutzmaßnahme bei indirektem Berühren, Anschließen der eingeführten Kabel und Leitungen, Kennzeichnung der Stromkreise, Prüfungen und Inbetriebnahme.

Schaltanlagen und Verteiler sind so auszuwählen und aufzustellen, dass unter Berücksichtigung der Betriebs- und Umgebungsbedingungen Personengefährdung vermieden und zuverlässiger Betrieb erreicht werden.

Anforderungen:

- Schaltanlagen und Verteiler müssen nach geltenden Normen hergestellt sein. Sie sind auch bei Änderungen, Erweiterungen und Herstellung vor Ort zu beachten.
- Schutzart: Mindestens IP2X. Geringere Schutzart ist nur in elektrischen Betriebsstätten oder in abgeschlossenen elektrischen Betriebsstätten zulässig.
- Es muss ein Schutz bei indirektem Berühren wirksam sein.
- Bei der Aufstellung, beim Zusammenbau und bei der Befestigung sind die Vorgaben des Herstellers zu beachten.
- Mindestmaße für Bedienungsgänge und Fluchtwege nach **Bild 43.1 bis Bild 43.4.**
- Gänge mit mehr als 20 m müssen von beiden Seiten zugänglich sein. Für Gänge, die länger als 6 m sind, wird ein beidseitiger Zugang empfohlen.
- Türen von Betriebsmitteln im Innern der Betriebsstätte müssen in Fluchtrichtung schließen.
- Türen für den Zugang zu den Bedienungsgängen müssen nach außen öffnen und folgende Mindestabstände haben
  - Breite 700 mm
  - Höhe 2000 mm
- Elektrische Betriebsstätten sind nach außen zu entlüften (natürliche oder erzwungene Entlüftung) oder zu klimatisieren.

  Betriebsmittel in Verteilungen sind bemessen für Temperaturen bis 40 °C, Batterien bis 20 °C.

---

1) Die Anforderungen der Norm DIN VDE 0100-729, die diesem Kapitel zu Grunde liegt, werden teilweise von der Norm DIN VDE 0100-731 „Elektrische Betriebsstätten und abgeschlossene elektrische Betriebsstätten“ erfüllt. Es ist deshalb in der Diskussion, diese Normen zusammenzufassen.

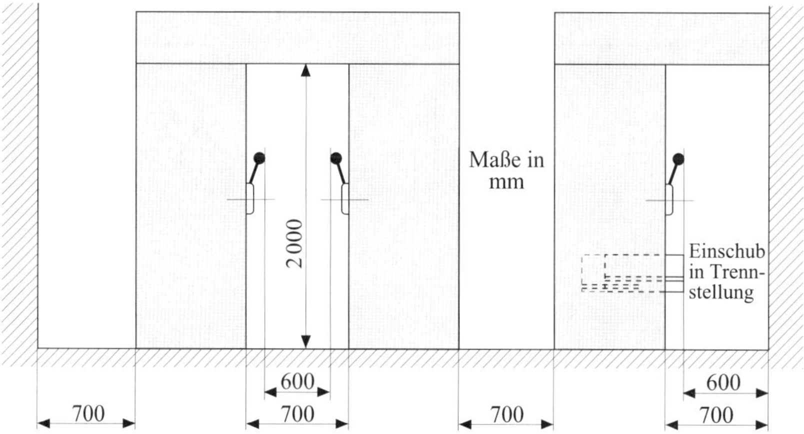

Bild 43.1 Gänge für Niederspannungsschaltanlagen mit der Schutzart ≥ IP2X

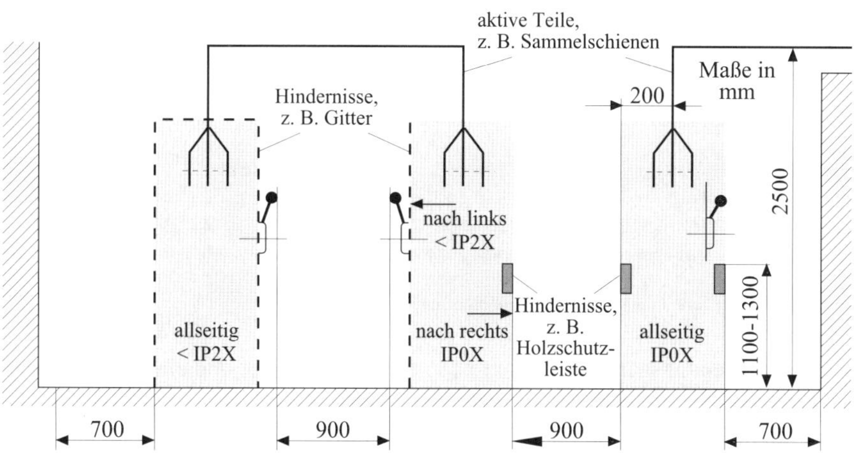

Bild 43.2 Gänge für Niederspannungsschaltanlagen mit der Schutzart < IP2X

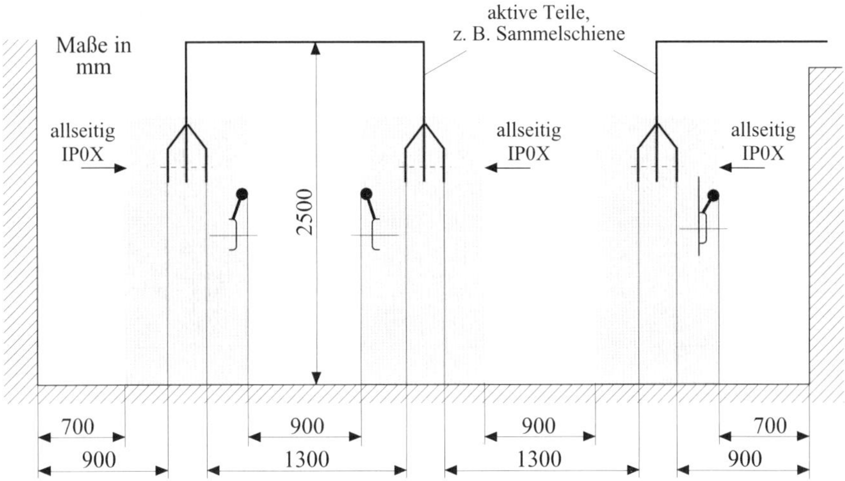

Bild 43.3 Gänge für Niederspannungsschaltanlagen ohne Schutz gegen direktes Berühren

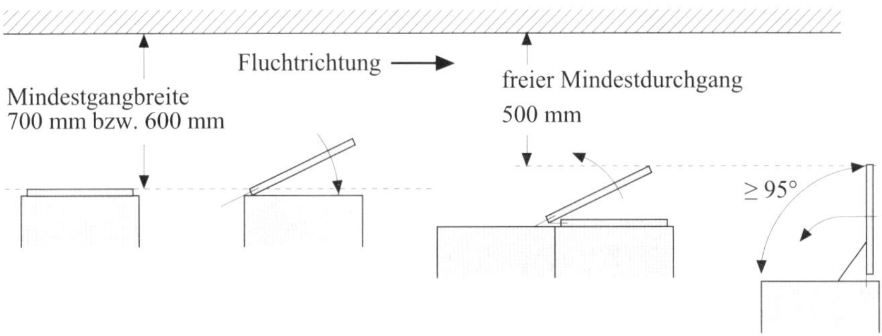

Bild 43.4 Reduzierte Gangbreiten im Bereich offener Türen

- Für Bedienungsgänge wird ein fester, ebener Fußboden und eine angemessene Beleuchtung vorausgesetzt.
- Anschlüsse von Kabeln und Leitungen müssen durch geeignete Befestigungen der Kabel und Leitungen zug- und druckentlastet ausgeführt sein.
- Anschlüsse müssen nach Schaltungsunterlagen oder unter Beachtung der funktionellen Zuordnung montiert werden.
- Nach der Montage müssen die Durchführungen entsprechend der vorgesehenen Schutzart wieder verschlossen werden.

- Dauerhafte Kennzeichnung der Stromkreise vor Ort und in Planunterlagen.
- Die in den Normen enthaltenen Anforderungen sind durch Prüfungen nachzuweisen und ihre Ergebnisse in einem Prüfbericht zu dokumentieren (vergleiche Kapitel 25).

44 Elektrische Betriebsstätten und abgeschlossene elektrische Betriebsstätten [731]

Elektrische Betriebsstätten sind Räume oder Orte, die im Wesentlichen zum Betrieb elektrischer Anlagen dienen und in der Regel nur von unterwiesenen Personen betreten werden.

Abgeschlossene elektrische Betriebsstätten sind Räume oder Orte, die ausschließlich zum Betrieb elektrischer Anlagen dienen und die unter Verschluss gehalten werden. Der Zutritt ist nur beauftragten Personen gestattet.

Elektrische Betriebsstätten und abgeschlossene Betriebsstätten sind so zu errichten, dass eine Gefährdung von Personen vermieden wird und ein hohes Maß an Zuverlässigkeit der elektrischen Anlagen erreicht wird.

Anforderungen:

- Steckdosen, Leuchten und andere Einrichtungen sind so anzubringen, dass bei Tätigkeiten in ihrer Nähe keine Gefährdung durch aktive Teile der elektrischen Anlage auftritt.
- In den Betriebsstätten muss die Zuordnung der Anlagen und Anlagenteile ersichtlich sein und aus Übersichtsschaltplänen hervorgehen.
- Abgrenzungen der Betriebsstätten gegen andere Bereiche müssen mindestens 1,80 m hoch sein. Gitter dürfen eine Maschenweite von höchstens 40 mm haben.
- An den Zugängen sind Warnschilder anzubringen.
- Anordnung und Abmessungen der Bedienungsgänge siehe Kapitel 43.
- Der Zugang darf nur durch abschließbare Türen erfolgen, die nach außen aufschlagen müssen. Die Schlösser müssen so beschaffen sein, dass der Zutritt unbefugter Personen verhindert wird, in der Anlage befindliche Personen diese aber ungehindert verlassen können (Panikschloss).
- Rettungswege innerhalb des Raums dürfen nicht mehr als 40 m betragen.
- Fenster müssen gegen Einstieg gesichert sein (Gitter, Glasbausteine, Fensterunterkante mindestens 1,8 m über der Zugangsebene), oder das Gebäude muss mit einer mindestens 1,8 m hohen Abgrenzung umgeben sein.

  Auf die Sicherung der Fenster kann verzichtet werden, wenn die Betriebsstätte in einem umschlossenen Betriebsbereich oder in einem gesicherten Gebäude liegt.

- Schutz gegen direktes Berühren durch Isolierung, Abdeckung, Umhüllung aktiver Teile ist nicht erforderlich. Schutz durch Hindernisse oder Abstand ist ausreichend.
- Hindernisse müssen zuverlässig befestigt werden und widerstandsfähig gegen Verformung sein.
- Schutzleisten, Geländer, Ketten, Seile sind in einer Höhe von 1100 mm bis 1300 mm über der Zugangsebene anzubringen.
- Abstand zwischen Hindernissen und aktiven Teilen mindestens 200 mm.
- Beim Schutz durch Abstand dürfen sich im Handbereich keine gleichzeitig berührbaren Teile unterschiedlichen Potentials befinden.
- Bei der Anordnung von Betätigungselementen in der Nähe berührungsgefährlicher Teile gilt DIN VDE 0106-100.
- Es ist ein Schutz bei indirektem Berühren vorzusehen.

45 Hausanschlüsse in öffentlichen Kabelnetzen [732]

Der Hausanschluss in öffentlichen Kabelnetzen setzt sich zusammen aus dem Hausanschlusskabel als Teil des Verteilungsnetzes und dem Hausanschlusskasten als Übergabestelle vom Verteilungsnetz zur Verbraucheranlage. Im Hausanschlusskasten sind die Überstrom-Schutzeinrichtung und Einrichtungen zum Trennen und Schalten untergebracht. Die Hauptleitung verbindet den Hausanschlusskasten mit der Zähleranlage. Sie führt nicht gemessene Energie.

Die Betriebsmittel für den Hausanschluss sind so auszuwählen und einzubauen, dass weder Personen und Nutztiere durch elektrischen Schlag noch Sachen durch zu hohe Temperaturen gefährdet werden.

Anforderungen:

- Querschnitt des Hausanschlusskabels und die Überstrom-Schutzeinrichtung sind aufeinander abzustimmen **(Tabelle 45.1)**.

Nennquerschnitt mm^2	Empfohlene Nennströme der Überstrom-Schutzeinrichtungen in A					
	Papier-Masse-Kabel [1)]		PVC-Kabel [2)]		VPE-Kabel [3)]	
	Cu	Al	Cu	Al	Cu	Al
10	80	63	80	–	80	–
16	100	80	100	–	100	–
25	125	80	125	100	125	100
35	160	100	160	100	160	125
50	160	125	160	125	200	160
70	224	160	224	160	224	200
95	250	200	250	200	250	224
120	315	250	315	250	315	250
150	315	250	315	250	315	250

1) NKBA, NKA, NKLEY bzw. NAKBA, NAKA, NAKLEY
2) NYY, NYCWY bzw. NAYY, NAYCWY (VDE 0265)
3) NA2XY

Die Tabelle gilt für:

- Kabelverlegung in Erde
- Kabelverlegung in Luft auf einer Länge bis zu 6 m mit Befestigung auf der Wand, Umgebungstemperatur 15 °C
- Kabel, die nicht auf brennbaren Baustoffen verlegt sind.

Tabelle 45.1 Empfohlene Nennströme der Überstrom-Schutzeinrichtungen für den Schutz bei Überlast für Hausanschlusskabel

- Beim Anschluss mehrerer Hauptleitungen gilt das Hausanschlusskabel bei Überlast als geschützt, wenn nachstehende Bedingung erfüllt ist:

  $$\sum I_{nHL} \leq I_{nHK}$$

  I_{nHL} Nennstrom der Überstrom-Schutzeinrichtung gegen Überlast der Hauptleitungen

  I_{nHK} Nennstrom der Überstrom-Schutzeinrichtung bei Überlast des Hausanschlusskabels (nach Tabelle 45.1)

- Die Überstrom-Schutzeinrichtung zum Schutz bei Überlast des Hausanschlusskabels darf entfallen, wenn sichergestellt ist, dass das Hausanschlusskabel nicht über die Werte nach Tabelle 45.1 hinaus belastet werden kann.
- Bei einstellbaren Überstrom-Schutzeinrichtungen gilt der Einstellstrom als Nennstrom.
- Bei Abweichungen von den in der Tabelle angegebenen Verlegebedingungen ist die Überstrom-Schutzeinrichtung entsprechend der zulässigen Belastbarkeit des Hausanschlusskabels nach DIN VDE 0298-4 zu dimensionieren.

  In der Regel genügt es, in solchen Fällen den Nennstrom der Überstrom-Schutzeinrichtung um eine Stufe zu reduzieren.
- Hausanschlusskabel müssen auf nicht brennbaren Baustoffen verlegt werden. Wenn dies nicht möglich ist, kann das Kabel auf einer 300 m breiten lichtbogenfesten Unterlage (z. B. 20 mm dicke Fiber-Silikatplatte) oder mit einem Luftabstand von mindestens 150 m verlegt werden oder zusätzlich bei Kurzschluss geschützt sein (siehe Abschnitt 11.6).
- Hausanschlusskästen dürfen nicht in feuer- oder explosionsgefährdeten Bereichen installiert werden oder enden.

  Ausnahmen sind möglich:
  - in feuergefährdeten Bereichen, wenn in den Hausanschlusskasten eingeführte Kabel und Leitungen bei Überlast und Kurzschluss geschützt sind
  - in explosionsgefährdeten Bereichen, wenn der Hausanschlusskasten nach DIN VDE 0170, DIN VDE 0171 ausgelegt und die Errichtung nach DIN VDE 0165 erfolgt ist

46 Niederspannungsstromkreise in Hochspannungsschaltfeldern [736]

Niederspannungsstromkreise in Hochspannungsschaltfeldern müssen so errichtet werden, dass weder Personen durch elektrischen Schlag noch Sachen durch zu hohe Temperaturen gefährdet werden.

Anforderungen:

- Bei Fehlern in Niederspannungsstromkreisen müssen Maßnahmen zum Schutz bei indirektem Berühren nach Kapitel 7 wirksam werden.
- Bei Erdschlüssen im Hochspannungsteil müssen die Grenzen der Berührungsspannung nach DIN EN 50179 (VDE 0101) (siehe Abschnitt 12.3) eingehalten werden.
- Die Schutzmaßnahmen in Niederspannungsstromkreisen und im Hochspannungsteil sind so auszuwählen, dass sie sich nicht gegenseitig beeinflussen.
- Die Betriebsmittel der Niederspannungsstromkreise sollen innerhalb der Hochspannungsschaltfelder in einem abgetrennten Raum untergebracht werden, soweit sie nicht unmittelbar an Hochspannungsbetriebsmittel herangeführt werden müssen.
- Leitungen und andere Betriebsmittel, die in den Hochspannungsteil eingebaut werden müssen, sind gegen die unmittelbare Einwirkung von Störlichtbögen, z. B. durch Abdeckung aus Metall (Kanäle oder Rohre aus Metall), zu schützen.

47 Feuchte und nasse Bereiche und Räume und Anlagen im Freien [737]

Die Anforderungen gelten für die Auswahl und Errichtung von Betriebsmitteln und Anlagen in feuchten und nassen Bereichen und Räumen sowie im Freien. Sie gelten nicht für Beleuchtungsanlagen im Freien (siehe dazu Kapitel 38).

Die Betriebsmittel sind so auszuwählen, dass sie der geforderten Schutzart entsprechen, oder sie müssen bei der Errichtung einen geeigneten zusätzlichen Schutz erhalten, der allerdings den ordnungsgemäßen Betrieb, z. B. durch Wärmestau, nicht behindern darf.

Anforderungen:

- Für Betriebsmittel und Anlagen gelten mindestens nachstehende Schutzarten:
  - feuchte und nasse Räume und Bereiche — IPX1
  - Bereiche und Räume mit Strahlwasser — IPX4
Betriebsmittel werden nicht direkt angestrahlt

  Wenn die Betriebsmittel direkt dem Wasserstrahl ausgesetzt sind, ist eine der Beanspruchung durch den Wasserstrahl entsprechende Schutzart zu wählen.

  Bei Abspritzen mit dem Wasserschlauch oder Hochdruckreiniger reicht die Schutzart IPX5 nicht aus.
- Geschützte Anlagen im Freien müssen mindestens tropfwassergeschützt sein, Schutzart IPX1.
- Ungeschützte Anlagen im Freien müssen mindestens sprühwassergeschützt sein, Schutzart IPX3.
- Metallteile, die ätzenden Dämpfen ausgesetzt sind, müssen gegen Korrosion geschützt sein, z. B. durch Schutzanstriche oder Verwendung korrosionsfester Werkstoffe.
- Steckdosen im Freien mit einem Bemessungsstrom ≤ 20 A und Steckdosen, an die gelegentlich tragbare Betriebsmittel (Verlängerungsleitungen) für den Gebrauch im Freien angeschlossen werden, sind zusätzlich mit RCDs mit $I_{\Delta N} \leq 30$ mA zu schützen.
- Wenn elektrische Betriebsmittel häufiger im Freien angewendet werden, sollten eine oder mehrere Steckdosen den Erfordernissen entsprechend im Freien angeordnet werden.
- Weitere Anwendungsfälle für Steckdosen im Freien werden in Teilen der Gruppe 7 der Normenreihe DIN VDE 0100 (z. B. in den Kapiteln 27 bis 35, 38) beschrieben.

48 Zusätzlicher Schutz in Wohnungen durch RCD mit $I_{\Delta N} \leq 30$ mA [739]

In Wohnungen wird neben dem Schutz bei indirektem Berühren durch automatische Abschaltung der Stromversorgung im TN- oder TT-System die Anwendung des zusätzlichen Schutzes durch RCDs mit einem Bemessungsfehlerstrom $I_{\Delta N} \leq 30$ mA für Bereiche besonderer Gefährdung verlangt, in der nach der Unfallstatistik ein höheres Risiko besteht oder zu erwarten ist:

- Endstromkreise mit Steckdosen mit einem Bemessungsstrom mit 20 A (Kapitel 7.8)
- Endstromkreise im Außenbereich, an denen tragbare Betriebsmittel mit einem Bemessungsstrom bis 32 A angeschlossen werden (Kapitel 7.8)
- Räume mit Badewanne und Dusche (Kapitel 27)
- Schwimmmbäder (Kapitel 28)
- Feuchte und nasse Räume und Bereiche, Anlagen im Freien (Kapitel 47)

Für weitere Bereiche der Wohnung wird der zusätzliche Schutz empfohlen:

- Stromkreise mit Steckdosen ($I_N \leq 32$ A), an die üblicherweise handgeführte elektrische Betriebsmittel angeschlossen werden (in Küchen, Hobbyräumen, Hausarbeitsräumen, Werkstatträumen).
- Stromkreise in alten Anlagen, in denen nach früheren Normen kein Schutz durch Abschaltung bei indirektem Berühren erforderlich war.
- Stromkreise mit Steckdosen in bestehenden Anlagen, in denen bei einer Neuinstallation der Zusatzschutz zwingend gefordert wird (z. B. Raum mit Badewanne oder Dusche, Steckdosen im Freien von Wohnungen).

Die Schutzeinrichtung darf der gesamten Anlage, einzelnen Stromkreisen oder Steckdosen zugeordnet werden. Bei der Anordnung des Zusatzschutzes ist die gewünschte Zuverlässigkeit der Stromkreise oder Teile der Anlage zu berücksichtigen, wie z. B. Gefriergeräte, Heizungssteuerungen.

49 Fußboden- und Deckenflächenheizungen [753]

Die Anforderungen gelten für das Errichten von Fußboden- und Decken-Flächenheizungen. Sie gelten nicht für Wand-Flächenheizungen.

Die Dachschrägen zählen bis herunter zu einer senkrechten Höhe von 1,50 m über fertigem Fußboden als Decken.

Zu unterscheiden sind Fußboden-Speicherheizung, Direktheizung als Fußboden- oder Decken-Flächenheizung und Fußboden-Ergänzungsheizungen (Direktheizung z. B. an den Außenwänden oder unterhalb von Fenstern).

Die Heizelemente müssen der Norm DIN VDE 0700-96/A30 und DIN VDE 0700-241 entsprechen.

Schutz gegen elektrischen Schlag

- Die Schutzmaßnahmen Schutz durch Hindernisse, durch Abstand, nicht leitende Räume und durch erdfreien örtlichen Potentialausgleich dürfen nicht angewendet werden.
- Schutz bei indirektem Berühren durch automatische Abschaltung der Stromversorgung:
  - TN-System, empfohlen wird der Einsatz von RCDs
  - TT-System mit RCD
  - IT-System mit RCD
- Wenn elektrisch leitfähige Abdeckungen der Heizelemente vorhanden sind, müssen sie über Potentialausgleichsleiter mit dem Schutzleiter der elektrischen Anlage verbunden werden.
- Als Schutz bei indirektem Berühren sind Heizsysteme der Schutzklasse II (Schutzisolierung) zugelassen, wenn deren Stromkreise mit einer Fehlerstrom-Schutzeinrichtung (RCD) mit einem Bemessungsdifferenzstrom $I_{\Delta N} \leq 30$ mA zusätzlich geschützt werden und deren Einbau nach Angaben der Hersteller zu erfolgen hat. Ferner kann die Schutztrennung angewendet werden, wenn für jeden Heizstromkreis ein getrennter Transformator vorgesehen wird.

Schutz gegen Überhitzung

- Zur Vermeidung von Überhitzungen muss eine Temperaturbegrenzung in den beheizten Bereichen von maximal 80 °C vorgesehen werden.

  Es darf eine festgelegte Temperatur, die auf das umgebende Material und seine Brandeigenschaften abgestimmt sein muss, nicht überschritten werden.

- Es ist eine der folgenden Maßnahmen anzuwenden:
  - geeignete Auslegung des Heizsystems
  - geeignete Errichtung des Heizsystems nach Angaben des Herstellers
  - Verwendung von Schutzeinrichtung
- Heizelemente müssen über Kaltleitungen (Versorgungsleitungen) mit der elektrischen Anlage unlösbar verbunden werden.
- Heizelemente dürfen Ausdehnungsfugen nicht kreuzen.

Weitere Anforderungen:

- Schutzarten:
  - Heizelemente in Decken IPX1
  - Heizelemente im Fußboden aus Beton oder ähnlichem Material IPX7
- Heizungsfreie Flächen müssen dort berücksichtigt werden, wo Zubehörteile des Raums die Wärmeabgabe an der Oberfläche behindern.
- Bei der Auswahl der Kaltleitungen und Steuerleitungen in Bezug auf Querschnitt und Isoliermaterial ist eine erhöhte Umgebungstemperatur z. B. von 60 °C anzunehmen.
- In den Heizflächen dürfen keine eindringenden Befestigungsteile (z. B. Dübel und Schrauben) verwendet werden. Darauf sind andere Handwerker hinzuweisen.

Informationen für den Eigentümer und Benutzer der Flächenheizungsanlagen

Der Errichter muss dem Gebäudeeigentümer eine Beschreibung (Plan) des Heizungssystems mit den nachstehenden Angaben liefern:

- Beschreibung über den Aufbau des Heizsystems
- Verlegeplan
- Heizstromkreise und ihre Nennleistung
- Anordnung der Heizeinheiten in jedem Raum
- beheizte Fläche
- Lage und Tiefe der Heizeinheiten
- Lage der Verbindungsdosen
- Leiter, Abschirmung
- Bemessungsspannung
- Bemessungswiderstand (kalt) der Heizeinheit
- Bemessungsstrom der Überstrom-Schutzeinrichtung
- Bemessungsdifferenzstrom der Fehlerstrom-Schutzeinrichtung

- heizungsfreie Flächen, Ergänzungsheizung, Aussparungen für eindringende Befestigungsmittel
- Lage der Temperaturfühler
- Schaltpläne, Regel- und Steuergeräte, Bodentemperatur- und Witterungsfühler
- Bauart der Heizelemente und ihre maximale Betriebstemperatur
- Angaben für die Instandhaltung und Reparatur
- Gebrauchsanweisung in Anlehnung an die Angaben des Herstellers des Heizsystems

50 Medizinisch genutzte Bereiche [710, 710 E]

Die zusätzlichen Anforderungen an elektrische Anlagen in medizinisch genutzten Bereichen (Räumen oder Raumgruppen) gelten u. a. für Krankenhäuser, Kliniken, Ärztehäuser, Polikliniken, Ambulatorien, Arzt- und Dentalpraxen, Sanatorien, Senioren- und Pflegeheime und sonstige ambulante Einrichtungen in Betrieben, Sportstätten. Sie gelten auch für elektrische Anlagen, die mittelbar für den sicheren Betrieb der medizinisch genutzten Bereiche erforderlich sind. Sie können für veterinärmedizinische Bereiche angewendet werden.

Für elektrische Anlagen über AC 1000 V oder DC 1500 V in medizinisch genutzten Bereichen sollten neben den Anforderungen nach DIN VDE 0101 „Starkstromanlagen mit Nennwechselspannung über 1 kV" sinngemäß auch die Festlegungen für medizinisch genutzte Bereiche erfüllt werden, um gleiche Sicherheit zu erreichen. Darüber hinaus sind bau- und arbeitsrechtliche Vorschriften, wie z. B. die Krankenhausbauverordnung (KhBauVO), die Verordnungen über den Bau von Betriebsräumen für elektrische Anlagen (EltBauVO), als arbeitsschutzrechtliche Vorschriften die Arbeitsstättenrichtlinie zu beachten.

Die medizinisch genutzten Bereiche werden in drei Gruppen unterteilt und wie folgt definiert:

- Gruppe 0

  Medizinisch genutzter Bereich, in dem die elektrische Anlage bei Auftreten eines Fehlers (erster Körper- oder Erdschluss, Ausfall des Netzes) abgeschaltet werden kann. Untersuchungen oder Behandlungen können abgebrochen oder wiederholt werden. Anwendungsteile der medizinischen elektrischen Geräte kommen nicht in Kontakt mit dem Patienten.

- Gruppe 1

  Wie Gruppe 0, jedoch mit Anwendungsteilen, die äußerlich oder (siehe Gruppe 2) invasiv am Patienten eingesetzt werden.

- Gruppe 2

  Im Fehlerfall oder bei Ausfall des Netzes darf die elektrische Anlage nicht abschalten. Die Untersuchung oder Behandlung ist für den Patienten gefährlich, eine Wiederholung unzumutbar oder die Beschaffung von Untersuchungsergebnissen nicht erneut möglich. Unregelmäßigkeiten in der Stromversorgung können Lebensgefahr verursachen.

Die Zuordnung der medizinisch genutzten Bereiche, Räume oder Raumgruppen zu den Gruppen 0 bis 2 ist unter Berücksichtigung geltender Vorschriften sowie gesetzlicher Regelungen mit dem medizinischen Personal, der zuständigen Gesundheitsorganisation, den Verantwortlichen der Arbeitssicherheit und der zuständigen Bauleitung abzustimmen. Die Elektrofachkraft wird dabei beratend tätig.

Stromversorgung

Die Stromversorgung für Sicherheitszwecke muss bei Ausfall des allgemeinen Netzes die für den Weiterbetrieb notwendigen Einrichtungen innerhalb einer vorher festgelegten Umschaltzeit für einen definierten Zeitabschnitt mit elektrischer Energie versorgen.

Als Sicherheitsstromquellen dürfen verwendet werden:

- Hubkolben-Verbrennungsmotoren (DIN 6280-13)
- Blockheizkraftwerke mit Hubkolben-Verbrennungsmotoren (DIN 6280-14 und Kapitel 16)
- Batteriegestützte zentrale Sicherheits-Stromversorgungs-Systeme (E VDE 0558-507)

Die Betriebsbereitschaft der Sicherheitsstromquellen ist zu überwachen und an geeigneter, ständig besetzter Stelle anzuzeigen.

Stromquellen, die ausschließlich Verbrauchsmittel in einem Brandabschnitt versorgen, dürfen im selben Brandabschnitt wie das Verbrauchsmittel aufgestellt werden. Das gilt insbesondere für zusätzliche Sicherheitsstromquellen, die Bestandteil von Baugruppen oder Geräten sind, wie z. B. Geräte mit Batterien (USV-Anlage), OP-Lichtgeräte, Pufferbatterien für elektronische Steuerungen und rechnergestützte Überwachungsanlagen. Solche Stromquellen dürfen keine Beeinflussung oder Gefahr für die Umgebung verursachen. Als Einzelgeräte sollten sie in einem Gehäuse untergebracht werden. Ein Herstellernachweis für die Aufstellungsbedingungen ist zu fordern.

Die Versorgungsdauer der Sicherheitsstromquelle beträgt mindestens 24 h. Sie kann auf 3 h verringert werden, wenn die medizinischen Anforderungen dies zulassen und eine evtl. notwendige Evakuierung des Gebäudes innerhalb dieser Zeit realisiert werden kann.

Während der Wartung der Sicherheitsstromquelle muss die Sicherheitsstromversorgung aufrechterhalten bleiben (z. B. durch den Einsatz von mobilen Stromversorgungsgeräten).

Für die Bereiche der Gruppen 1 und 2 muss die Sicherheitsstromquelle den Weiterbetrieb automatisch übernehmen, wenn die Spannung am Messpunkt des Hauptverteilers um mehr als 10 % der Nennspannung abfällt. Die Umschaltzeit sollte mögliche Kurzzeit-Unterbrechungen der allgemeinen Versorgung berücksichtigen.

Schutz gegen elektrischen Schlag

Bei der Anwendung von SELV oder PELV in Bereichen der Gruppe 1 oder 2 darf die Nennspannung nicht größer sein als AC 25 V und DC 60 V (oberschwingungsfrei). Aktive Teile müssen gegen direktes Berühren geschützt sein (Isolierung, Abdeckung oder Umhüllung).

In der Gruppe 2 müssen berührbare, leitfähige Teile von elektrischen Verbrauchsmitteln für den zusätzlichen Potentialausgleich mit der Potentialausgleichsschiene verbunden werden.

FELV ist nicht zulässig.

Als **Schutz gegen direktes Berühren** sind aktive Teile zu isolieren, abzudecken oder zu umhüllen. Ein verstärkter Schutz kann bei mechanischer Beanspruchung zusätzlich erforderlich werden. Schutz durch Hindernisse oder Abstand sind nicht erlaubt.

Die Anforderungen an den **Schutz bei indirektem Berühren** gelten für Endstromkreise, die Verbrauchsmittel in den medizinischen Bereichen versorgen, nicht aber für das vorgelagerte Verteilungsnetz außerhalb der Bereiche der Gruppen 1 und 2 (Anforderungen für die Gruppe 0 sowie für das Verteilungsnetz siehe Kapitel 7).

Die dauernd zulässige Berührungsspannung darf 25 V nicht überschreiten.

Für jeden Stromkreis wird ein eigener Schutzleiter gefordert.

Anforderungen bei Anwendung des TN-Systems an Endstromkreise in den Bereichen der Gruppen 1 und 2:

Um die Berührungsspannung von ≤ 25 V einzuhalten, kann ein zusätzlicher Potentialausgleich vorgesehen werden.

Gefordert wird hinter dem Hauptverteiler eines Gebäudes bzw. für medizinisch genutzte Gebäude hinter dem Hauptverteiler, der der Stromquelle für Sicherheitszwecke folgt, ein TN-S-System.

Verlangt wird im Bereich der Gruppe 1 ein zusätzlicher Schutz durch Fehlerstrom-Schutzeinrichtungen (RCDs) mit $I_{\Delta N} \leq 30$ mA in den Endstromkreisen für

- Steckdosen mit einem Bemessungsstrom bis 32 A und
- Beleuchtung innerhalb der Patientenumgebung (siehe **Bild 50.1**)

In Bereichen der Gruppe 2 dürfen Fehlerstrom-Schutzeinrichtungen (RCDs) mit $I_{\Delta N} \leq 30$ mA als zusätzlicher Schutz bei direktem Berühren eingesetzt werden für

- die elektrische Versorgung von OP-Tischen
- Stromkreise für Verbrauchsmittel, deren Ausfall für den Patienten keine Gefahr bedeutet
- Stromkreise für Beleuchtung in der Patientenumgebung, jedoch ohne OP-Leuchten und andere unentbehrliche Leuchten

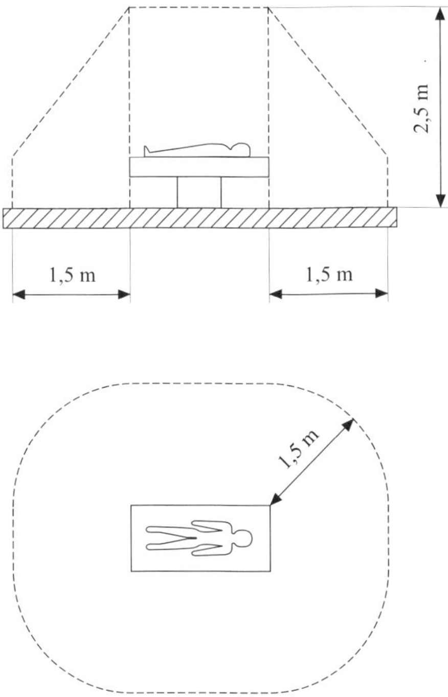

Bild 50.1 Patientenumgebung
(Bild aus DIN VDE 0100-710:2002-11, Bild 1)

In den Bereichen der Gruppe 2 dürfen Fehlerstrom-Schutzeinrichtungen (RCDs) mit $I_{\Delta N} \leq 300$ mA als Sach- bzw. Brandschutz eingesetzt werden für

- Stromkreise für medizinische elektrische Geräte
- Stromkreise für Verbrauchsmittel mit einer Nennleistung über 5 kVA
- Beleuchtungsstromkreise außerhalb der Patientenumgebung

Bei gleichzeitigem Anschluss mehrerer Verbrauchsmittel an demselben Stromkreis muss eine unerwünschte Auslösung der Fehlerstrom-Schutzeinrichtung verhindert werden.

In den Bereichen der Gruppen 1 und 2 sind nur Fehlerstrom-Schutzeinrichtungen (RCDs) vom Typ A oder B (DIN VDE 0664-10) in Abhängigkeit vom möglichen Fehlerstrom zulässig.

Es wird empfohlen, in TN-S-Systemen Überwachungsgeräte zur Kontrolle des Isolationswiderstands der aktiven Teile einzusetzen.

Aus TN-S-Systemen sollten im Bereich der Gruppe 2 nur fest angeschlossene elektrische Verbrauchsmittel versorgt werden. Solche Stromkreise und das daran angeschlossene Stecksystem sind deutlich zu kennzeichnen oder mit einem unterschiedlichen Stecksystem auszurüsten, um Verwechslungen zu vermeiden.

In medizinischen Einrichtungen der Gruppe 2 sind **TT-Systeme** unzulässig. In anderen Bereichen kann das TT-System eingesetzt werden. Ist nur ein TT-System vorhanden, muss zur Bildung eines TN- oder IT-Systems ein Transformator eingesetzt werden.

In medizinisch genutzten Bereichen der Gruppe 2 wird das **IT-System** bevorzugt eingesetzt, weil die Stromversorgung beim ersten Körper- oder Erdschluss fortgesetzt werden kann. Für Steckdosenstromkreise im Bereich der Gruppe 2, an die medizinische elektrische Geräte angeschlossen werden, und für Stromkreise für die OP-Beleuchtung oder vergleichbare Leuchten muss das IT-System angewendet werden. Als Ausnahme gelten über das TN-System versorgte Stromkreise, die, wie in den vorausgegangenen Abschnitten beschrieben, besondere Bedingungen erfüllen müssen.

In jedem Bereich der Gruppen 1 und 2 ist ein zusätzlicher Potentialausgleich vorzusehen und mit der Potentialausgleichsschiene zu verbinden.

Um Potentialdifferenzen auszugleichen, sind nachstehende Teile in der Patientenumgebung, soweit vorhanden, untereinander zu verbinden:

- Schutzleiter
- fremde leitfähige Teile
- Abschirmung gegen elektrische Störfelder
- Verbindungen zu ableitfähigen Fußböden
- Metallschirm des Transformators für das IT-System
- ortsfeste, nicht elektrisch betriebene OP-Tische, soweit sie nicht gegen Erde isoliert sind

Um ortsveränderliche medizinische elektrische Geräte und ortsveränderliche OP-Leuchten in den Potentialausgleich einbeziehen zu können, sind im Bereich der Gruppe 2 in der Nähe der Patientenposition Anschlussbolzen für Potentialausgleichsleitungen anzubringen. Der Anschluss erfolgt nach der Gebrauchsanleitung der Geräte.

Die Potentialausgleichsschiene ist in dem medizinisch genutzten Bereich (Raum oder Raumgruppen) oder in dessen Nähe anzuordnen und mit den unterschiedlich gekennzeichneten Schutzleitern und Potentialausgleichsleitern zu verbinden.

Schutz durch Schutztrennung ist in den Bereichen der Gruppen 1 und 2 nur zulässig bei jeweils nur einem Verbrauchsmittel je Stromquelle.

Schutz gegen elektromagnetische Störungen

Um Störungen durch netzfrequente magnetische Felder in medizinisch genutzten Bereichen zu vermeiden, sollen folgende Werte der magnetischen Induktion (Richtwerte) nicht überschritten werden:

- $B = 2 \cdot 10^{-7}$ Tesla für EEG
- $B = 4 \cdot 10^{-7}$ Tesla für EKG

Diese Werte werden normalerweise eingehalten, wenn der Abstand zwischen Patientenplatz mit vorwiegend induktiven Betriebsmitteln großer Leistung (Transformatoren, Motoren mit einer Nennleistung über 3 kW) 6 m beträgt. Als Mindestabstand zu mehradrigen Kabeln und Leitungen gelten

Leiternennerquerschnitt mm^2	**Mindestabstand** m
10 bis 70	3
95 bis 185	6
> 185	9

Größere Abstände werden bei einadrigen Kabeln oder Leitungen und bei Stromschienensystemen erforderlich. In Zweifelsfällen wird vor Ort Messung durch Sachverständige oder Prüfinstitute empfohlen.

Brandschutz

Als Brandschutz gelten Mindestanforderungen nach DIN VDE 0100-420 und DIN VDE 0100-482 (vergleiche Kapitel 9 und 10). Zusätzlich können in vielen Fällen Vorschriften und gesetzliche Regelungen bestehen, die zu beachten sind.

Auswahl und Errichten elektrischer Betriebsmittel

Elektrische Betriebsstätten

In der abgeschlossenen elektrischen Betriebsstätte sind nachstehende Anlagen und Betriebsmittel, soweit vorhanden, unterzubringen:

- Schaltanlagen mit Nennspannung über 1 kV
- Netztransformatoren
- Hauptverteiler für die allgemeine Stromversorgung
- Hauptverteiler für die Sicherheitsstromversorgung
- Ortsfeste Stromerzeugungsaggregate für die Sicherheitsstromversorgung
- Zentralbatterien für die Sicherheitsstromversorgung einschließlich Umrichter- und Steuerschränke
- Einrichtungen der zusätzlichen Sicherheitsstromversorgung

Gesetzliche Regelungen und Richtlinien der Stromversorgungsunternehmen sind zusätzlich zu beachten.

Netztransformatoren

Netztransformatoren sind durch selbsttätige Schutzeinrichtungen gegen Überlast und gegen innere und äußere Fehler zu schützen.

Verteiler

Verteiler müssen DIN VDE 0660 entsprechen. Ihre Gehäuse oder Verkleidungen müssen aus Stahlblech gefertigt sein. Sie sind vorzugsweise außerhalb medizinisch genutzter Bereiche aufzustellen. Vorschriften und gesetzliche Regelungen sind dabei zu beachten.

Betriebsbedingungen

Spannung

Auf der Sekundärseite von Transformatoren für IT-Systeme in medizinisch genutzten Bereichen darf die Leerlaufspannung AC 250 V (einphasig oder mehrphasig) nicht überschreiten.

Stromversorgung

Jeder Verteiler in medizinisch genutzten Bereichen der Gruppe 2 muss über zwei voneinander unabhängige Zuleitungen verfügen. Bei Ausfall der Spannung von einem oder mehreren Außenleitern muss die Versorgung selbsttätig auf die zweite Zuleitung umschalten. Die Umschaltzeit ist nach den zu versorgenden Verbrauchsmitteln festzulegen.

Die Einspeisung der Verteiler oder Verteilerabschnitte aus der allgemeinen Stromversorgung, aus der Sicherheitsstromversorgung oder aus der zusätzlichen Sicherheitsstromversorgung muss direkt vom Hauptverteiler des Gebäudes der Sicherheitsstromversorgung erfolgen. Bei einer unterbrechungsfreien Stromversorgung müssen die Verteiler oder Verteilerabschnitte vom Hauptverteiler der zusätzlichen Sicherheitsstromversorgung eingespeist werden. In allen Fällen erfolgt die Versorgung über zwei voneinander unabhängige Zuleitungen, die getrennt voneinander (mindestens auf getrennten Kabeltragsystemen) verlegt werden müssen.

Mehrere Verteiler innerhalb eines Brandabschnitts dürfen über zwei Zuleitungen auch im IT-System versorgt werden. Allerdings sollten bei mehreren IT-Systemen in einem Gebäude auch mehrere Umschalteinrichtungen vorgesehen werden. Bei mehr als einem IT-System hinter einer Umschalteinrichtung ist in jeder Transformatorzuleitung eine Schutzeinrichtung vorzusehen, die nur bei Kurzschluss im oder am Transformator oder im Verteiler vor den Schutzeinrichtungen der Endstromkreise auslöst. Dadurch kann der Ausfall aller IT-Systeme verhindert werden.

Betriebs- und Verbrauchsmittel

Transformatoren

Transformatoren für IT-Systeme müssen mit DIN VDE 0570-2-15 übereinstimmen und als Einphasen-Transformatoren für den Aufbau von IT-Systemen geeignet sein:

- Ableitstrom der Sekundärwicklung zur Erde ≤ 0,5 mA, Ableitstrom Gehäuse zur Erde ≤ 0,5 mA jeweils unbelastet bei Nennspannung und Nennfrequenz
- 3,15 kVA ≤ Nennausgangsleistung ≤ 8 kVA

Verwendet werden vorzugsweise Einphasen-Transformatoren. Bei Dreiphasen-Transformatoren darf die Ausgangsspannung nicht größer als 250 V sein.

Bei Drehstromtransformatoren muss durch Bauart oder Schaltungsart sichergestellt sein, dass bei Schieflast oder Fehler auf der Primärseite keine Spannungserhöhung auf der Sekundärseite auftritt.

Auf der Primär- und Sekundärseite sind Schutzeinrichtungen nur gegen Kurzschluss zulässig. Gegen Überlast sind Überwachungseinrichtungen vorzusehen, die eine zu hohe Temperatur melden.

Transformatoren, Verteiler und die dazugehörigen Kabel und Leitungen müssen sich im selben Geschoss und Brandabschnitt wie die versorgten medizinisch genutzten Bereiche der Gruppe 2 befinden oder in einem eigenen direkt angrenzenden Brandabschnitt.

Transformatoren-Zuleitungen sind von der Umschalteinrichtung bis zu den nachfolgenden Verteilerabschnitten kurzschluss- und erdschlusssicher zu verlegen. Dies wird erreicht durch Leiteranordnung aus starren Leitern oder Aderleitungen mit ausreichendem Abstand, der eine gegenseitige Berührung und Berührung mit geerdeten Teilen sicher verhindert.

Als Schutz bei indirektem Berühren für den Transformator kann unter folgenden Maßnahmen gewählt werden:

- Schutzisolierung (Transformator der Schutzklasse II)
- Schutz durch nicht leitende Räume
- Schutz durch erdfreien, örtlichen Potentialausgleich
- Isolierte Aufstellung des Schutzklassen-I-Transformators ohne Schutzleiteranschluss hinter einer nur mit Werkzeug oder Schlüssel zu entfernenden Abdeckung mit entsprechendem Warnhinweis auf mögliche Gefahren durch Fehlerspannungen und der Notwendigkeit einer Spannungsprüfung vor Berührung

Es wird empfohlen, für die medizinisch genutzten Bereiche wegen ihrer Größe, des Leistungsbedarfs und der Bedeutung der Stromversorgung mindestens zwei IT-Systeme vorzusehen. Die größte Nennausgangsleistung eines Transformators ist auf 8 kVA begrenzt.

Kabel- und Leitungsanlagen

Das Verteilungsnetz der Sicherheitsstromversorgung ist ab dem Hauptverteiler getrennt von der allgemeinen Versorgung aufzubauen. Bei Kabelanlagen in Erde ist ein Mindestabstand von 2 m erforderlich. Wird dieser Abstand unterschritten, z. B. im Einführungsbereich von Gebäuden, ist ein besonderer mechanischer Schutz vorzusehen.

In medizinisch genutzten Bereichen der Gruppe 2 dürfen nur Kabel- und Leitungsanlagen vorhanden sein, die für die Versorgung der Geräte und Zubehör in diesem Bereich genutzt werden.

Für die Errichtung der Kabel- und Leitungsanlagen können Vorschriften oder gesetzliche Regelungen bestehen, die zu beachten sind, z. B. die Muster-Richtlinie über brandschutztechnische Anforderungen an Leitungsanlagen – MLAR.

Ein einziger Fehler im Steuerstromkreis, der die Umschaltung zwischen zwei Einspeisungen bewirkt, darf nicht zum Ausfall der Versorgung am Ausgang der selbsttätigen Umschalteinrichtung führen.

Bei mehradrigen Kabeln oder Leitungen der Sicherheitsstromversorgung darf nur ein Stromkreis mit dem dazugehörigen Steuerstromkreis zusammengefasst werden.

Mehrere Hauptstromkreise dürfen nicht in einem Kabel oder einer Leitung zusammengefasst werden. Das gilt auch für Beleuchtungsstromkreise mit nur einem Neutralleiter.

Potentialausgleichsleiter müssen isoliert und mindestens an den Anschlussstellen grün-gelb gekennzeichnet sein.

Schalt- und Steuergeräte

Kabel und Leitungen müssen gegen zu hohe Erwärmung geschützt werden. Als Schutzeinrichtung dürfen nur Leitungsschutzsicherungen, Leitungsschutzschalter oder Leistungsschalter verwendet werden. Sie müssen selektiv gegenüber der jeweils vorgeschalteten Schutzeinrichtung wirken.

Zum Schutz des Kabel- und Leitungssystems in medizinisch genutzten Bereichen der Gruppe 2 muss jeder an beliebiger Stelle auftretende Kurzschluss innerhalb von 5 s oder in kürzerer Zeit abschalten, wenn der Schutz bei indirektem Berühren (siehe Kapitel 7) oder der Kurzschlussschutz von Kabeln und Gruppen (siehe Kapitel 11) dies verlangt.

In medizinisch genutzten Bereichen der Gruppe 2 dürfen zum Schutz gegen Überstrom in Endstromkreisen nur Leitungsschutzschalter verwendet werden, die allpolig abschalten

Allgemein wird empfohlen, in Endstromkreisen Leitungsschutzschalter einzusetzen.

In IT-Systemen sind Isolations-Überwachungsgeräte vorzusehen, die nachstehende zusätzliche Anforderungen zu erfüllen haben:

- Wechselstrom-Innenwiderstand $\leq 100\ k\Omega$

- Messspannung ≤ DC 25 V
- Messstrom auch im Fehlerfall ≤ 1 mA
- Anzeige bei einem Isolationswiderstand < 50 kΩ
- Testeinrichtung für den Isolationswiderstand
- Anzeige bei Unterbrechung des Schutzleiters oder des Netzanschlusses der Isolations-Überwachungseinrichtung.

Ständige Überwachung des IT-Systems und der dazugehörigen Umschalteinrichtung durch das medizinische Personal, ggf. durch das technische Betriebspersonal, oder auch Weiterleitung der Meldung durch die Gebäudeautomatisierungsanlage. Folgende Meldungen müssen unverzögert erfolgen:

- Akustische und visuelle Signale
- Grüne Leuchte zur Anzeige des Normalbetriebs
- Gelbe Leuchte beim ersten Fehler in der Umschalteinrichtung oder wenn der Minimalwert des Isolationswiderstands oder der Maximalwert der Transformatorenbelastung erreicht wird; es darf nicht möglich sein, dieses Signal zu löschen oder auszuschalten
- Akustische Signale dürfen ausschaltbar sein. Visuelle Signale müssen nach Beseitigung des Fehlers auf grün zurückgestellt werden.

Für die selbsttätigen Umschalteinrichtungen sind Geräte zum Trennen und Schalten zu verwenden, die eine sichere Trennung zwischen den Systemen der allgemeinen Versorgung und der Sicherheitsstromversorgung gewährleisten. Die selbsttätigen Umschalteinrichtungen sind im Hauptverteiler der Sicherheitsstromquelle und im Verteiler für medizinisch genutzte Bereiche der Gruppe 2 unterzubringen. Dazu gehören die für die automatische Umschaltung erforderliche Messdatenerfassung, Steuerungs- und Meldeeinrichtungen und Einrichtungen für die Funktionsüberprüfung. Die Leitungen zwischen den Umschalteinrichtungen und die nachgeordneten Überstrom-Schutzeinrichtungen müssen kurzschluss- und erdschlusssicher verlegt werden.

Die maximal zulässige Umschaltzeit (Unterbrechungszeit) ist abhängig vom medizinischen Einsatzort (Raumart) und von der Gruppe des medizinisch genutzten Bereichs. Unterbrechungszeiten sind in **Tabelle 50.1** angegeben.

Steckdosenstromkreise und Steckdosen

Steckdosen am Patientenplatz (z. B. Bettenversorgungsschiene) im IT-System müssen auf mindestens zwei Stromkreise aufgeteilt werden, oder jede Steckdose ist einzeln gegen Überstrom geschützt, oder beim Anschluss von medizinisch elektrischen Systemen über Mehrfachsteckdosen müssen diese aus einzeln abgesicherten Stromkreisen versorgt werden.

Steckdosen im medizinisch genutzten Bereich der Gruppe 2, die nicht von einem IT-System versorgt werden, sondern z. B. von einem TN-S-System, müssen deutlich und dauerhaft gekennzeichnet sein oder sich durch andere Stecksysteme unterscheiden.

Medizinischer Bereich	Gruppe			Unterbrechungszeit	
	0	1	2	≤ 0,5 s	> 0,5 s ≤ 15 s
1. Massageraum	×	×			×
2. Bettenraum		×		×[a]	
3. Entbindungsraum		×			×
4. ECG, EEG, EHG-Raum		×			×
5. Endoskopieraum		×[b]			×[b]
6. Untersuchungs- und Behandlungsraum		×			×
7. Urologieraum		×[b]			×[b]
8. radiologischer Diagnostik- und Behandlungsraum, außer unter 21		×			×
9. Hydrotherapie-Raum		×			×
10. Physiotherapie-Raum		×		×[a]	×
11. Anästhesieraum			×	×[a]	×
12. Operationsraum			×	×[a]	×
13. Operations-Vorbereitungsraum		×	×	×[a]	×
14. Operations-Gipsraum		×	×	×[a]	×
15. Operations-Aufwachraum		×	×	×[a]	×
16. Herzkatheterraum			×	×[a]	×
17. Intensivpflegeraum			×	×[a]	×
18. Angiografieraum			×		×
19. Hämodialyseraum		×			×
20. Magnetfeld-Behandlungsraum (MRT)		×			×
21. Nuklearmedizin-Raum		×		×[a]	×
22. Frühgeborenen-Raum			×	×[a]	×

[a] Beleuchtung und lebenswichtige medizinische elektrische Einrichtungen, die eine Stromversorgung innerhalb von 0,5 s oder schneller benötigen.

[b] Wenn es kein Operationsraum ist.

Tabelle 50.1 Patientenumgebung – Zuordnung von medizinischen Bereichen/Raumarten zu Gruppen und zur Sicherheitsstromversorgung nach zulässigen Unterbrechungszeiten (Beispiele) (Tabelle aus DIN VDE 0100-710:2002-11, Tabelle E1)

Steckdosen für medizinische elektrische Geräte müssen mit einer Spannungsanzeige versehen werden, deren Lampen von langer Lebensdauer sein müssen (z. B. Glimmlampen oder LED).

Steckdosen oder andere Betriebsmittel, die von verschiedenen Stromquellen im selben Raum gespeist werden, müssen hinsichtlich ihrer Stromquellen zu unterscheiden sein.

Beleuchtungsstromkreise, Sicherheitsbeleuchtung

In medizinisch genutzten Bereichen der Gruppen 1 und 2 und in Rettungswegen sind die Leuchten mindestens auf zwei Stromkreise aufzuteilen (eine auf die Sicherheitsstromversorgung und mindestens eine auf die allgemeine Versorgung).

Bei Ausfall der allgemeinen Stromversorgung muss in medizinisch genutzten Gebäuden die Sicherheitsbeleuchtung mit einer Mindestbeleuchtungsstärke zur Verfügung stehen:

- Rettungswege
- Ausgangswegweiser
- Schaltanlagen mit Nennspannung über 1 kV
- Standorte für Hauptverteiler und deren Zugänge
- Standorte für Schalt- und Steuergeräte für Sicherheitsstromquellen
- Medizinisch genutzte Bereiche der Gruppen 0 und 1 mit mindestens einer Leuchte pro Raum, die von der Sicherheitsstromquelle versorgt wird
- Medizinisch genutzte Bereiche der Gruppe 2

Leuchten in den Rettungswegen sind den Stromkreisen abwechselnd zuzuordnen.

Die Umschaltzeit auf die Sicherheitsstromversorgung darf 15 s nicht überschreiten. Für OP-Leuchten gelten 0,5 s.

Bei der Sicherheitsbeleuchtung sind Vorschriften und gesetzliche Regelungen, z. B. die Arbeitsstättenverordnung (ArbStättV), zu beachten.

Verbrauchsmittel

Verbrauchsmittel, die bei Ausfall der allgemeinen Versorgung innerhalb von 15 s auf die Sicherheitsstromversorgung umgeschaltet werden müssen:

- Feuerwehr- und Bettenaufzüge
- Notwendige Lüftungsanlagen (z. B. zur Entrauchung)
- Alarm- und Warnanlagen
- Anlagen der Personenruftechnik
- Feuerlöscheinrichtungen
- Medizinisch-technische Einrichtungen, die lebenswichtig sind (z. B. medizinische Gasversorgung, Druckluft, Vakuumversorgung, Geräte für operative Eingriffe)

Verbrauchsmittel, die bei Ausfall der allgemeinen Versorgung unterbrechungsfrei weiterversorgt werden müssen:

- Die für den Weiterbetrieb notwendige Stromquelle ist vorzugsweise dem Verbrauchsmittel zuzuordnen.

Verbrauchsmittel mit längerer Umschaltzeit können automatisch oder auch manuell umgeschaltet werden. Beispiele solcher Geräte oder Anlagen sind:

- Haustechnische Anlagen (Heizung, Lüftung, Klima, Entsorgungsanlagen)
- Kühlanlagen
- Ladeeinrichtungen für Akkumulatoren
- Kocheinrichtungen
- Aufzüge
- Sterilisationseinrichtungen

Prüfungen

Die Erst- und wiederkehrenden Prüfungen sind nach DIN VDE 0100-600 und DIN VDE 0100-610 durchzuführen (siehe Kapitel 25). Daten und Ergebnisse sind zu dokumentieren.

Zusätzlich sind die in **Tabelle 50.2** (Erstprüfung) und **Tabelle 50.3** (wiederkehrende Prüfungen) vorgesehenen Prüfungen nachzuweisen.

Erstprüfung	
Die ergänzenden Prüfungen für elektrische Anlagen in medizinisch genutzten Bereichen müssen vor der Inbetriebnahme der Anlagen, nach Änderungen und Reparaturen vor der Wiederinbetriebnahme zum Nachweis der Anforderungen durchgeführt werden.	
Lfd. Nr.	**Durchzuführende Prüfung**
1	Funktion der Isolationsüberwachungsgeräte des medizinischen IT-Systems und der akustischen und optischen Alarmsysteme
2	Funktion des zusätzlichen Potentialausgleichs, Einbeziehung aller notwendigen Einrichtungen in den Potentialausgleich
3	Anforderungen für die sichere Versorgung
4	Messung des Ableitstroms der Ausgangswicklung und des Gehäuses der Transformatoren für das medizinische IT-System im unbelasteten Zustand
5	Richtige Auswahl der Betriebsmittel zur Einhaltung der Anforderungen der Sicherheitsstromversorgung entsprechend den Planungsunterlagen.
6	Gleichmäßige Belastung der Netze
7	Schutzmaßnahmen auf Übereinstimmung mit den Anforderungen für die medizinisch genutzten Bereiche der Gruppen 1 und 2
8	Lichttechnische Überprüfung nach DIN 5035-6

Tabelle 50.2 Ergänzende Erstprüfungen in medizinisch genutzten Bereichen

Wiederkehrende Prüfungen		
Die wiederkehrenden Prüfungen als Ergänzung zu den nach DIN VDE 0100-600 und DIN VDE 0100-610 (siehe Kapitel 25) zu ermittelnden Nachweise sind nach Angaben der Hersteller bzw. Errichter durchzuführen. Dabei sind Anforderungen in Vorschriften und gesetzlichen Regelungen vorrangig zu beachten. Wenn es keine Vorschriften gibt, werden die aufgeführten Prüfungsintervalle empfohlen.		
Lfd. Nr.	**Durchzuführende Prüfung**	**Intervalle** [1]
1	Funktion der Umschalteinrichtung	6 Monate
2	Funktion des Isolationsüberwachungssystems	6 Monate
3	Einstellwerte der Schutzgeräte durch visuelle Untersuchung	12 Monate
4	Wirksamkeit des zusätzlichen Potentialausgleichs	36 Monate
5	Wirksamkeit der Schutzmaßnahme gegen elektrischen Schlag durch Messung	36 Monate
6	Auslösen der Fehlerstrom-Schutzeinrichtungen (RCDs) bei Bemessungsdifferenzstrom	6 Monate
7	Sichere Versorgung mit Batterien über 15 min[2]	1 Monat
8	Sichere Versorgung mit Batterien als Kapazitätstest (Dauerbetrieb)[2]	12 Monate
9	Sichere Versorgung mit Verbrennungsmaschinen bis zum Erreichen der Nennbetriebstemperatur[2]	1 Monat
10	Sichere Versorgung mit Verbrennungsmaschinen über 60 min[2]	12 Monate
11	Lichttechnische Erfordernisse nach DIN 5035-6	
[1] angegebene Intervalle nach UVV WGV A3, soweit vorhanden [2] Belastung der Stromquelle zwischen 50 % und 100 % der Nennleistung der Sicherheitsstromquelle		

Tabelle 50.3 Ergänzende wiederkehrende Prüfungen in medizinisch genutzten Bereichen

51 Bauliche Anlage für Menschenansammlungen [718]

Als bauliche Anlagen für Menschenansammlungen gelten u. a. Versammlungsstätten, Ausstellungshallen, Theater, Kinos, Sportarenen, Restaurants, Heime, Schulen, Parkhäuser, Schwimmbäder, Flughäfen, Bahnhöfe, Hochhäuser, Arbeitsstätten.

In solchen baulichen Anlagen müssen zusätzliche Einrichtungen für Sicherheitszwecke vorgesehen werden. Art und Umfang dieser Einrichtungen werden häufig durch Verordnungen oder im Einzelfall durch behördliche Auflagen festgelegt.

Beispiele für zusätzliche Einrichtungen für Sicherheitszwecke sind:

- Sicherheitsbeleuchtung
- Brandmeldeanlagen
- Alarmanlagen, Einrichtungen zum Erteilen von Anweisungen
- Anlagen zur Löschwasserversorgung
- Feuerwehraufzüge, Personenaufzüge mit besonderen Anforderungen
- Rauch- und Wärmeabzugsanlagen, Anlagen zur Rauchfreihaltung von Rettungswegen
- Einrichtungen zum selbsttätigen Schließen von Rauch- und Feuerschutzabschlüssen
- CO- und CO_2-Warnanlagen
- Stromquelle für Sicherheitszwecke

Beim Errichten von Niederspannungsanlagen für bauliche Anlagen für Menschenansammlungen sind nachstehende Anforderungen zu erfüllen:

Schutzmaßnahmen

Bei einem Kurzschluss an beliebiger Stelle der Stromkreise der elektrischen Anlage für Sicherheitszwecke muss eine Überstrom-Schutzeinrichtung innerhalb von 5 s abschalten. Entsprechend sind die Charakteristiken der Stromquelle, die Schutzeinrichtung und die Querschnitte der Leiter auszuwählen. Die Schutzeinrichtung muss gegenüber der unmittelbar vorgeschalteten Schutzeinrichtung und für den Anschluss weiterer elektrischer Verbrauchsmittel selektiv auslösen.

In DC-Stromkreisen ist ein zweipoliger Schutz bei Überstrom erforderlich.

In Anlagen für Sicherheitszwecke ist immer ein Brandschutz bei besonderen Risiken und Gefahren vorzusehen, unabhängig davon, ob ein besonderes Brandrisiko vorhanden ist oder ob unersetzliche Güter mit hohem Wert vorhanden sind.

Eine einfache Messung des Isolationswiderstands aller Leiter gegen Erde muss am Verteiler möglich sein. Bei Leiterquerschnitten unter 10 mm^2 muss diese Messung ohne Abklemmen des Neutralleiters durch Einbau von Neutralleiter-Trennklemmen erfolgen können.

Automatisch gesteuerte, fernbediente oder nicht dauernd beaufsichtigte Motoren müssen gegen zu hohe Erwärmung durch Einrichtungen zum Schutz bei Überlast mit mechanischer Rückstellung geschützt werden. Das gilt auch für Motoren mit Stern-Dreieck-Anlauf in der Sternstufe. Ausnahmen sind blockierungsfeste Motoren und Motoren unter 500 W in Arbeitsstätten.

Die elektrischen Anlagen für Sozialräume, Kantinen, Werkstätten, Umkleideräume im Theater, Lagerräume, Verkaufs- und Ausstellungsräume müssen bereichsweise geschaltet und nur von autorisierten Personen bedient werden können. Ausgenommen davon sind die allgemeine Beleuchtung, die auch außerhalb der Betriebszeit benötigt wird, und die Stromkreise für Sicherheitszwecke sowie bauliche Anlagen, die ausschließlich als Arbeitsstätten genutzt werden.

Verteiler müssen gegen mechanische Beschädigung geschützt und dem Zugriff Unbefugter entzogen sein, z. B. durch Einbau in separate Räume oder durch entsprechende Schließvorrichtungen.

Betriebsbedingungen

- **Umschaltzeit**

  Zeit zwischen Ausfall der allgemeinen Versorgung und voller Funktion der elektrischen Anlage für Sicherheitszwecke nach **Tabelle 51.1**.

- **Bemessungsbetriebsdauer**

  Betriebsdauer der Stromquelle für Sicherheitszwecke unter Nennbetriebsbedingungen nach Tabelle 51.1.

- **Zugänglichkeit**

  Die Schalt- und Steuereinrichtungen der elektrischen Anlagen für Sicherheitszwecke und für die allgemeine Beleuchtung müssen so angeordnet werden, dass sie nur durch autorisierte Personen bedient werden können.

Kennzeichnung

Die Zuordnung der Schalt- und Steuereinrichtungen zu den elektrischen Anlagen und ihren Funktionen muss eindeutig gekennzeichnet sein.

Ein Übersichtsschaltplan der gesamten elektrischen Anlage einschließlich der Anlagen für Sicherheitszwecke muss am Hauptverteiler vorhanden sein.

Der Schaltplan für Anlagen für Sicherheitszwecke muss enthalten:

- Netzüberwachungssystem der Einspeisung (falls vorhanden)
- Stromkreise

Weitere Einrichtungen für Sicherheitszwecke	Anforderungen									
	Bemessungsbetriebsdauer der Stromquelle für Sicherheitszwecke in h	**Umschaltzeit in s (max.)**	**Zentrales Stromversorgungssystem – CPS**	**Stromversorgungssystem mit Leistungsbegrenzung – LPS**	**Einzelbatteriesysteme**	**Stromerzeugungsaggregat ohne Unterbrechung (0 s)**	**Stromerzeugungsaggregat kurze Unterbrechung (≤ 0,5 s)**	**Stromerzeugungsaggregat mittlere Unterbrechung (≤ 15 s)**	**Besonders gesichertes Netz**	**Netzüberwachung und Umschaltung bei Netzausfall am Hauptverteiler der elektrischen Anlage für Sicherheitszwecke**
Feuerlöschanlagen und Druckerhöhungsanlagen zur Löschwasserversorgung	12	15	–	–	–	×	×	×	×	×
Feuerwehraufzüge	8	15	–	–	–	×	×	×	×	×
Personenaufzüge mit Brandfallsteuerung	3	15	–	–	–	×	×	×	×	×
CO-, CO2- und CH-Warnanlagen	1	15	×	×	×	×	×	×	×	×[1)]

1) Soweit für diese Einrichtungen für Sicherheitszwecke eine eigene Stromquelle für Sicherheitszwecke nicht vorhanden ist
× zulässig
– nicht relevant

Tabelle 51.1 Anforderungen an die Stromquelle für Sicherheitszwecke

- Anzahl der elektrischen Verbrauchsmittel je Stromkreis
- Belastung der einzelnen Stromkreise und die Gesamtbelastung

Eintragung der elektrischen Anlage für Sicherheitszwecke der genauen Lage der Betriebsmittel, der Verteiler und Stromkreise in Grundrisspläne. Die Betriebsmittel für Sicherheitszwecke müssen mit ihren Stromkreisen und den Schalt- und Überwachungseinrichtungen in den Grundrissplänen enthalten sein.

Eine Liste der Betriebsmittel für Sicherheitszwecke einschließlich ihrer Nenn-, Einschalt- und Anlassströme, cos φ sowie der Anlasszeit muss verfügbar sein (z. B. in Form der Stromlaufpläne).

Detaillierte Betriebsanleitung aller Anlagen für Sicherheitszwecke.

Kabel- und Leitungssysteme

Keine blanken spannungsführenden Leiter (Ausnahmen: in abgeschlossenen elektrischen Betriebsstätten).

Verbindung Stromquelle – Niederspannungshauptverteilung, Ausführung erd- und kurzschlusssicher oder gegen Erd- und Kurzschluss geschützt.

Gefordert werden separate Stromkreise von der Hauptverteilung für Feuerlöschanlagen, Druckerhöhungsanlagen zur Löschwasserversorgung, Rauch- und Wärmeabzug, Anlagen zur Rauchfreiheit von Rettungswegen, Feuerwehraufzüge und Personenaufzüge mit Brandfallsteuerung.

Bei der Versorgung mehrerer Gebäude von einer Anlage für Sicherheitszwecke sind mindestens zwei Kabel in getrennten Trassen (Abstand mindestens 2 m) zu verlegen. Ein Kabel reicht aus, wenn folgende Bedingungen erfüllt sind:

Die elektrische Anlage für Sicherheitszwecke wird im versorgten Gebäude von der allgemeinen Stromversorgung eingespeist, die Zuleitungskabel für die allgemeine Versorgung und für die Versorgung der Anlage für Sicherheitszwecke sind in getrennten Trassen verlegt, und bei Ausfall der allgemeinen Versorgung wird automatisch auf die Anlage für Sicherheitszwecke umgeschaltet.

Bei mehr- oder vieladrigen Kabel- oder Leitungssystemen der Anlagen für Sicherheitszwecke dürfen Haupt- und Hilfsstromkreise in einem Kabel oder einer Leitung geführt werden. Nicht erlaubt ist das Führen von mehreren Stromkreisen in einem Kabel oder einer Leitung, z. B. von Endstromkreisen der Sicherheitsbeleuchtung mit einem gemeinsamen Neutralleiter.

Fest verlegte Kabel und Leitungen im Bühnenhaus müssen auf Putz mit mechanischem Schutz und so verlegt werden, dass ihr Betriebszustand beobachtet werden kann.

Bei der Verlegung vieladriger Kabel oder Leitungen auf Bühnen mit brandschutztechnischer Trennung zum Zuschauerhaus sind besondere Bedingungen zu beachten:

Ausreichende Wärmeverteilung, Abstand parallel geführter Kabel und Leitungen, Verlegung auf nicht brennbarer Oberfläche (Stein, Beton, Stahlgitter), durchgehende Verbindungen, gemeinsamer Schalter für mehrere Stromkreise in einem Kabel oder einer Leitung.

Es wird eine brandgeschützte Verlegung von Beleuchtungskabeln für Leuchten im Zuschauerhaus verlangt, die durch das Bühnenhaus mit brandgeschützter Trennung verlegt werden.

Für nicht dauerhaft verlegte Kabel oder Leitungen müssen gummiisolierte Leitungen Typ 05RR und für den Anschluss von beweglich aufgehängten Leuchten dürfen nur Gummischlauchleitungen Typ 07RN oder jeweils mindestens gleichwertige Bauarten verlegt werden.

Mindestquerschnitt für Endstromkreise für Sicherheitszwecke 1,5 mm^2.

Gebäudeleittechnik

Gebäudeleittechnik muss unabhängig von Steuerungen und Bustechnik der elektrischen Anlagen für Sicherheitszwecke sein. Kopplungen sind nur zulässig, wenn beide Systeme rückwirkungsfrei arbeiten, das heißt, dass im Fehlerfall der übergeordneten Gebäudeleittechnik die Anlagen für Sicherheitszwecke nicht außer Kraft gesetzt werden.

Betriebsmittel und Einrichtungen

Frei hängende Betriebsmittel in Räumen für Besucher und auf Bühnen mit über 5 kg Masse müssen durch zwei voneinander unabhängige Aufhängevorrichtungen, die jede das fünffache Gesamtgewicht tragen können muss, gesichert werden.

Verwendete Steckvorrichtungen müssen den jeweiligen Umgebungsbedingungen entsprechen. Es dürfen nur standardisierte Betriebsmittel verwendet werden. Ihre Anzahl muss den Anforderungen der Benutzer entsprechen. Mehrfachsteckdosen dürfen nicht hintereinander geschaltet werden.

Zeitweilig installierte Betriebsmittel müssen für ihre übliche Nutzung sicher errichtet werden.

Elektrische Anlagen für Sicherheitszwecke

Stromkreise für Sicherheitszwecke dürfen nur bei Ausfall der allgemeinen Stromversorgung wirksam werden.

Kabel und Leitungen für die Steuerung bzw. für Bussysteme müssen dieselben Anforderungen bezüglich Verlegung und Funktionserhalt wie alle Betriebsmittel der Anlagen für Sicherheitszwecke erfüllen.

Stromquellen

Mögliche Stromquellen für die Sicherheitsversorgung:

- Unabhängige Einspeisung aus der allgemeinen Stromversorgung (besonders gesichertes Netz)
- Zentrales Stromversorgungssystem ohne Leistungsbegrenzung
- Stromversorgungssystem mit Leistungsbegrenzung (z. B. USV-Anlagen)
- Blockheizkraftwerke, Kraftmaschinen, Generatoren, die alle Bedingungen für die Sicherheitsstromversorgung erfüllen

Leuchten und Beleuchtungsanlagen

Wenn die allgemeine Beleuchtung eines Raums für betriebliche Verdunkelung (wie z. B. im Kino) vorgesehen ist, ist eine besondere Beleuchtung für Hilfs- und Ordnungsmaßnahmen erforderlich, die mindestens den lichttechnischen Anforderungen der Sicherheitsbeleuchtung entspricht und zentral ein- und ausschaltbar sein muss. Die Schaltstelle dieser Sonderbeleuchtung muss gegen unbeabsichtigtes Schalten geschützt, beleuchtet und entsprechend beschriftet sein.

Die Sonderbeleuchtung kann Teil der allgemeinen Beleuchtung oder auch der Sicherheitsbeleuchtung sein, wenn diese nicht beeinträchtigt wird und die Stromquelle für Sicherheitszwecke nicht belastet wird.

Leuchten im Handbereich müssen gegen mechanische Beschädigungen geschützt werden.

Befestigungsvorrichtungen für Leuchten müssen die fünffache Masse der zu befestigenden Leuchten tragen. Frei hängende Leuchten über 5 kg Masse müssen an zwei voneinander unabhängigen Aufhängevorrichtungen gesichert werden, die jede für sich das fünffache Gesamtgewicht tragen kann (Seile und Ketten gelten als zweite Aufhängung).

Prüfungen

Prüfungen nach DIN VDE 0100-600, DIN VDE 0100-610 (siehe Kapitel 25)

Die Ergebnisse der Erstprüfungen und der laufenden Wiederholungsprüfungen sind zu dokumentieren und dem Betreiber auszuhändigen. Ergebnisse sind mindestens vier Jahre aufzubewahren. Es wird empfohlen, elektronische Prüfbücher in Verbindung mit einem automatischen Testsystem anzulegen.

Zusätzliche Erstprüfungen durch Besichtigen entsprechen den jeweiligen Anforderungen:

- Stromquelle
- Be- und Entlüftung der Aufstellungsräume für Batterien, Verbrennungsmaschinen und zugehörigen Einrichtungen
- Abgasführung hinsichtlich Montage und Brandschutz
- Stromerzeugungsaggregate hinsichtlich Kapazität und Kraftstoffvorrat
- Selektivität der elektrischen Anlage für Sicherheitszwecke

Zusätzliche Erstprüfung durch Erproben und Messen entsprechend den jeweiligen Anforderungen:

- Lastaufnahmeverhalten des Stromerzeugungsaggregats durch Zuschalten spezifizierter Laststufen bei Bemessungsleistungsfaktor, Entlasten der Stromquelle von 100 % Nennlast auf Leerlauf, Zuschalten des größten Einzelverbrauchsmittels im Leerlauf der Stromquelle jeweils unter Einhaltung der Betriebsgrenzwerte
- Funktionsprüfungen der Schalt-, Steuer- und Überwachungsfunktionen
- Funktionsprüfung der elektrischen Anlage für Sicherheitszwecke bei Unterbrechung der Netzzuleitung, Startverhalten, Umschaltzeit, Netzschutzeinrichtungen beim Parallelbetrieb von Netz und Stromquelle der Sicherheitsstromversorgung
- Lichttechnische Werte der Sicherheitsbeleuchtung

Zusätzliche wiederkehrende Prüfungen:

Elektrische Anlagen müssen regelmäßig überprüft werden nach Angaben der Betriebsanleitung, die der Hersteller bzw. Errichter dem Betreiber zur Verfügung zu stellen hat.

Wiederkehrende Prüfungen durch Besichtigen:

- Einstellwerte der Schutzgeräte, jährlich
- An die Stromquelle angeschlossene Leistung hinsichtlich der Kapazität der Stromquelle, jährlich

Wiederkehrende Prüfungen durch Erproben und Messen:

- Funktion der Sicherheitsbeleuchtung einschließlich Sicherheitszeichen, Zuschaltung der Stromquelle für Sicherheitszwecke, mindestens wöchentlich
- Funktion der Umschalteinrichtung, jährlich
- Funktion der Verbrennungsmaschinen bis zur Nennbetriebstemperatur, mindestens jedoch 1 h mit 50 % Leistung der Stromquelle für Sicherheitszwecke, monatlich
- Kapazität der Batterieanlagen, jährlich
- Funktion der Isolationsüberwachungssysteme, halbjährlich
- Beleuchtungsstärke der Sicherheitsbeleuchtung, alle zwei Jahre

52 Stichwortverzeichnis

T

U

V

W

Z